丝路之光

2019敦煌服饰文化论文集

刘元风◎主编
王子怡◎副主编

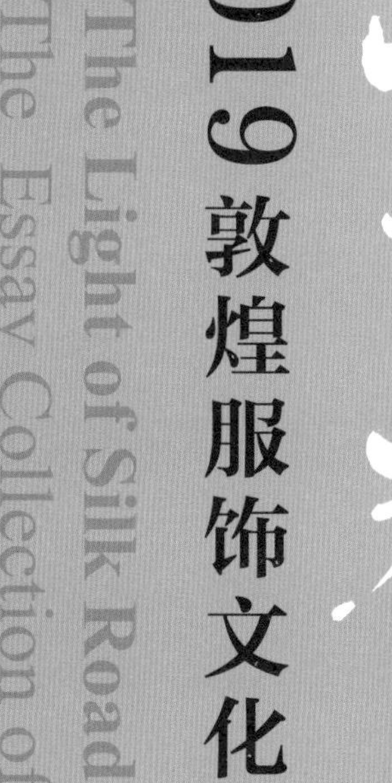

2019敦煌服饰文化论文集

The Light of Silk Road
The Essay Collection of
Dunhuang Costume Culture 2019

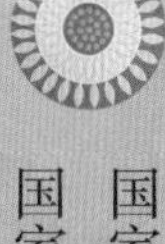

国家社科基金艺术学重大项目『中华民族服饰文化研究』
国家社科基金艺术学项目『敦煌历代服饰文化研究』

中国纺织出版社有限公司

内 容 提 要

本书以敦煌服饰文化研究暨创新设计中心主办学术活动所邀专家讲座的整理文稿为主，集中展示了近年来敦煌文化艺术的研究成果。全书分为上、下两编，上编为第一届敦煌服饰文化论坛所邀五位专家的发言文稿；下编为中心主办系列学术讲座所邀七位专家的发言文稿，以及中心团队成员的两篇学术论文。从内容上看，其中涉及丝绸之路文明、敦煌艺术的传承和创新、中印文化艺术对比研究等宏观课题，还有关于敦煌飞天艺术、敦煌图案、染织工艺等专题研究。这些丰富的内容一定能够为敦煌服饰文化研究和创新设计带来更多的启示和发展。

本书适用于服装专业师生学习参考，也可供敦煌服饰文化爱好者阅读典藏。

图书在版编目（CIP）数据

丝路之光：2019 敦煌服饰文化论文集 / 刘元风主编；王子怡副主编 .-- 北京：中国纺织出版社有限公司，2022.1

ISBN 978-7-5180-8866-9

Ⅰ.①丝… Ⅱ.①刘… ②王… Ⅲ.①敦煌学–服饰文化–文集 Ⅳ.①TS941.12-53 ②K870.6-53

中国版本图书馆 CIP 数据核字（2021）第 184920 号

Siluzhiguang 2019 Dunhuang Fushi Wenhua Lunwenji

责任编辑：孙成成　施　琦　　责任校对：寇晨晨

责任印制：王艳丽

中国纺织出版社有限公司出版发行

地址：北京市朝阳区百子湾东里 A407 号楼　邮政编码：100124

销售电话：010—67004422　传真：010—87155801

http: //www.c-textilep. com

中国纺织出版社天猫旗舰店

官方微博 http://weibo.com/2119887771

北京华联印刷有限公司印刷　各地新华书店经销

2022 年 1 月第 1 版第 1 次印刷

开本：889 × 1194　1/16　印张：16.5

字数：323 千字　定价：198.00 元

凡购本书，如有缺页、倒页、脱页，由本社图书营销中心调换

前 言

敦煌石窟艺术是中华文明经典的文化源泉和艺术滋养，是中国的、更是世界的人类宝贵文化遗产。敦煌艺术涵盖了4~14世纪的石窟彩塑、壁画和建筑精品，是古今中外文明交汇的结晶，也是丝绸之路沿线各国、各民族宗教、文化、艺术交融的杰出代表，在世界享有很高的知名度和美誉度，是最易于被世界广泛接受的优质文化资源。

自敦煌被发现以来，众多学者对丝绸之路的研究已经取得了足够丰富的研究成果。就目前对于丝绸之路和敦煌文化的研究来看，多集中于历史学、考古学、宗教学、世界史、民族学、语言学、艺术学等学科，涉及服饰文化领域的专门化、系列化、系统化的研究很少。敦煌宝库中的服饰文化资源是极其丰厚的，因此，有待进一步发掘和发扬。根据当代文化发展和产业发展的需要，在深入研究的基础上，对敦煌丰富的服饰文化资源进行研发和创新设计，立足传统，服务当代，创意未来，是目前文化发展和产业发展的当务之急。

为响应国家“一带一路”倡议，北京服装学院与敦煌研究院、英国王储传统艺术学院、敦煌文化弘扬基金会合作成立“敦煌服饰文化研究暨创新设计中心”。2017年12月7日，作为中英高级别人文交流机制第五次会议的重要内容之一，在两国领导的共同见证下，四家合作单位共同签署了战略合作框架协议。2019年6月和2020年1月，中心分别在北京服装学院和敦煌研究院正式落地挂牌。中心旨在综合四方在敦煌文化艺术研究与教育、国际合作与交流等方面的优势，汇集敦煌与丝绸之路文化研究、服饰文化研究、艺术设计、传统技艺等各方面的人才与资源，搭建敦煌服饰文化艺术保护研究、文化传承、创新设计、人才培养、社会传播、产业转化等的国际化学术平台。

此次推出的《丝路之光：2019敦煌服饰文化论文集》以中心主办学术活动所邀专家讲座的整理文稿为主，集中展示了近年来敦煌文化艺术的研究成果。全书分为上、下两编，上编为2018年6月中心成立时主办的第一届敦煌服饰文化论坛上五位专家的发言文稿；下编为2018年11月至2019年5月期间，中心主办系列学术讲座所邀七位专家的发言文稿，以及中心团队成员的两篇学术论文。从内容上看，其中涉及丝绸之路文明、敦煌艺术的传承和创新、中印文化艺术对比研究等宏观课题，还有关于敦煌飞天艺术、敦煌图案、染织工艺等专题研究。这些丰富的内容能够为敦煌服饰文化研究和创新设计带来更多的启示。

通过本书的出版和传播，以及中心主办论坛、研讨会、专家讲座等学术活动的推广，我们希冀能唤起更多学者和院校师生对传统服饰文化的热爱和学习的兴趣，在前辈学者研究的基础上，做深入的专题性研究，不断拓展其研究领域，使敦煌服饰文化成为当代文化艺术的发源地之一，使敦煌服饰文化不断发扬光大，走向更广阔的明天。

刘元风

北京服装学院　教授

敦煌服饰文化研究暨创新设计中心　主任

2020年1月

127 葛承雍
绵亘万里：世界遗产丝绸之路

141 荣新江
粟特胡人的东来与中古中国的胡化

157 上原利丸
日本传统染色——友禅染的多样性与可能性

167 李静杰
中古中印文化艺术交流面面观

207 黄 征
敦煌书法研究——敦煌书法的欣赏、临习与研究价值

223 张春佳/刘元风
莫高窟唐代洞窟壁画与服饰中团花的造型特征探究

247 崔 岩/楚 艳
敦煌莫高窟第61窟女供养人像服饰图案飞鸟衔枝纹研究

目录

001 上编

003 常沙娜 中国敦煌艺术的传承与创新

015 赵声良 敦煌艺术与唐代文化

033 黄正建 文献·人·时论——唐代服饰研究的几点体会

043 杨建军 敦煌服饰图案与染织工艺

059 谢 静 敦煌石窟中的少数民族服饰研究

079 下编

081 赵声良 敦煌飞天艺术

113 柴剑虹 敦煌服饰文化的传承与创新

上编

常沙娜 / Chang Shana

女，满族，浙江杭州人。我国著名的艺术设计教育家和艺术设计家、教授、国家有突出贡献的专家。

少年时期，常沙娜在甘肃敦煌随其父——著名画家常书鸿学习、临摹敦煌历代壁画艺术。1948年赴美国波士顿艺术博物馆美术学院学习。1950年回国后，先后在清华大学营建系、中央美术学院实用美术系任教。1956年后，历任中央工艺美术学院（清华大学美术学院前身）讲师、副教授、染织美术系副主任、副院长、院长。此外她还曾任全国人大常委会委员、中国美术家协会副主席、中国国际文化交流中心理事等多项职务。

常沙娜是国内外知名的敦煌艺术和艺术设计研究专家，同时又是当代富有开拓精神的工艺美术教育家。从20世纪50年代开始，她先后参加了中国共产主义青年团团徽设计和“庆祝新中国成立十周年十大建筑”的人民大会堂宴会厅、民族文化宫、首都剧场、中国大饭店等重点工程的建筑装饰设计，并参与北京市国庆三十五周年庆典活动的总体设计顾问和组织工作。1997年香港回归，她主持并参加设计了中华人民共和国中央人民政府赠中华人民共和国香港特别行政区政府的纪念物《永远盛开的紫荆花》雕塑。1993年，常沙娜部分“敦煌艺术作品展”在法国巴黎举办，2001年，“常沙娜艺术作品展”在中国美术馆举办。常沙娜先后出版了《中国敦煌历代服饰图案》《中国织绣服饰全集.2 刺绣卷》《中国敦煌历代装饰图案》《花卉集》《常沙娜文集》《黄沙与蓝天》等著作。

中国敦煌艺术的传承与创新

常沙娜

刚才又介绍我半天，年纪大了，历史也长了，故事也多了。今天的任务很多，今天上午的开幕式让我来发言，下午又让我首先发言。但是一看在座的各位，许多都是从敦煌研究院过来的，如赵声良老师、侯黎明老师还有程亮老师，都是在敦煌待了几十年，将近一辈子，他们专程到这来，让我来介绍敦煌有点不太合适，应该由他们来介绍。

我先开个头吧。我重点讲一下我怎么研究敦煌。敦煌的研究很广泛，取之不尽，用之不竭，各个方面都有很好的研究专题。中央工艺美术学院的许多老前辈，把敦煌图案用在现实生活中，在此基础上，我着重研究敦煌图案的延伸和文创，怎样应用。我在（20世纪）50年代有幸随着国家的需要，参与建国十周年的十大建筑的设计工作。在参与十大建筑工程的过程中，我就体会了怎样把敦煌图案的元素运用到当代的各个方面。今天，我想先简单介绍敦煌的历史背景。因为今天在座的有赵声良老师，他是敦煌艺术研究的专家，现在是副院长（注：2019年5月，任敦煌研究院院长）。还有侯黎明老师。我不能在他们的面前多说，所以我简单地说一下，来引导他们多说一点。

一、中国敦煌艺术的主要内容

从荧屏上可以看见我们敦煌的状况。可以看到它周围是很大面积的沙漠和戈壁滩，刚去的时候树林很少，现在慢慢地扩建了，而且树也长起来了（图1）。简单来说，汉武帝时，为安定西疆门户，开辟了河西走廊，即从兰州往西一千多公里，经武威、张掖、酒泉、安西至敦煌，并设置了敦煌、酒泉、张掖、武威四郡和二关：阳关、玉门关，成为由中原地区通往天山南北及西域必经的要道。敦煌因此成为中国与西域各国交往的重镇，在外交上做出了重要的贡献。

敦煌莫高窟现存唐代碑刻《李君莫高窟修佛龛碑》记载：

“莫高窟者，厥初秦建元二年（366年），有沙门乐僔，戒行清虚，执心恬静。尝仗锡林野，行至此山，忽见金光，状有千佛，遂架空凿岩，造窟一龛……”

这是碑文上写的，我们由此可确定敦煌莫高窟开创于366年。现在崖面上密布着不同时期的窟龛，全长2公里。经过正式的编号，有壁画和彩塑的石窟编号492个，数据

图1　莫高窟外景

不是很准确，还在补充。有的石窟里面虽没有壁画，但是也有历史的研究价值。石窟里面的壁画有45000多平方米，彩塑2400多身，还有唐宋木结构建筑5座。时间从366年开始一共延续了10个朝代，十六国、北魏、西魏、北周、隋、唐、五代、北宋、西夏、元，唐代时间最长，共288年。因此唐代洞窟较多，一共276个洞窟，分为初唐、中唐、盛唐、晚唐。西夏时间很短，现存只有17个洞窟。元代只有9个洞窟，后来就衰落了。但很重要的一点是，10个朝代的石窟，壁画、彩塑艺术等佛教的艺术集中在一起，在全世界都是很难得的，因此敦煌莫高窟很珍贵很重要。

1900年，藏经洞被住在莫高窟的道士王圆箓发现。他经常除沙，在除沙过程中，听见墙里是空的声音，还有裂痕。他感到很奇怪，裂缝一打开，里面有个门，进去打开便发现了藏经洞。藏经洞的发现吸引了许多国外探险家和学者，如英国的斯坦因，法国的伯希和，以及一些德国、日本的探险家。

伯希和出了一本书叫《敦煌石窟图录》。当时我父亲正好在法国留学，偶然看见这本书，颇受震撼。他说："我是中国人，却不知道自己的历史。我们自己的国家崇拜欧洲的文艺复兴，我们在这里学习油画这些东西，却不知道中国有这么重要的石窟。我不能数典忘祖，回国后一定要去敦煌。"

我出生在法国里昂的河边，父亲的好朋友给我起名叫沙娜。当时父亲在法国巴黎美术学院学习油画，母亲学习雕塑。抗日战争开始后，那个年代的我们怀着一颗赤诚的爱国之心，以及保护中国文化免受日本侵略的使命，就义无反顾回国了。回国后，父亲在北平艺专任教，后来北平艺专、杭州艺专联合迁移，回避战争的危险。跟着学校，父亲带着我们一家到了贵州，然后是云南。在贵州的时候很危险，经常遭到日军的轰炸。在这种情况下，父亲又要负责迁校，又要负责保护我们。轰炸的时候，我们家的东西全被烧光了，经历了这些之后，父亲便下定决心要去敦煌。

抗日战争最危险的时候，我们到了重庆的沙坪坝磁器口安定下来，当时许多老前辈都住在那里。我的父亲始终没有放弃去甘肃敦煌莫高窟的意愿。父亲想去看看，母亲不肯去，因为当时弟弟还小，他是在重庆嘉陵江边生下来的，便以江为名，叫常嘉陵。父亲一个人到了甘肃，一路艰苦，但到了莫高窟时，深受震撼。莫高窟留下了10个朝代的历史，佛教的壁画和彩塑，通过壁画反映了当时的生活。他下定决心一辈子不离开这里，于是跑回重庆动员我母亲，带着我和弟弟，我们坐卡车坐了半个多月，从重庆川北到甘南，到兰州的时候已经是冬天了，好不容易才到了莫高窟。母亲很沮丧，很后悔，责怪父亲。我当时在重庆上的磁器口小学。父亲说："我已经安排好了，沙娜小学毕业以后去酒泉河西中学上学。"母亲很不习惯，因为周围人都信奉佛教，但是母亲是天主教徒。父亲引导她去看看那些彩塑，北魏的、隋代的、唐代的彩塑，多么漂亮。母亲也是学雕塑的，受到影响便也开始临摹，但是她还是禁受不了苦难的日子，和父亲离婚了，留下我和父亲、弟弟。

我在上中学的时候寒暑假都要回家。在酒泉认识了工笔画的大师邵芳，陪我暑假回莫高窟，教我怎么临摹、勾线、着色。这时候父亲就说她的工笔画太棒了，留她做研究，就职于敦煌艺术研究所很重要的岗位。我初中没有毕业就回来照顾我父亲和弟弟。我特别喜欢临摹各个时代的壁画，所以我的基本功在这个年代就已掌握得很扎实。87年来，我有如此多的经历，回顾历史，中央倡导的不忘初心，铭记历史，尤其是我们要坚定文化自信，把敦煌的东西延续、传承下去是很重要的。

敦煌文化的主要内容，一个是壁画，一个是彩塑。虽然讲的是佛教的故事，但是除了释迦牟尼、文殊菩萨、普贤菩萨等的佛像之外，还有描绘的佛本生故事画，也反映出各个时期不同的历史状况。北魏时期的尸毗王割肉贸鸽的故事（图2），讲述他怎样来保护、拯救鸽子，为了保护鸽子，他对捕猎者说，鸽子多重，就割多少我腿上的肉来代替，以考验他的承受能力。

除了佛教故事以外，还有山海经的一些神话，佛教和道教的融合，例如伏羲和女娲的故事（图3）。梁思成先生一直想来莫高窟看看各个时期壁画上的建筑。

除了当时的故事以外，通过莫高窟还能了解到各代居民生活的习俗。壁画记载了历史各个时期的故事、供养人和信徒。供养人给了钱造窟，便会将其及其家属等都给画出来，写上题记标注，题记有的留存下来，有的没有留存。但是供养人及其家属的壁画恰好记载了不同时代的人物的服装，因此这是一个很重要的研究部分。在了解历史的时候，必须把历史的来龙去脉了解清楚。

二、中国敦煌历代装饰图案的形成与运用

1951年，我有幸在林徽因的指导下，考虑把敦煌的图案运用到自己的生活中，一定要推广、弘扬传统文化。现在年轻人都追求国外的时髦、时尚的东西。我们在做敦煌装饰图案的新时期应用的专题时，要让年轻一代知道历史的延续和发展，让其了解

图2　莫高窟第254窟—北魏—尸毗王本生故事

图3　莫高窟第285窟—西魏—伏羲女娲与神兽

图2

图3

传统文化的重要性很有必要。我们把敦煌艺术分为二十多个大类，根据需要来做装饰，内容十分丰富，我们应该好好地研究石窟。

菩萨和供养人的配饰也是当时社会上常用的配饰（图4~图6）。如果我们研究透彻了以后，和现在的文创结合起来，把现代的首饰按不同的年代、不同的材料、不同的结构、不同的生产形式进行分类，那做起来就非常丰富了。还有就是边饰，边饰就是两幅壁画之间接缝的纹样，用二方连续来表现，所有的空间不留白（图7），这是取之不尽用之不竭的创作源泉。以后还要把地毯图案也整理出来，真是要做的事太多太多了。

敦煌的手姿也很丰富，唐代的手姿把指甲都卷在里面，晚期的指甲是长的，所以现在看到的指甲和结构是相融合的（图8）。

北魏时期的九色鹿很有名，这是一个故事，以土红为底色，然后来表现鹿，空间装饰散花（图9）。晚唐壁画中还表现了一些真实的树的结构，树干的下边有一个包，有人看见就问我，你把现代的包也画在那里了，我说不是我画的，原来就是这样。可见在晚唐的时候，背包已经有了，已经成了壁画中的装饰品。供器每个壁画中都有，但不同的时代有不同的风格，有人把不同时期的供器都给提取出来重新复原，其比例、尺度、结构等都可以作为专题研究，要细细地看，细细地研究，不能走马观花（图10）。

图4 | 图5-1 | 图5-2
图6 | 图7

图4　莫高窟第98窟—五代—供养人

图5-1　莫高窟第57窟—初唐—南壁中央说法图中—胁侍菩萨（部分）

图5-2　莫高窟第57窟—初唐—菩萨配饰（常沙娜整理）

图6　莫高窟第158窟—中唐—菩萨头饰图案（常沙娜整理）

图7　莫高窟第148窟—盛唐—东壁北侧－药师经变

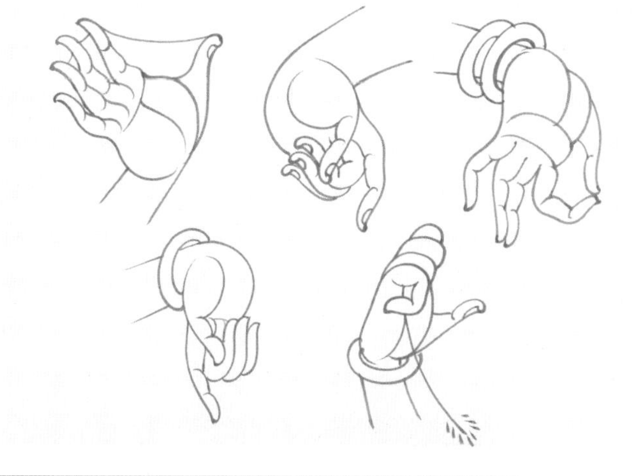

图8 莫高窟唐代手姿（常沙娜整理）

图9 莫高窟第257窟—北魏—九色鹿（常沙娜整理）

图10-1 莫高窟第322窟—初唐—佛说法图

图10-2 莫高窟第322窟—初唐—供器图案（崔岩整理）

香港志莲净苑的师父跟我说，他们要在香港再现敦煌佛祖式样，希望把敦煌的艺术再现于香港。我听了很激动，帮她们选了第45窟和第328窟，将盛唐的东西组合在一起，介绍给他们。他们特别认真，说甘肃敦煌是干燥的地方，香港是潮湿的地方，香港不能用泥塑，要用木雕。

但是做木雕要先用泥塑，我去了四五次，第一次他们用泥塑非常认真地把释迦牟尼等佛像的比例、表情、坐式还有穿的衣服都再现了，我去了给他们看了改了，然后再用石膏再现，然后再改，认认真真地改，这种精益求精的精神我觉得很重要，我们以后学习传统文化也应该有这种精神。释迦牟尼是重心，他的背光图案表现都要完全认认真真地加以再现。这个东西有根有源，我不会乱编也不会乱改，就在原有的基础上完整地体现出来。体现出来以后他们问我能不能把原色彩给整理出来，我就一点一点地整理，下了很大的功夫。但是正巧2008年我得了乳腺癌，做了一场手术，又要化疗又要放疗。化疗放疗以后，回了家我就画，认认真真地按照1：1的比例把服装的图案给画出来，边画边听喜多郎的音乐，画完以后我自己挺高兴的，心情也好了，我的病也好了。所以她们等了我5年。我们把敦煌的东西推广到香港，当然比原作要新，看着要新鲜，但是我没有乱改颜色，保留了原来的颜色（图11）。原来临摹颜色就有这个问题，一个是要客观临摹，破损的地方要补上；另一个是整理临摹，我就完全按整理临摹，旁边是什么颜色，破损的地方我又复原了，这个对我们今后的发展，对服饰文化以及其他文化的发展也很重要。

1958年我有幸参与了庆祝新中国成立十周年十大建筑的设计工作，在人民大会堂我运用敦煌图案的元素，当然不是原封不动，而是用不同的材质设计了几个不同的方案。宴会厅天花顶采用了我的方案，工程师跟我说："沙娜你画的这个图案有敦煌的元素，非常好看，但是不符合我们建筑上的需要，你没有把照明通风口联系在一起。"我第一次听说还有这样设计的问题，我就在工程师的指导下，整整改了好几个月，晚上连续地改（图12）。人民大会堂接待厅的藻井彩画设计，也同样运用了敦煌图案的元素（图13）。

从那以后，我树立了设计的概念，设计不是单独的一幅画，一签字一盖章就完成了，它要综合多种因素，不是一个人完成的，这就是创新，这就是创造，而且要跟功能相结合。那是1958年，影响了我一辈子。我现在搞图案设计，一定要和功能相结合，我现在无论是与珐琅厂合作，还是与雪梅的皇锦丝绸合作，设计时一定要和制作材料以及功能相结合，所以我们这个设计本身不是一个人能完成，也不是一个人稀里糊涂就这么一弄一撇就完了。这个是我在学校的时候做的一个刺绣的四季饰屏，春天是杜鹃，夏天

图11-1	图11-2
图12-1	图12-2

图11-1　敦煌盛唐彩塑再现（五尊），香港志莲净苑（2011年）

图11-2　阿难尊者彩塑局部

图12-1　北京人民大会堂宴会厅天花顶装饰（1958年）

图12-2　莫高窟第31窟—盛唐—藻井图案

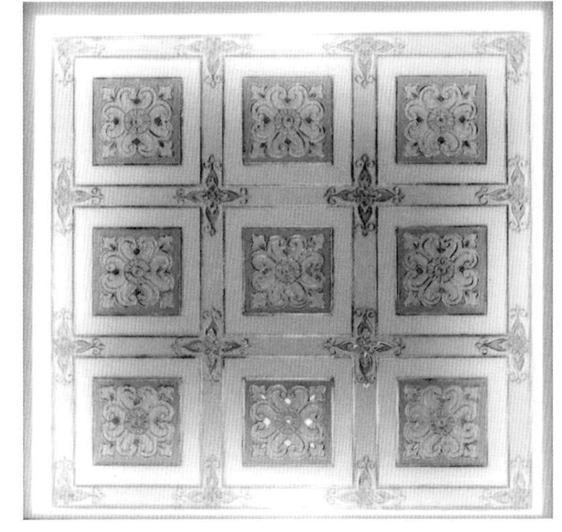

图13-1 北京人民大会堂接待厅藻井彩画（2002年）

图13-2 莫高窟第159窟—中唐—平棋图案

图14 《春夏秋冬》四屏刺绣（1980年）

图13-1 | 图13-2
图14

是莲花，秋天是菊花，冬天是梅花，敦煌西千佛洞的石窟给了我启发（图14）。

2008年我还没做手术以前，人民大会堂北大厅建筑的墙面装饰设计要求墙面要远看是一面白色的墙，近看是浮雕，把春夏秋冬四屏和墙面的装饰结合起来（图15）。当时有一位全国人大代表是天主教的神父，看到我们的作品以后说："常沙娜你能不能给我们的教堂设计一个彩色玻璃图案，用葡萄和麦子，来代表葡萄酒和面包？"我说可以，后来我就选了莫高窟隋代的边饰图案做参考，效果不错（图16）。这使我感受很深，我觉得敦煌的图案要运用好了的话，不同的材质、不同的功能组合要综合考虑，把工匠精神的工艺和设计结合起来，把敦煌图案结合起来，会成为我们取之不尽用之不竭的源泉。

抗美援朝战争时期，我从美国回来，我父亲让我去中央美院学习绘画。那时，周总理提出要进行爱国主义教育，联系我父亲要把敦煌临摹的东西拿到北京做个展览，我父亲非常高兴，就把十几年临摹的东西都弄到了北京。当时北京没有展馆，也没有博物馆，就在午门城楼上举办了一个敦煌展览，我父亲让我陪梁思成伯伯和梁伯母去

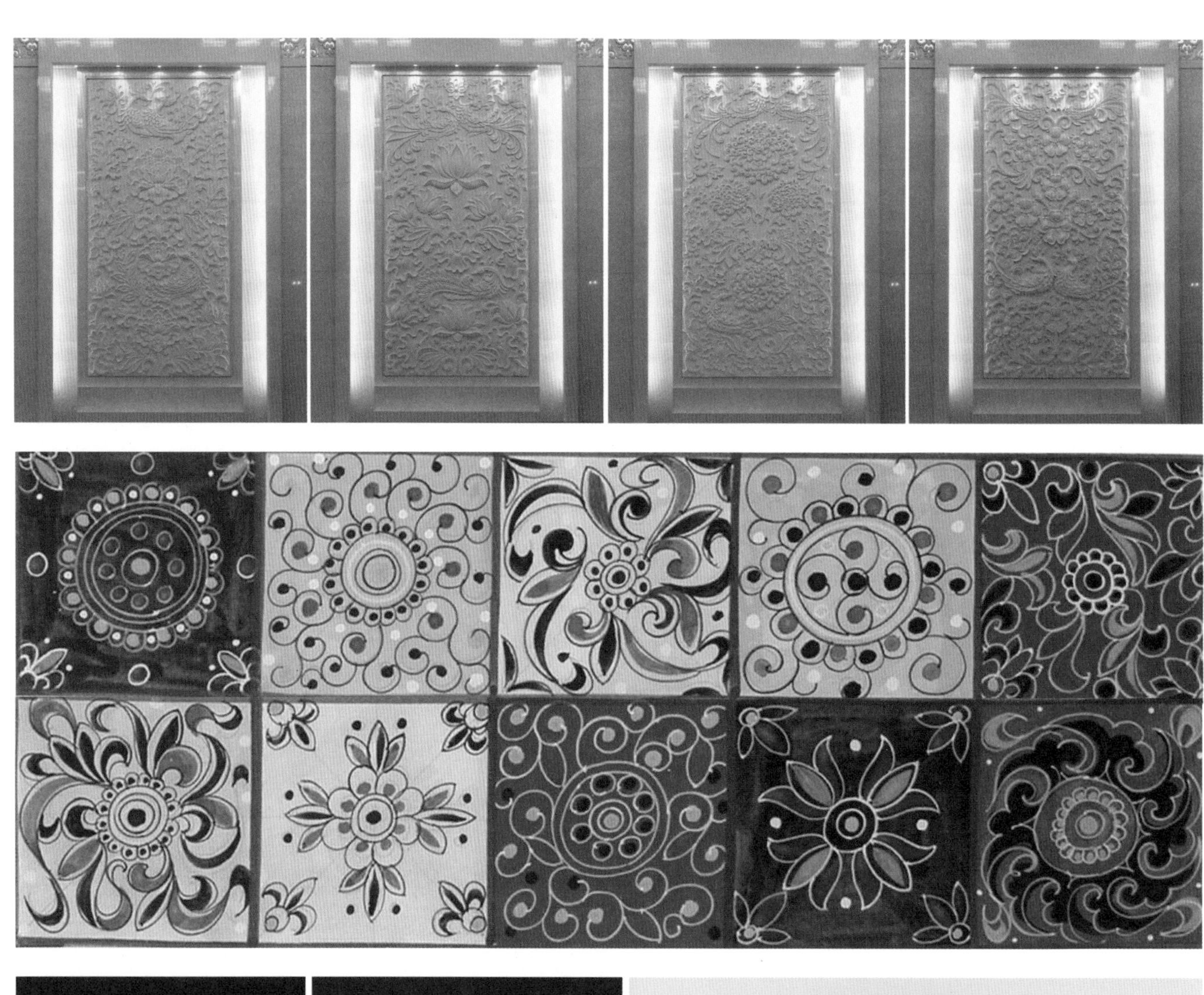

图15 北京人民大会堂北大厅建筑墙面装饰《春夏秋冬》(2008年)

图16-1 莫高窟隋代边饰图案

图16-2 北京天主教南区教堂彩色玻璃窗图案(20世纪90年代)

图15
图16-1
图16-2

参观敦煌展。他们身体不好有肺结核，爬到午门城楼上很难，平时不太出门，本来要去敦煌没有机会，也没有时间。梁思成先生参观完展览后激动得不得了，和我父亲说："让沙娜到我跟前来吧。"我什么学历也没有，他聘我为助教，后来我就去了。林徽因先生每天坐在床上指导我，说要把景泰蓝加以改进，让景泰蓝适应现在生活所需，于是我设计了景泰蓝的灯座、和平鸽的大盘子。彼时正逢中华人民共和国成立以后召开第一次亚太和平会议，一定要把鸽子设计在里面，林徽因先生说一定要用敦煌的鸽子不用毕加索的鸽子，于是我就用了隋代的藻井图案。

在林徽因先生的指导下，我们为和平会议设计了以和平图案为元素的头巾和景泰蓝的盘子（图17），和平鸽和盘子组合在一起，得到了中央领导和外宾的一致赞扬，说新中国成立了以后你们的礼物也是新式的了，又传承了中国的传统文化，非常好，很受欢迎。林徽因先生对发展景泰蓝做出了很大的贡献（图18）。

我这一辈子，就是探讨如何把敦煌的图案和文创相结合，跟现代的生活相结合。我们要寻求真善美，真的就是我们传统的东西，善的就是视觉上一看就是具有我们中国特色的东西，美的就是我们中华民族的美的东西，不要假的，不要一看搞不清楚是中国的还是外国的，追求时尚别丢了自己的传统文化。

艺术史反复证明，一切优秀的工艺美术品都既契合传统特质，又包含时代精神。如果能够把眼光放得足够长远，其实在我们的身后，中华民族悠久的历史早已为我们积累了无尽的创作源泉。

图17 | 图18

图17　在林徽因先生指导下设计的景泰蓝和平鸽大盘子（1951年）

图18　以敦煌装饰图案为元素设计的景泰蓝罐

赵声良 / Zhao Shengliang

敦煌研究院研究员、院长、学术委员会主任委员。曾先后受聘为东京艺术大学客座研究员、台南艺术大学客座教授、普林斯顿大学客座研究员。东华大学、北京师范大学、西北师范大学兼职教授，华东师范大学兼职博士生导师。主要著作有《飞天艺术——从印度到中国》《敦煌石窟艺术总论》《敦煌壁画风景研究》《敦煌石窟美术史（十六国北朝）》《艺苑瑰宝——敦煌壁画与彩塑》《敦煌石窟艺术简史》等。

敦煌艺术与唐代文化

赵声良

我非常荣幸，听了常沙娜教授的讲座。在那个年代，在极其艰苦的情况下，常书鸿先生在敦煌创办了艺术研究所，后来，常沙娜先生受到熏陶，毕生致力于敦煌艺术的研究。我想他们这一辈人，就是鲁迅先生所说的中国的脊梁。我们每个时代的文化传承，就是靠这样一批人，真正地传承下去。现在我们条件太好了，什么书都能读到。从网络上任何东西都能查到，但是有一些东西你是查不到的，像常先生他们那样对中国传统文化执着的爱是查不到的。这样一种奉献的精神，这样一种创造的精神，我们只有在这儿聆听的时候才能够感受到。我们要学习传统文化，就是要学习这样一种精神。那些技术上的东西我们都可以学到，但是一个人首先要有对中国传统文化有这样执着的爱，有追求的精神，有对事业不顾一切的精神，虽九死其犹未悔，这样我们才能达到事业的成功。所以我们要不忘初心啊！

今天，我讲敦煌艺术，有常教授在这里，我们都是晚辈，我这一点点研究，那算得了什么？我想跟大家分享一下研究敦煌的想法，不是全面地介绍敦煌艺术。我们要了解唐代，中国曾经有那么辉煌的时代，在这个时代，我们在艺术、诗词、音乐、舞蹈、美术等各个方面都达到了高峰。这个高峰是如何形成的？那个时候的文化气氛是怎么样的？

我们不能忘记一点：唐朝是个全民信奉佛教的时代，在一个佛教文化非常兴盛发达的时代，石窟和寺院就是文化的中心，就是普通老百姓可以享受到文化的地方。现在有美术馆、博物馆可以看展览，古代是没有的，那要到哪里去看优秀的艺术作品呢？到寺庙去。我们现在都有许多公园，年轻人去公园里谈谈恋爱，散散步。那个年代没有啊！到哪里去？到寺庙去。所以说寺庙这个场所是非常重要的，如果我们不了解这一点的话，我们就不了解为什么那些伟大的艺术作品，敦煌石窟、龙门石窟，都是产生在佛教文化当中的。那个时代，最好的雕塑、最好的壁画，甚至最好的音乐，都是到寺庙里去感受，去欣赏。所以佛教寺院对广大群众的意义，就是文化的空间。

我们现在可以找到许多文献资料记载唐朝寺庙是如何一种状况。比如说，有一些笔记小说里面，讲文人，春天来了，到外面游春；遇到美女，开始谈恋爱了。这样的故事往往在哪里发生？在寺庙里。所以《太平广记》有这样故事："时已三月，人多春游，书生五六人，……"那些书生都喜欢去寺庙里游玩、吟诗、作画、赏花。除了文人之外，寺庙为了吸引信徒，他们也会专门培养一些花卉、植物，所以唐人笔记当中记载了慈恩寺有两丛牡丹，开出五六百朵花，即使我们现在的牡丹能开出五六百朵花，那也是很厉害了。唐朝最有名的活动是到大雁塔题诗，大雁塔我们现在还看得到，就是当年唐朝的慈恩寺，每年进士及第就要到大雁塔上题字。当时白居易是他们那一批进士里最年轻的，所以他在诗里很得意地写道：“慈恩塔下题名处，十七人中最少年。”我们现在看到这样的题名碑其实是明朝的了。唐朝的碑没有保存下来，明朝的碑有一个题名记，说明这个习惯到了明朝依然存在（图1）。

许多寺庙里的环境非常好，僧人就会根据寺庙的情况对环境进行美化，比如种点葡萄。光宅寺葡萄很有名，武则天都想去那里吃葡萄。有些寺庙也有假山，就和现在的公园一样，寺庙就成了民众游乐的场所（图2）。当然去寺庙肯定要拜佛，拜完佛之后，转一转，游览一下，所以我们现在看寺庙壁画就会有许多建筑，其中有宫殿建筑、有园林建筑，也有普通的房子，这些壁画对于我们认识古代建筑非常重要。通过这个壁画，可以发现中国传统建筑以中轴线为准，两边有回廊，有侧殿，后面有后殿，这样一个完整的建筑形式就呈现出来了（图3～图5）。

说起建筑史，我们会想起梁思成先生，想起他到五台山寻找大佛光寺，在敦煌第61窟我们可以看到画出的大佛光寺，佛光寺是唐代的建筑，现在仅存的一座大殿，里

图1　西安慈恩塔下题名处

图2　莫高窟第148窟主室东壁—未生怨故事

图3　榆林窟第25窟主室南壁—中唐—观无量寿经变

图4 莫高窟第148窟主室东壁—盛唐—观无量寿经变

图5 观无量寿经变中的建筑（线描图）

面有明确的文字记录，这个大殿就是梁思成先生当年在五台山考察找到的（图6）。现在我们已经看不到佛光寺了，尽管那个大殿是唐代的，但寺院不是完整的，唐代那些寺庙都是很大的。

莫高窟窟前也有一些建筑，国内一些建筑学专家曾经将外景复原，复原后看起来非常漂亮（图7、图8）。每个时代的洞窟都有窟檐，像是一层层的楼阁一样，唐朝的碑文上写道："前流长河，波映重阁"，莫高窟的风景是非常美丽的。

那么寺庙里面有什么活动呢？首先要围绕寺庙中心的工作，僧人要讲法，平时要有佛事活动，要有日常礼拜。僧人讲法有各种形式，有的大寺庙僧人很多，就跟我们

图6　莫高窟第61窟主室西壁—五代—五台山图（局部）

图7　莫高窟窟前殿堂及外景复原图（萧默绘）

图8　莫高窟外景现状

上课一样；也有的是僧人面对信徒单独讲，所以我们也会看到一个僧人坐在高座上，前面就两三个人（图9、图10）。可能我们现在认为去寺庙就是看一看，烧炷香，磕个头，有钱的放进去一些钱。其实唐朝不是这样，普通的人是离不开寺庙的。宗教只有渗透入人们日常生活中，才有它生存的能力，在那个年代人们隔三岔五就要到寺庙里去（图11）。家里面有什么烦恼的事去请教请教高僧给你开导开导。假如说和老婆吵了一架心情不爽，觉得自己太倒霉了，到寺庙去请高僧开导开导就想通了，想通后，工作就顺了，生活就好起来了。因此人们就觉得宗教给自己带来真正的很实惠的好处，也会更加信奉宗教，所以僧人和普通老百姓的联系是非常密切的。

我们会看到壁画上有很多僧人在讲法，在敦煌藏经洞出土的文献中，有一件文献很有意思，它的正面画着画，背面写的变文，有很多研究者将它定为降魔变文。在敦煌壁画中有个故事叫劳度叉斗圣变，写文字的人很奇怪，集中在一段写了文字，后面

图9 僧人对信众讲经说法1

图10 僧人对信众讲经说法2

图11-1 莫高窟第103窟主室南壁—信众拜塔

图11-2 莫高窟第23窟主室北壁—盛唐—信众拜塔

图9	图10
图11-1	图11-2

空白，再往后又有一段文字，又是一段空白。一些搞文学研究的人根据这个照片看，也搞不清楚。我从法国国家图书馆把这件文物借了出来，这么一展开我就明白了，这个画正面的画对着大家，然后这个文字就对着我，我看着这个文字就和大家讲这一段，然后再往后展，后面是下一个场面（图12），这样一段一段地展开，以此讲经说法，对普通老百姓叫俗讲。寺庙里面给僧人讲的佛经太深奥了，对普通的信徒来说，不能这样讲，这样讲人家听不懂，那么他们就会讲一些故事，就像我们现在的百家讲坛，讲那些很深奥的四书五经都可以让普通信徒听懂，所以说那个时候的百家讲坛就是俗讲。

唐朝有个和尚叫文溆法师，讲俗讲讲得特别好。他一讲寺庙就坐满了人，他要讲的时候周围市场上都没有人了，都跑去听了，甚至唐朝的皇帝也穿上便服，跑去听一听法师说法。

拜佛是普通的人的一门功课，我们大家看右面这个画面当中拜塔的场景，有一个人在跳舞，毯子上坐着一批人在演奏音乐（图13）。当时拜塔为什么要演奏音乐呢？其实是对佛的供养，《法华经》说了很多对佛的供养方法，可以上香、可以献花，也可以用音乐舞蹈作为供养，所以音乐舞蹈是一种供养的方法。

我们现在有许多习惯是和佛教密切相关的，现在北京人民到正月十五也会逛庙会，上元节要燃灯，这是唐朝就已经形成的习惯，到了宋朝延续下来，燃灯就是供养佛。唐朝很富庶，燃灯经常就要燃很多盏，有时要燃几万盏，现在我们的电灯都很亮，在古代点一个油灯一根蜡烛，只有那么一点点光，是很暗的，那么一个大屋子要让它亮

图12　降魔变文（正面/背面）

图13　莫高窟第220窟主室北壁—贞观十六年（642年）—药师经变

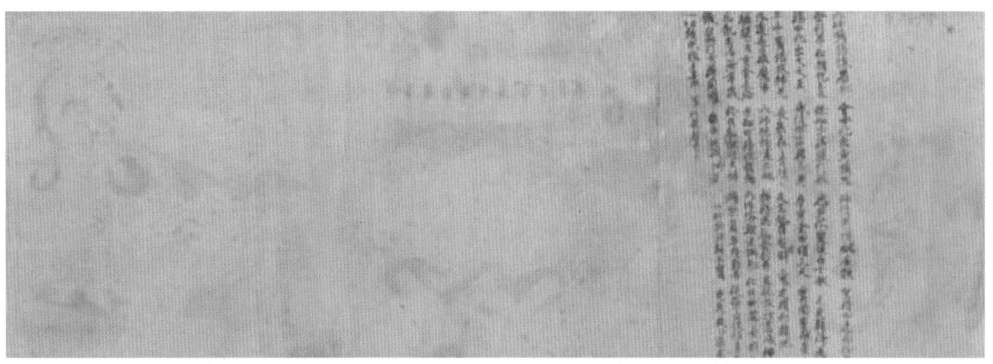

起来应该怎么办呢？要点很多盏灯像一棵树一样，我们看这个画面中，中间好像有个楼阁一样，一层一层的都在燃着灯，把灯要一层一层地排起来，可能有几百盏甚至有上千盏的灯，这么一排起来，不就亮了吗？所以这个叫灯楼，还有一种像是树一样的，叫灯树。

《朝野佥载》记载：

"睿宗先天二年（713）正月十五、十六夜，于京师安福门外作灯轮高二十丈，衣以锦绮，饰以金玉，燃五万盏灯，簇之如花树。宫女千数，衣罗绮，曳锦绣，耀球翠，施香粉。一花冠，一巾帔皆万钱，装束一妓女皆至三百贯。妙简长安、万年少女妇千余人，衣服、花钗、媚子亦称是，于灯轮下踏歌三日夜，欢乐之极，未始有之。"

唐朝人笔记记载，在先天二年（713年），在京师的门外作灯楼，高二十丈。唐朝太有钱了，燃灯动不动就五万盏，光燃灯还不够热闹，还有宫女在灯下跳舞，长安、万年二县千余名女性穿上华丽的衣服在灯下踏歌三日。我们看壁画上有一个圆盘像一棵树一样，圆盘里有一盏一盏的灯摆起来，这就是灯树，与文献记载完全符合（图14）。现在庙

图14　莫高窟第220窟主室北壁—灯树

会的传统依然存在，每年四月初八，莫高窟就有很多人跑去烧香拜佛，甚至还会搭戏台唱戏。我前几年就拍到过当地的老百姓在那里搭戏台唱戏的照片，所以佛教文化对中国很多的风俗习惯有很大的影响。

在经变画当中往往要表现佛国世界，佛国世界是怎样一种世界呢？唐朝净土信仰流行，比如阿弥陀佛净土宣扬，念了阿弥陀佛将来就可以投生到净土世界，佛国世界到底长的什么样子？谁也没有去过，画家要画佛国世界，他只能想象成我们人间最美的地方，是哪里？就是皇宫。皇帝住的就是最好的，所以整个亭台楼阁都非常华丽。在佛国世界，在西方净土世界是不用上班的，不用挣钱的，在那个世界想要吃的就可以吃；想要穿的就有穿的。不用辛苦地去挣钱了，人们每天很闲，怎么办呢？就听听音乐、看看舞蹈、听听佛说法，所以在经变画上要画跳舞、演奏乐器这样的形象。

比如在第220窟药师经变中的两组乐队规模非常宏大，左边一组，右边一组（图15），我们把它放大来看，二十几个人组合起来，把乐器有规律地配备起来，这个乐器的配置有没有道理呢？我们有关的专家曾经研究了这个窟的乐器配置，与唐朝的宫廷乐器进行了比较，我们知道唐朝宫廷乐有九部乐，其中的《西凉乐》记载了有20种乐器，有18种在这个壁画上出现了，说明这个壁画的乐器大有来历，肯定有宫廷音乐的成分，也就是说画家是了解宫廷乐器的组合，通过壁画上乐器的组合，通过舞蹈的形式，我们可以了解唐代音乐舞蹈文化，应该说中国的音乐舞蹈在那个年代走在世界的前列，那个时候就有这样大规模的乐队，音乐已经达到很高的水平了。

我们分析唐代的宫廷乐队，大曲、套曲，就跟交响曲差不多，可是西方交响曲的形成实际上要比中国晚得多。中国在唐朝时期已经有很多大规模的乐队了，我到印度考察的时候，发现印度佛教石窟里也有很多音乐舞蹈的形象，基本上都是一人、两人一组的，不像唐朝这样几十人组成乐队演奏套曲。当时的宫廷音乐如果要全部演奏的话，一天是演奏不完的，它需要很长时间，它的曲子是很复杂的。我们在壁画当中可以看到唐朝乐舞的形象，代表性的形象就是反弹琵琶，很多的歌舞团也在演绎反弹琵琶的形象（图16）。唐朝的音乐舞蹈是很普及的，随着生活水平的提高，大家对音乐要求比较多，结婚仪式上就会有跳舞的乐队，甚至连普通的吃饭、文人雅会，也总是免不了要有人跳舞，所以说寺庙是普通民众艺术交流的空间（图17）。

在唐朝，最优秀的雕塑，最优秀的绘画，都是在佛教寺庙或是石窟当中体现出来的。唐朝一流的画家包括吴道子、李思训大部分的作品都在寺庙里面，在信仰佛教的

图15　莫高窟第220窟主室南壁—西方净土变中的乐乐舞

图16 莫高窟第112窟主室南壁—观无量寿经变中的舞乐

图17 莫高窟第445窟—婚宴中的舞蹈

图16 | 图17

时代，中国一流的雕塑就是佛教艺术（图18）。中国雕塑史如果把佛教雕塑排除在外的话，我们就找不到多少东西了，而且我们确确实实感受到唐代雕塑达到的艺术高度，艺术家能够把佛像的慈悲精神表现出来（图19）。

迦叶尊者饱经风霜，但是艺术家没有把他表现为只是那种苍老的形象，他的眼睛炯炯有神，那是一个智慧的长者，一个得道高僧，所以你会感觉他的神态、他的面孔、他的眼神都是活的（图20）。

涅槃像我们俗人说是睡佛、卧佛，那个佛睡在那儿，其实不是睡在那儿，涅槃是佛最高的境界，它的精神升华了，它的肉体可以离开了（图21）。在印度本土我们很少看到涅槃像，在中亚产生了最早的涅槃像，中国人理解的涅槃像，就是佛躺在那儿，好像那种刚睡的、假寐的状态，这样一种佛的形象也代表当时一种对美的追求。中国最好的艺术家将当时最美的形象赋予了菩萨（图22、图23）。还有天王的形象，天王穿的铠甲就是唐朝那些将军的写照，它有现实的依据（图24、图25）。

敦煌壁画的内容非常多，刚才常先生已经将敦煌壁画分了很多类型，我们选几个有代表性的给大家介绍一下。

敦煌在唐代和长安的关系非常密切，第220窟有明确的年代，唐代贞观十六年，出现了许多新的风格。维摩诘经变就是崭新的，维摩诘经变表现的是维摩诘跟文殊菩萨对谈，两个人坐在上面，有很多俗人还有佛弟子来听法。这些俗人当中，我们发现了一个帝王，这个帝王的形象十分特别，前呼后拥的（图26）。我们知道唐朝有一个著名画家叫阎立本，阎立本有一幅重要的画作叫《历代帝王图》，现存于美国波士顿美术馆，我到美国去，专门到波士顿美术馆看这幅《历代帝王图》（图27），他们从库房里找出来给我看。《历代帝王图》是个长卷，有十三个帝王，其中有一些帝王的形象和敦煌壁画里的帝王像十分相似，我们仔细比较的话，可以发现帝王穿什么衣服在当时是有讲究的，文献中记载有“十二章”（十二种纹样），这十二种纹样在衣服上看不全，因为有些纹样在衣服的背后，能够看到七八种，这七八种跟敦煌壁画上是完全一致的。说明什么问题呢？可能就是阎立本那个风格传过来的。阎立本是个了不起的人，他的父亲叫阎毗，在隋朝就开始做官，叫将作大匠，这个大匠不是打仗的大将，是工匠的匠，这个官职就是我们现在建设部的部长。受他的影响，他的两个儿子，大儿子阎立

图18 《石窟艺术的创造者》(潘絜兹绘)

图19 莫高窟第45窟主室西龛内彩塑—盛唐

图20 莫高窟第45窟主室西龛内北侧迦叶尊者塑像—盛唐

图18	
图19	图20

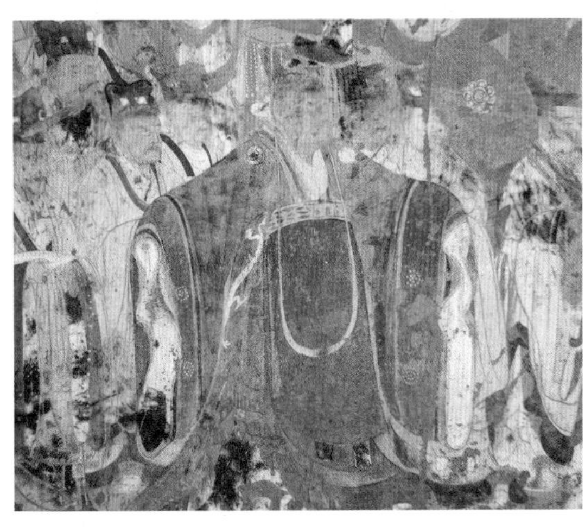

图21　莫高窟第158窟—中唐—涅槃像

图22　莫高窟第384窟—菩萨塑像（美国哈佛大学博物馆）

图23　莫高窟第328窟—菩萨塑像

图24　莫高窟第322窟主室西龛外北侧—初唐—天王塑像

图25　莫高窟第194窟主室西龛内北侧—盛唐—天王

图26　莫高窟第220窟主室东壁南侧—贞观十六年（642年）—维摩诘经变帝王礼佛图

图27　《历代帝王图》之晋武帝司马炎像（唐代，阎立本绘）

图21		图22
图23	图24	图25
图26		图27

德，二儿子阎立本子承父业。唐朝建立后，太宗皇帝说我们唐朝人不能穿隋朝的服装，皇帝穿什么，大臣穿什么，均由阎立德设计。阎立德设计的唐代的服装，不同身份地位所穿服装都是有讲究的。阎立本作为画家，非常了解这一点，他们两兄弟都在朝廷里做官，阎立本画得非常好，太宗皇帝很欣赏他，要阎立本在凌烟阁大殿墙壁上把唐朝二十四个开国功臣的像画下来，画这个画可不是容易的，要是画不好，会得罪开国

功臣受到排挤。但阎立本画得非常好，深受太宗皇帝赏识。

唐朝长安是世界的大都会，不断有外国使者来访。现在我们的国家领导人接见外宾有专业的摄影，在那个没有相机、手机的年代，太宗皇帝想留个影时，就会“召画师阎立本”。阎立本急急忙忙跑来，笔墨纸砚伺候，太宗皇帝在那里说事，过一会他就画下来了。他画的两件作品最著名，一是《历代帝王图》，因为普通的人谁见过皇帝？另外一个就是外国人物，他经常在朝堂，皇帝接待外宾，他总能看到，所以画出了《步辇图》（图28），表现太宗皇帝接见从吐蕃过来的使者禄东赞。阎立本画帝王图和外国人物都很有名，很多人都模仿阎立本。贞观十六年，阎立本还没当上宰相，他还有时间画画，他的画很快便传到敦煌，当时丝绸之路繁荣，虽然敦煌到长安路途遥远，但还是经常有人来往。所以在维摩诘经变中帝王图和外国人物图同时出现，并不是偶然的，说明阎立本擅长的这两项内容都流传开了，甚至流传到了敦煌。

另外一个有名的画家叫吴道子，吴道子被称为画圣，在唐朝是顶尖级别的。吴道子很擅长线条，线条刚健有力，很多寺庙都邀请他画画。可他忙不过来，便带着弟子们同去，他把主要的人物画好，把主要的线条画好，然后让弟子们上色。弟子们很担心颜色太厚会把师傅的线条盖住，就没有上很厚的颜色。因此从吴道子开始就流行画很少的颜色，以线描为主，甚至是不要颜色的白描。

在敦煌盛唐时期壁画中有维摩诘画像，这个画的水平非常高，线描非常有力，仔细看线条都是一根一根，有弹性的，表现出维摩诘滔滔不绝跟人辩论的状态（图29）。当然吴道子不可能跑到敦煌去画画，也有可能是吴道子的弟子，或是敦煌的画家跑到长安，学习了吴道子的绘画，把吴道子的画风带回敦煌。吴道子善于画线条，表现飘带就像风吹着一样，所谓“吴带当风”，表现敦煌绘画所追求的最高境界，就是气韵生动。唐朝的壁画里面出现了许多很生动的画面，我想应该是吴道子的风格传到了敦煌。

唐朝后期有个画家叫周昉，周昉画唐朝的美人很有名，就是画那种丰腴的美人

图28 《步辇图》（唐代，阎立本绘）

图29 莫高窟第103窟主室东壁—盛唐—维摩诘像

（图30），在新疆出土的墓葬里头有这样的绢画（图31）。文献记载“唐人以丰肥为美”，不像我们现在追崇纤瘦。我们从壁画里看到唐朝纺织技术和织造水平真的非常好，层次很丰富，纺织物有些是透明的，能够看到一层一层的形象，这样的形象我们可以找到很多（图32）。

唐朝还有一个很有名的山水画家叫李思训，擅长画青绿山水，唐朝画山水肯定都是青绿山水，到了宋朝以后，大部分画的都是水墨画了。唐朝人认为山水都应该是这样涂得满满的，唐朝把这些山水、河流、树木组合在一起，已经可以画出复杂的风景。大家会发现这些画中的天空都画满了颜色，天空有五彩云，跟青山绿水正好对应起来，

图30 《簪花仕女图》（唐代，周昉绘）

图31　阿斯塔那第187号墓出土—《弈棋仕女图》(唐代，绢画)

图32　莫高窟盛唐130窟—都督夫人礼佛图女供养人像(段文杰临摹)

图33　莫高窟第103窟主室南壁—盛唐—山水画

图31 | 图32

图33

色彩非常丰富。这一幅画我想大家已经注意到了其表现出的光影效果，唐朝人观察得很仔细，表现也非常仔细(图33～图36)。

除了绘画、雕塑，还有书法，唐朝最好的书法肯定都是在寺庙里。玄奘西天取经回来，唐太宗太喜欢他了，就把慈恩寺送给他作为翻译佛经的道场，据说寺庙的匾额

图34　莫高窟第217窟主室南壁—盛唐—法华经变中山水

图35　莫高窟第172窟主室东壁北侧—盛唐—文殊变中山水

图36　莫高窟第148窟主室西壁—盛唐—涅槃经变中山水

图34 | 图35
图36

就是唐太宗亲自题的。一流的书法家褚遂良在那里写了《三藏圣教序》（图37）。在敦煌的藏经洞藏了许多帖，有颜体也有柳体。除了唐人的帖摹，还有大量的写经，这些写经书法代表了中国那个时候书法的成就（图38、图39）。这些写经在敦煌中有许多，有一类被称为宫廷写经，宫廷写经是有规矩的，经卷背后有一连串题跋，题跋上写着哪一年、哪一月、谁写的，用了多少张纸，谁装潢的，还要把装潢者的名字写上，然后有校对的，初校、二校、三校，最后要朝廷官员署名。

图37　慈恩寺《三藏圣教序》（褚遂良）

图38　《化度寺塔铭》（欧阳询）

图39　敦煌出土唐拓本《化度寺塔铭》

图37 | 图38
图39

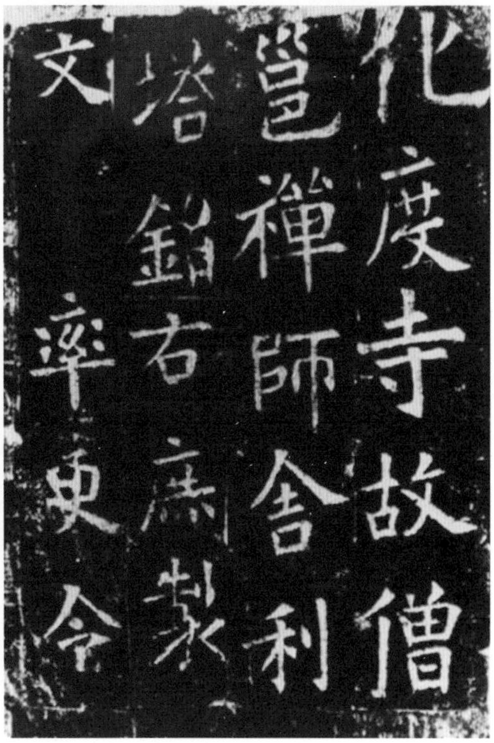

黄正建 / Huang Zhengjian

中国社会科学院历史研究所研究员、博士生导师。研究方向主要为唐史和敦煌学。出版有专著《唐代衣食住行研究》《敦煌占卜文书与唐五代占卜研究》和《走进日常：唐代社会生活考论》，并发表论文百余篇。

文献·人·时论——唐代服饰研究的几点体会

黄正建

很高兴来到北京服装学院参加敦煌服饰文化论坛。刚才我也听到常先生和赵先生的讲座，他们是真正懂敦煌的人，因此将包括敦煌历史、图案在内的敦煌艺术讲得都很全面。特别是刚刚常先生讲的，我们研究敦煌的艺术、敦煌的图案，不是为了研究敦煌而研究敦煌，而是为了继承和创新，并且将其运用到现实生活中，是为了研究现在而研究过去。这一点十分难能可贵。他们已经讲得非常全面了，那么我就讲一下我个人的一些学习和体会。

敦煌服饰文化是博大精深的，它不仅体现了古代中国优秀的文化传统，对现在的服装设计及审美也有十分重要的帮助。我对服饰史的了解不太多，因为我的研究方向主要是唐朝历史。虽然对敦煌服饰也研究一些，但是我对艺术、美术、审美观点和设计的研究还是外行。那么我作为一个历史研究者，该怎么去研究唐代服饰？在长期的研究实践里我也有一点体会，可能关于服饰的研究会不同于做艺术的人和做工艺的人。我们作为历史学者该怎么去研究服饰？应该注意些什么呢？就此我发表一些自身的见解。

一、注重文献资料

研究服饰，实物资料和图像资料是第一重要的，因为我们通过文献资料不能做到全面了解，但是有了雕塑、图像、绘画等资料以后可以了解得更加全面，与此同时参阅文献资料也很重要。

在文献资料中，正史中的《舆服志》十分重要，因为其内容讲述的是服饰制度。正史以外的其他部分，包括传记以及野史、笔记、小说、诗词也很重要。因为诗词、小说等会很艺术、很形象地来描述一个事件，会对服饰有很生动形象的描写。

例如，我曾经研究过的唐代小说《游仙窟》。这本小说早年在中国失传了，后来流传到了日本，又从日本回归到中国。小说讲的是男主人公游仙窟的经历，关于仙窟具体意味着什么是有种种猜测的。

文中有关于男主人公张郎和女主人公崔十娘感情故事的描写，作者用简洁的文字写出男子的动作“脱靴履，叠袍衣，阁幞头，挂腰带。”这句话十分详细地描述了当时男子日常生活的一套服饰：脚上穿的是靴履，身上穿的是袍衣，头戴幞头，腰间系带。所使用的动作词汇是“脱”“叠”“阁（搁）”“挂”，非常形象。睡觉的时候要把鞋脱了，侍女要把他的衣服叠起来，幞头用的是“搁”，而不是“挂”。幞头早期是一块方巾，质地柔软，若用“搁幞头”来形容，这说明当时幞头已经有变硬的迹象。这是很重要的一点，因此我们读小说就能明白当时一些服饰的穿法。

关于女子的动作也有十分形象的描述：“施绫帔，解罗裙，脱红衫，去绿袜。”可以看出当时女子身上有披巾，身穿裙子、衫子、袜子。其中关于颜色的描述十分鲜艳：衫子是红衫，袜子是绿袜。

从“红衫”“绿袜”中可以看出，唐人追求的是十分鲜艳的色彩。我们在阅读其他唐代小说的时候，有关翠衫、红裙子、黄裙子的描述非常之多。

我们现在复原唐代的服饰，没有人敢用这么强烈、鲜艳的色彩，这实际上是不对的。我们从刚刚赵院长提到的《簪花仕女图》就可以看出，现在图画的颜色暗淡了，实际上其颜色是十分鲜艳的红色。可能因为我不太懂，也可能因为与中华民族现在的审美有很大关系，因此不敢把颜色复原得太鲜艳。日本和中国的审美就有很大的差异，日本的审美艺术尚白，呈现在服饰上也是这个特点。

因此我们在研究服饰时一定要注意文献资料，文献里要重视《舆服志》，还有一些诗歌、小说。但是对于研究历史的人来说，还有两类资料要十分注意。

第一种资料为法典。

中国古代各王朝会将各个等级的服饰，包括形制、色彩等都规定到法典中，向全社会公布，要求各个等级的人都要按照等级来穿着服饰。低等阶层的人不能穿用高等阶层的人的服饰。这种把服饰规定到法典当中的做法，是中国特有的，是将“礼”和“法”结合起来的中国的特色。

中国法典以唐代为例，最有特色的是“令”和“式”。法典有律、有令、有格、有式，服饰的规定主要存在于“令”和“式”中。

唐代的朝服，即公服（上朝时穿用的服饰）主要规定在《衣服令》中，常服（衫，袍，履等）主要规定在《礼部式》中，时服（按照季节发放的服装）主要规定在《仓库令》中，丧服主要规定在《丧葬令》中。

举例来说，以一个官员的需要为例，《仓库令》规定，一整套时服主要包括以下类型：春秋的时候要给“袂袍一领，绢汗衫一领（袂袍穿在外面，汗衫穿在里面），头巾一枚，白练袂袴一腰，绢裈（内裤）一腰，靴一量并毡”。关于靴子规定得十分详细，其中专门讲靴子的用材，有麂皮、鹿皮，其次有牛皮、羊皮，但是没有用猪皮的。用料的等级也是按照身份等级从上到下的顺序，越到下面的材料等级越低。

到夏天的时候，不用袂袍了，主要是“布衫一领，绢汗衫一领，头巾一枚，绢裈（内裤）一腰，靴一量。”

冬天“複袍（棉袍）一领，白练襖子（棉袄）一领，头巾一枚，白练複袴（棉裤）一腰，靴一量。”

其中时服的一整套叫“一具”，如果是等级较低，所给的是一半，就称为“一副”，也就是说除袄子、汗衫、裈、头巾、靴子以外，其余同上。

“冬服衣袍，加绵一十两”，冬天的衣服要加绵，“绵”不是现在的棉花，而是丝绵。“襖子八两，袴六两”，襖子加八两，裤子加六两绵。“其财帛精粗，并依别式”，关于材料的优劣，则在另一个“式”里规定。

时服，就是时令（春夏秋冬）的服饰，不同的季节穿着不同的衣服。由以上规定可以看到唐代“一具”或“一副”时服的构成，而且特别强调这些服饰用什么料子，要根据另外的“式”。这种以令、式为主构建的关于服饰的法律规定，是研究唐代服饰一定要注意的。

第二种资料是留存下来的文书资料。

赵院长等人所提到的敦煌藏经洞内所藏的大量文书，这种文书是当时处理事务的原始记录，没有经过后人改动，具有非常真实可靠的史料价值。这类文书资料就唐代而言，主要保存在敦煌文书和吐鲁番文书中。例如，我研究过的英藏S.964V号文书是“天宝九至十载张丰儿等春冬衣衣装薄”，这是给军人发的春冬衣的衣装簿，其中一个军人名字是张丰儿，时间为天宝九年，是检查军人衣服的检查簿。目前残存39行，前几行为：

1.张丰儿（军人的名字）。

2.天九春蜀衫壹（赀印），汗衫壹，裈壹（印），袴奴壹（赀印），半臂壹（白絁印），幞头鞋袜各壹。

3.冬长袖壹（印小袄子充），绵袴壹（絁印），幞头鞋袜各壹。

4.天十春蜀衫壹（皂无印），汗衫壹（纻印），长袖壹（白印），幞头鞋袜各壹。

5.冬袄子壹（皂印），绵袴壹（絁故印），襆头鞋袜各壹，被袋壹。

天宝九年春天，发一件蜀地生产的长衫，蜀衫是赀布做的，盖印。汗衫一件，内裤一件，袴奴一件，半臂一件，幞头、鞋袜各发一件。从内到外一整套都有。到了冬天，长袖一件，棉裤一件，幞头鞋袜各一件。

天宝十年的时候也是一样，每两年再发一个被袋，住宿的时候发个被子。所有的衣服都可以放到被袋里，将服饰名称写在被袋上以备检查。

从中可得知，唐玄宗天宝年间一个士兵一年春冬两季备有什么样的服饰，它跟前面的“时服”基本是一样的。当时的男子服饰除了上朝的朝服、公服之外，一般都是袍衫、幞头、靴履。因此，我刚刚讲的两种文献资料中，由法典和文书资料都可以看出当时的男子穿的都是一样的服装，只不过是颜色质地不一样而已。

其中最特殊的就是“袴奴”。什么叫作“袴奴”呢？我最早研究的时候，以为是内裤，后来发现不对，里面已经有“裈”了，“裈”就是内裤，因此，“袴奴”实际上直到现在也没有研究清楚。

据我的研究，“袴奴”是裤脚系带、便于活动的一种裤子。我们可以看史料记载中（图1），唐代乐人，也就是跳舞的人，也穿这种裤子，所以它应该是裤脚有系带的外裤。但是为什么叫“袴奴”呢？我百思不得其解，用汉语不能解释清楚，所以怀疑是从西域或者中亚的名词翻译而来的。“袴”是意译，“奴”是音译。但是截至目前这个问题仍没有解决，有继续研究的必要。

我看到日本正仓院所藏的一条裤子，裤脚是有带子的，因此我认为这种裤子是“袴奴”。但是当“袴奴”流传到日本的时候，这两个字是颠倒的，大概是他们不太理解这个东西为什么叫“袴奴”，因此他们将其称为“奴袴”。这是一张“奴袴”的图

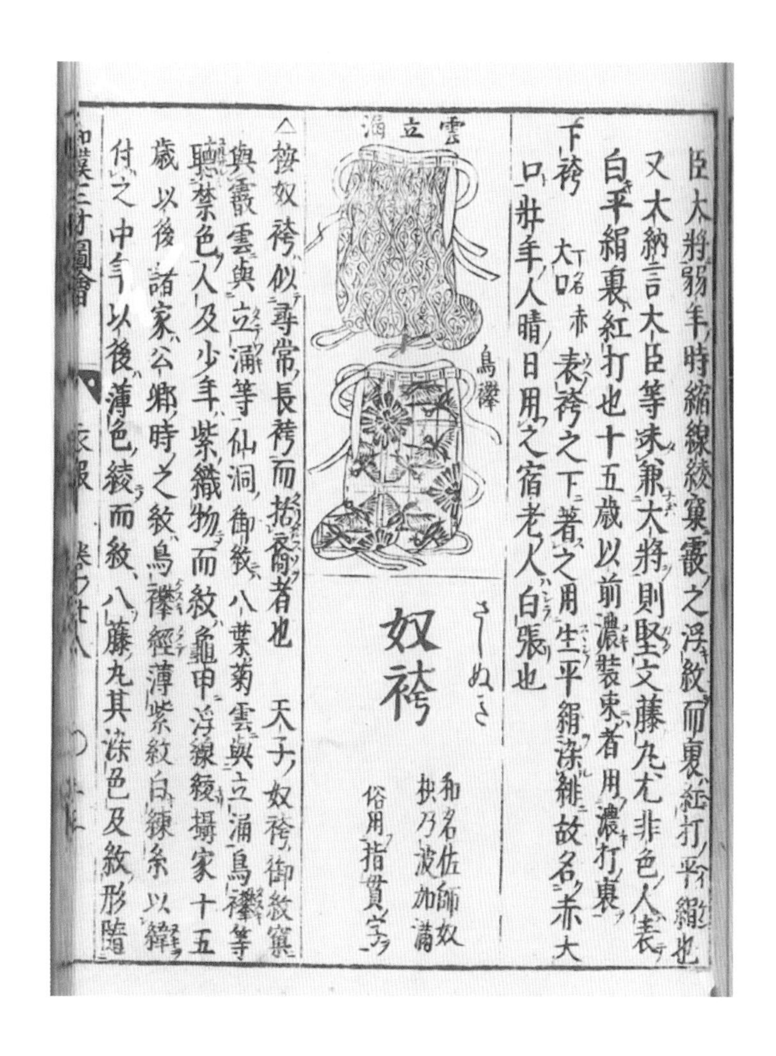

臣大將弱年時縮線綾窠霰之浮紋而裏紅打平絹也
又大納言大臣等未兼大將則堅文藤丸尤非色人表
白平絹裏紅打也十五歳以前濃裝束者用濃打裏

下袴 大口 下名赤 表袴之下著之用生平絹深緋故名赤大
口卅年人晴日用之宿老人白張也

雲立涌

鳥襷

奴袴 さしぬき

和名佐師奴抜乃波加満
俗用指貫字

△按奴袴似尋常長袴而括裔者也 天子奴袴御紋窠
與霰雲與立涌等仙洞御紋八葉菊雲與立涌鳥襷等
聽禁色人及少年紫織物而紋龜甲浮線綾攝家十五
歳以後諸家公卿時之紋鳥襷經薄紫紋白練糸以緯
付之中年以後薄色綾而紋八藤丸其深色及紋形隨

和漢三才圖會

图1 史料记载的“奴袴”

片，日语读作“さしぬき”。所以从这里可以看出来袴奴应该是裤脚底下带系带的裤子（图2）。

军人每年还要发一个“半臂”。“半臂”是有非常明确的实物资料的。这个是日本正仓院藏的“半臂”，可以看作是唐代“半臂”的标准服饰（图3）。

莫高窟第116窟的壁画，就可以看出“半臂”是穿在里面，外穿袍子（图4）。但是也有人把“半臂”露出来，以此来显示自己的“半臂”十分漂亮。据文献记载，有的官

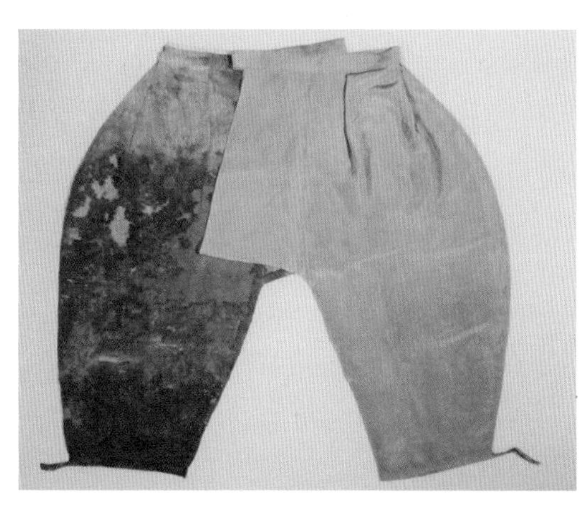

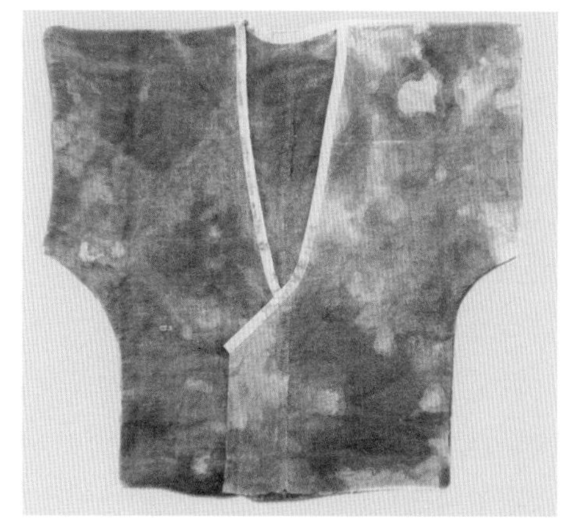

图2 ｜ 图3

图2 白奴袴（日本正仓院藏）

图3 布袷半臂（日本正仓院藏）

图4　莫高窟第116窟—“半臂”

员穿的是“锦半臂”，唯恐别人看不见自己的半臂，就将其露出来（图5）。劳动人民穿着半臂是干活用的，也就是刚刚赵院长提到的在第23窟里面的《雨中耕作图》（图6）。

总之，研究敦煌服饰不仅要研究壁画、雕塑等图像（形象）资料，文献资料也是十分重要的。文献资料中具有鲜明地方和时代特色的原始文书，尤其值得重视。

图5 官员穿的“锦半臂”

图6 莫高窟第23窟主室北壁——雨中耕作图

图5 | 图6

二、注重“人”的因素

作为历史研究者，研究服饰最重要的目的是要在研究服饰形制的基础上，更关注服饰的穿着者。即关注是谁穿，何时穿，为何穿以及穿着时的制度、风俗、礼仪。总之要关注历史中的“人”与服饰的关系，以及由此关系而影响到的人的社会生活乃至政治生活。

比如，我曾经研究过的唐代的櫜鞬服。之所以研究这种服饰，是因为在读《旧唐书》记载平淮西叛乱时，即《旧唐书》卷133《李愬传》，记李愬率军平叛，攻入蔡州的第二天，宰相裴度至蔡州，“（李）愬具櫜鞬俟（裴）度马首，度将避之”。当时我就在疑惑，“櫜鞬服”是一种什么装束，作为宰相的裴度为什么对于这样一种装束，表示不敢当呢？换句话说，这其中反映了怎样的一种服饰，又反映了怎样的一种礼节呢？

经过考辨和分析，我明白“櫜鞬服”是一种“头戴红抹额，下身穿袴奴，脚蹬靴，左手握刀，右手佩櫜（即插矢之房，即装箭的袋子）鞬（即韔弓之服，即装弓的袋子）的戎服（军服）”。这套“櫜鞬服”是下级晋见上级，特别是节度使晋见宰相的礼服，极其尊贵。所以裴度认为自己不敢当，“将避之”。“愬曰：此方不识上下等威之分久矣，请公因以示之”。李愬说淮西同朝廷作对，不知道礼仪，所以请你一定要以礼受之。于是“裴度以宰相礼受愬迎谒，众皆耸观”。当地人都认为这十分惊悚，一个宰相竟然受这样的礼。这说明这个地方的礼仪制度已经混乱到不可收拾的地步。

“櫜鞬服”现在没有找到相关材料，章怀太子墓《侍卫图》（图7）里的侍卫头戴抹额，左手持刀，但装箭和弓的袋子不都在右面。虽然不是“櫜鞬服”，但是十分类似。

从这个小问题，我们可以接着分析：节度使穿“櫜鞬服”这一戎服参见朝廷使臣，实际上具有将自己的身份降低为武将，从而敬重朝廷的意义，穿上櫜鞬戎服，就意味

图7 章怀太子墓《侍卫图》

着对宰相的尊敬，对朝廷的尊敬。据史籍记载，刺史也穿“櫜鞬服”这一戎服，因为戎服和公服是有区别的。如果刺史穿公服参见观察使，观察使没有办法从军事上领导他，但是如果刺史穿戎服，观察使就可以在军事上指挥他。也就是说“櫜鞬服”使刺史具有了军事长官的色彩。这说明戎服是重要的礼服。这种刺史穿戎服的礼节，可能是唐代特有的，说明刺史具有一定的军事职能，到后来刺史变成了文职，就不穿戎服了。由此可见，对一件服饰的研究，不仅可以了解唐代刺史、节度使的一种服饰、一种礼节，而且从服饰和礼仪的角度明白了唐代刺史所具有的军事长官色彩，这就是服饰在政治、军事生活中的作用。不同的时代穿不同的服饰，性质是不一样的。

这是我们做历史研究的时候需要注意的是，我们不是为了研究服饰而研究服饰，而是通过研究服饰来研究历史中的人的生活和价值观等。

三、重视当时人的观念

我们在研究服饰和研究其他问题时，都要把问题放到当时的历史条件下，首先要了解当时人的想法、看法、评价，然后才能引入后世的看法，而不是相反。例如，关于唐代的“胡服”问题，我们往往说唐朝人多穿胡服，出土壁画和陶俑的说明中也往往说某某身穿胡服，但是何为“胡服”，并没有人真正认真研究过。当然也有相关文章，比如，研究敦煌壁画中的“胡服”，但文章举的例子是吐蕃等服饰，这些当然是“胡服”，但并非我们一般认为的“胡服”。那么，所谓“胡服”到底是什么样子？唐朝人，特别是安史之乱以前的唐朝人，穿“胡服”的很多吗？其实没有人进行过认真研究。

关于这个问题，需要澄清两点。

第一，从北朝以来，原来的“胡服”，即窄袖圆领袍衫、靴带之类服饰经过一二百年的发展、融合，到唐代已经成了常服（章服），是从皇帝到官员到民众普遍的衣着，如前所述规定在了法典中。唐初《礼部式》规定“五品以上服紫，六品以下服朱”之类就是北朝原来的“胡服”。换言之，宋人所说的“中国衣冠自北齐以来，乃全用胡服”的“胡服”，到唐代已经成了法典规定的朝野正式服饰，已经不属于“胡服”了。

而我们现在所谓的“胡服”除“胡帽”有比较明显的特征外，到底有何所指，实际并不清楚，而且我们现在所谓的“胡帽”当时是否叫“胡帽”也令人怀疑。

例如《朝野佥载》记载：“赵公长孙无忌以乌羊毛为浑脱毡帽，天下慕之，其帽为‘赵公浑脱’。”这是唐初的事情，那时所谓“胡服”应该比较多，而这黑羊毛毡帽更是典型的“胡帽”了，但当时人并不称它为“胡帽”，而称“赵公浑脱”。

到唐后期也是这样。比如《旧唐书·裴度传》记载唐宪宗元和年间御史大夫裴度遇刺，因头上戴着毡帽而幸免，也是称“毡帽”，而不称“胡帽”的。所以我们往往一看陶俑头上戴着毡帽就称“胡帽”，其实是不对的。只是我们现代人认为它是“胡帽”，当时人并不认为是“胡帽”。

第二，如果我们回到唐朝人的语境，如安史之乱以前的语境，基本找不到关于“胡服”的描写和称呼。现在我们说要恢复到汉唐盛世，是因为唐朝人最自信，最大度。换言之，当时的唐朝人穿着随意，包容海量，并没有专门称某种服饰为“胡服”，也没有贬低甚至惧怕“胡服”的情绪。所谓开元天宝年间“胡服”流行，甚至是安史之乱前兆的说法，完全是后人处于后人环境的推想，甚至是编造的。安史之乱以前的唐朝人大度自信，并没有刻意区分什么“胡服”，也没有强调某某穿了“胡服”。在他们的头脑里大概很少有“胡服”概念，那些我们现在所谓的“胡服”，当时是否被视为“胡服”是值得怀疑的，过分强调所谓“胡服”是后代人的想象和意识。

虽然后人的观念也是一种解释，但是我们一定要学会区分。后人在安史之乱之后研究历史，对胡人警惕性升高了，因此他们特别强调“胡”这个问题，但是在这之前，在开元天宝年间并没有十分强调“胡服”。因此，我认为研究服饰的社会价值和意义，一定要把它放到当时的历史环境中，尊重当时人的观念和看法，才能不受后代人说法的迷惑。

以上拉拉杂杂说了一些个人在研究唐朝服饰时的感想、体会，说得不对，请大家批评。

敦煌服饰资料，包括雕塑、壁画、文书等，是一个巨大的宝库，内含艺术、生活、经济、政治、文化、民俗、民族、科技等多方面价值，值得各领域学者进行持续不断地认真研究。

再次祝贺“敦煌服饰文化研究暨设计创新中心”挂牌成立，并预祝“中心”取得丰厚的研究与设计成果。

杨建军 / Yang Jianjun

男，1964年生于北京，1995年考入中央工艺美术学院（现清华大学美术学院）染织服装艺术设计系，师从常沙娜学习研究中国传统装饰图案，1998年毕业获得文学硕士学位，并留校任教。现为清华大学美术学院染织服装艺术设计系副教授，中国香港志莲净苑文化部特聘研究员，还先后受聘为日本东京艺术大学客座研究员、日本东北艺术工科大学客座研究员。研究方向为中国传统装饰图案和传统染织材料与工艺。参与常沙娜老师编著的《中国敦煌装饰图案》和《中国敦煌装饰图案（续编）》原稿绘制整理；出版教材和专著《装饰图案基础》《装饰图案进阶指导》《中国传统纹样摹绘精粹》（合著）《扎染艺术设计教程》《红花染料与红花染工艺研究》（合著）等十多部；发表论文《装饰图案的临摹与创作》《隋唐染织工艺在敦煌服饰图案中的体现》《唐代佛幡图案与工艺研究》《敦煌莫高窟盛唐194窟彩塑菩萨裙带之绞缬工艺研究》等五十多篇。

敦煌服饰图案与染织工艺

杨建军

我今天讲两个方面的内容：一是作为图像资料的敦煌服饰图案；二是复原工艺研究的个案探讨。

下面先说一说作为图像资料的敦煌服饰图案。

图像资料是反映自然的相似性资料，是重要的信息载体和信息来源，有两个方面特点：一是图像资料在很大程度上反映着客观现实，在实物资料缺乏的情况下尤显重要；二是图像资料毕竟不是实物资料，有时会有“陷阱”。所谓“陷阱”，就是由于某些原因，偶有造成图像资料中不同程度存在与实际情况不一致的现象，如果不经过深入研究加以甄别，而是轻易将其作为事实证据使用，就会把研究引向歧途。为了避免落入“陷阱”，就需要以敦煌服饰图案为中心，从多方面观照、入手，对其进行全面、系统地深入研究。期间，需要始终兼顾以下五个方面：

第一，文字资料，包括文献和诗词、小说等，这些来源于当时的文字记述是真实客观的。

第二，实物资料，历史留存至今的实物资料，是最为真实的重要研究依据。

第三，其他图像资料，特定历史时期的各类图像资料，能够反映出相近的客观现实。

第四，工艺调查资料，研究传统工艺，需要最大程度还原当时的材料、技术，寻访调查历史遗存或再现工艺是重要手段。

第五，工艺实践，工艺强调的是运用材料和技术进行制作，通过实践才能获取对特定工艺的体验性感悟。

因此，要将文字、实物、其他图像、工艺调查四个方面的资料和工艺实践体会相互比照，通过对比分析研究，达到互相印证、互相释证、互相参证的目的，从而获取相关实证，才能最大程度还原敦煌服饰图案所表现的特定染织工艺。这种研究方法来源于王国维先生提倡的“二重证据法”，是我们于敦煌服饰图案与染织工艺研究过程中，在运用“二重证据法”基础上总结出来的行之有效的方法，我们称为“对比互证”法（图1）。

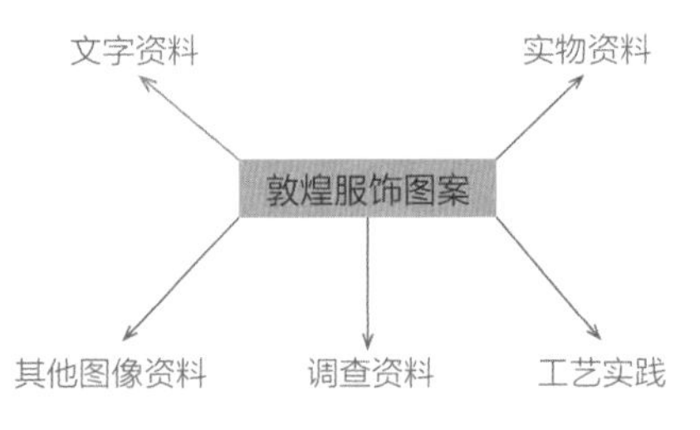

图1　敦煌服饰图案对比互证研究方法示意图

我们在对敦煌历代服饰图案与染织工艺进行分析研究的十余年中，一直运用和完善着“对比互证”研究方法。首先，把敦煌服饰及图案与相关文字资料、实物资料进行比对，通过对相关实物资料和文字资料进行对比研究，提高我们对敦煌服饰图案表现制作工艺的判断力。其次，在实物资料缺乏的情况下，我们尽量去寻找其他图像资料。我们认为，如果在绘画、雕塑等其他图像资料中能找到与敦煌服饰图案相类似的表现，就可以极大地提高敦煌服饰图案表现的真实性，其他与之相近的图像资料出现得越多，敦煌服饰图案所展现客观现实的真实程度也就越高。然后，由于我们侧重敦煌服饰图案表现的染织工艺分析，因而对有关工艺调查资料的积累非常重要。工艺主要包括材料和技术，材料又分为纤维材料和染色材料，技术包括织造、印染、刺绣等。材料和技术必须与敦煌服饰图案所属时代相对应，必须通过调查予以最大程度还原真实历史。比如，我国汉唐时期很重要的罗织物，目前除了一些专业博物馆进行研究性复原制作之外，在日本东北地区山形县还有民间艺人运用传统织机进行手工生产，这种存留民间、根植生活的传统技艺具有“活化石”的作用，到现场进行调查获得的知识与感受，是其他途径或方式无法取得的。还有，因为涉及敦煌服饰图案体现的制作工艺，在对使用材料和制作技术进行调查的基础上，通过实践积累经验、提高理解和认识是绕不过去的研究过程，但敦煌服饰图案是画上去的，分析其表现的织、染、印、绣等诸多工艺，需要依赖于我们在对文字资料、实物资料、其他图像资料和工艺调查研究基础上进行推断，这就要求我们必须了解各种工艺在当时的发展状况及其制作方法与技术特点，因而必须落实到自己体验性动手制作，这是行之有效的研究方法，只有动手体验了全过程，进行了深入的实践研究，熟知工艺特点，做出的推断才能接近真实历史，心里也才能踏实一点。

敦煌服饰图案虽然是画师用笔和颜料画上去的，但它作为仅次于实物资料的来源于当时社会生活的图像资料，能够很大程度反映出客观真实性，对研究所起的作用是非常重大的。这里以冕服及其十二章纹为例，冕服是皇帝和王侯重要场合穿着的专用礼服，根据《唐六典》等文献记载得知，冕服有大裘冕、衮冕、鷩冕、毳冕、絺冕、玄冕六种样式。最早对十二章纹全面记载的是《尚书》，它是皇帝和王侯礼服上的十二种纹饰，包括日、月、星辰、山、龙、华虫、宗彝、藻、火、粉米、黼、黻。冕服样式和十二章纹在周代就已经基本确立，经过汉晋南北朝进一步完善，到唐代已经作为重大仪式不可或缺的内容，并延续了上千年，一直到明代。不过，很遗憾到目前为止还没有发现完整的古代冕服，即使北京定陵出土的较为完整明代冕服，不知为什么缺少上衣。我们把描绘于敦煌莫高窟初唐第220窟帝王礼佛图中的帝王冕服（图2），与文献记载进行对应研究，发现它在样式、色彩、纹样等方面与文献记载基本能够一一对应。不过，《唐六典》等文献中明确记载帝王垂旒是十二条，而敦煌壁画描绘的仅为六条，沈从文先生认为应是画师笔误或者是草率行为所致。敦煌壁画中的帝王垂旒基本都是六条，为什么画六条？在当时是否有什么讲法？对此还有进一步研究的空间。

在没有实物资料或者实物资料不足的情况下，图像资料相互间的对应比较和佐证，可以提高还原历史的表现真实度。还以敦煌莫高窟初唐第220窟帝王礼佛图中描绘的冕服为例，将其与唐代阎立本绘制的《历代帝王图》中的晋武帝司马炎（图3）进行对照，很容易发现二者在帝王身姿、体态，以及冕服样式、色彩、纹饰等方面的相似程度是非常高的，由此对敦煌莫高窟初唐第220窟帝王礼佛图中所描绘冕服真实性的确认帮助很大。

我们再以敦煌莫高窟盛唐第217窟描绘的“青山踏青”为例，根据明代《天中

记》等文献记载得知，帷帽产生于隋代，应是从外族“胡装”演化而来。另据《旧唐书·舆服志》记载得知，在唐高宗永徽（650～655年）以后，女子开始戴帷帽，武周则天（684～704年）以后，帷帽盛行开来。对应文献记载来看敦煌莫高窟盛唐第217窟“青山踏青”（图4），该女子所戴帽子应该就是文献记载的“帷帽”。然而，作为图像资料的该女子装束与文献记载的真实情况是否一致，我们将其与陕西历史博物馆收藏的“彩绘头戴帷帽骑马女俑”（图5）相比较，二者之间存在很高的相似度，通过“彩绘头戴帷帽骑马女俑”可以证实莫高窟盛唐第217窟青山踏青女子服饰具有很高的客观真实

图2　莫高窟第220窟主室东壁南侧—初唐—维摩诘经变帝王礼佛图

图3 《历代帝王图》中的晋武帝司马炎（唐代，阎立本绘）

图2 | 图3

图4 | 图5

图4　莫高窟第217窟主室南壁—盛唐—春山踏青

图5　彩绘头戴帷帽骑马女俑

性。所以，在实物资料不足的情形下，如果仅凭莫高窟中描绘的一个服饰图案就下定论，则很难有说服力。因此，最大程度在其他图像资料中寻找相关资料用来佐证，是提高敦煌服饰图案可信度的有效方法。

我们还需要结合敦煌服饰图案的题材、内容、风格、特征、发展脉络等，对其表现的制作工艺进行分析性研究。比如，在对莫高窟隋代第420窟的彩塑胁侍菩萨裙饰图案（图6）进行研究时，首先在广泛范围内寻找相关实物资料，期间发现日本法隆寺收藏着7世纪后半叶的“狮子狩猎纹锦”（图7），是典型的波斯萨珊锦样式。波斯萨珊王朝（224～651年），大概相当于中国的魏晋南北朝至初唐这一段时期。波斯萨珊锦一个重要特征就是把联珠纹和动物纹组合在一起，在联珠纹构成的圆环中内置动物纹，这种样式的波斯锦最迟于6世纪传入我国，对当时织锦纹样影响很大，逐渐与我国中原文化成双成对的风俗及审美观念相融合，在隋唐时期非常盛行的对鸟对兽联珠纹锦，就是在波斯萨珊锦影响下发展起来的。据此，我们可以肯定地说，莫高窟隋代第420窟的彩塑胁侍菩萨裙饰图案，表现的正是从波斯传来的萨珊式织锦，可以将其命名为“联珠狩猎纹锦”，这种联珠狩猎纹曾在西亚、中亚地区非常流行，传入我国后，从南北朝、隋一直到唐代也都非常流行，它出现在敦煌莫高窟隋代洞窟中不是偶然的，是与史实相一致的。

我们在敦煌莫高窟隋代第427窟彩塑佛像上看到佛陀内衣绘有精美图案（图8），它由联珠纹、条纹组成方格，其四角有呈向心式的花叶纹环抱圆环联珠纹，中心部位不是动物，而是正面放射式多瓣花纹，显现出不同地域纹样的交汇融合特征。我们在寻找与之对应的实物资料过程中，发现新疆维吾尔自治区博物馆收藏的“团花纹锦”（图9）与之相似度非常高，通过结合织造技术史对其进行研究得知，这件“团花纹锦”反映出了我国织锦技术变化时期的样貌特征。经锦是最早出现的织锦，因以经线显花而得名，从战国、汉魏时期一直到初唐是我国经锦技术的辉煌时代。经锦分为两种：一种是平纹经锦，另一种是斜纹经锦。平纹经锦经过汉魏、南北朝盛期，大约在隋代前后织造技术发生变化，出现了斜纹经锦，这种斜纹经锦使图案产生的变化更为丰富，“团

图6-1 | 图6-2 | 图7

图6-1　莫高窟第420窟—隋—彩塑胁侍菩萨

图6-2　莫高窟第420窟—隋—彩塑菩萨飞马驯虎联珠纹锦裙饰图案

图7　狮子狩猎纹锦（日本法隆寺）

图8 莫高窟第427窟—隋—佛陀内衣图案

图9 团花纹锦（唐代）

图8 | 图9

花纹锦”正是这一时期有代表性的斜纹经锦。日本正仓院也收藏着与“团花纹锦”相类似的斜纹织锦，松本包夫研究员认为，这一类斜纹经锦就是传说中出产于中国四川成都的著名“蜀江锦”。蜀江锦用红花染色，精美艳丽，在当时上流社会非常流行，并输往外国，出土于远离四川的丝绸之路沿线的新疆吐鲁番，以及收藏于日本正仓院的精美斜纹经锦，都说明了这一事实。另外，将最为名贵的织锦画到佛像上，符合当时佛教盛行期人们敬佛供佛的心理愿望，是有事实作基础的。基于以上分析我们推断，敦煌莫高窟隋代第427窟彩塑佛像佛陀内衣图案，表现的是流行于当时上流社会的名贵斜纹经锦——蜀江锦。

敦煌莫高窟初唐第220窟壁画上描绘了正在嬉戏的三童子（图10），其中两个童子身着交领半臂，是典型的汉服样式，与此两童子截然不同，位于最前面的另一个童子身着背带裤，这种窄口背带服装是当时从波斯传入的一种样式。对于其条纹形图案，我们从新疆出土的唐代条纹锦中找到了与之对应的实例（图11），这种受波斯影响的条纹锦在唐代也非常流行。由此我们推断，描绘于敦煌莫高窟初唐第220窟壁画童子背带裤，在现实中应该是使用波斯风格的条纹锦制作而成，应该是来自当时富家子弟的时尚装束，是唐代现实社会的真实写照。

夹缬也是唐代染织工艺的重要品类。根据《通雅》等文献记载，夹缬之名始见于唐代，唐诗不乏涉及夹缬的诗句，如薛涛“夹缬笼裙绣地衣”，白居易“成都新夹缬，梁汉碎胭脂”，以及“黄夹缬林寒有叶，碧琉璃水净无风”等。我国唐代夹缬技术精湛，能够制作非常精彩的多色夹缬，这从新疆吐鲁番出土的彩色唐代夹缬印花绢、夹缬印花罗等，以及英国大英博物馆、日本正仓院收藏的大量唐代多色夹缬可以得到证实（图12、图13）。敦煌莫高窟盛唐第199窟所描绘的唐代高僧袈裟，正是表现的这种当时非常盛行的多色夹缬（图14）。这里需要说明的是，敦煌壁画中描绘的很多僧人袈裟都是有花纹的，对此我们专门请教了中国香港志莲净苑文化部研究佛教戒律的辛汉威老师，据辛老师介绍，来自印度的佛教戒律上没有规定禁止出家修行的人穿着带花纹衣服，也没有禁止吃肉，因为出家人的衣物、食物都是外出化缘得来的，施主给什

图10 莫高窟第220窟主室南壁—初唐—壁画

图11 新疆出土的条纹锦嬉戏三童子（唐代）

图12 花卉纹夹缬绢（唐代）

图13 朵花纹夹缬绢（唐代）

图14 莫高窟第199窟—盛唐—高僧袈裟

图10	图11
图12	图14
图13	

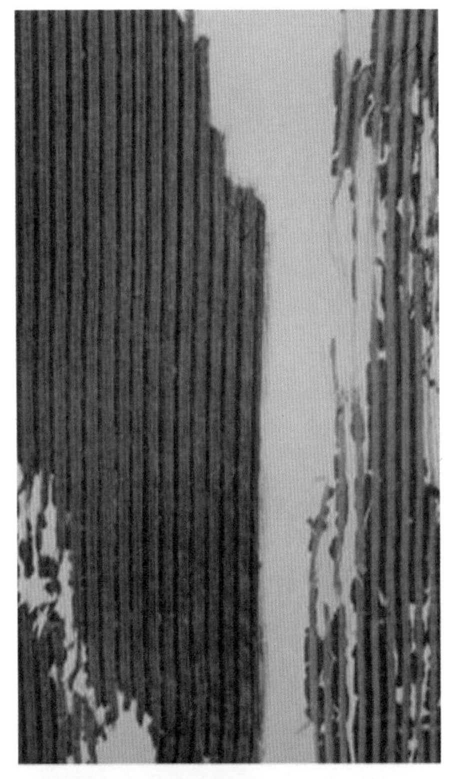

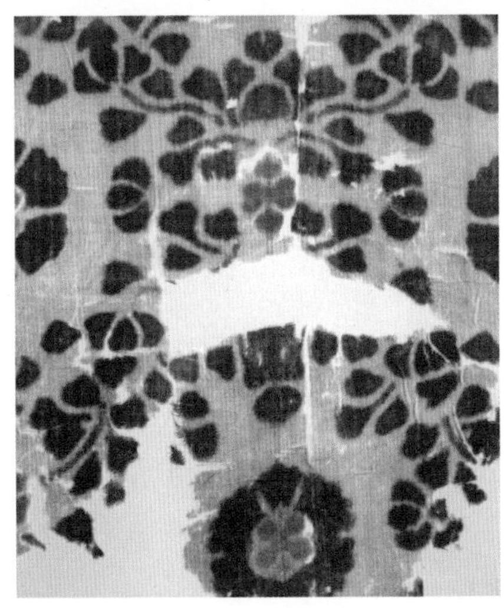

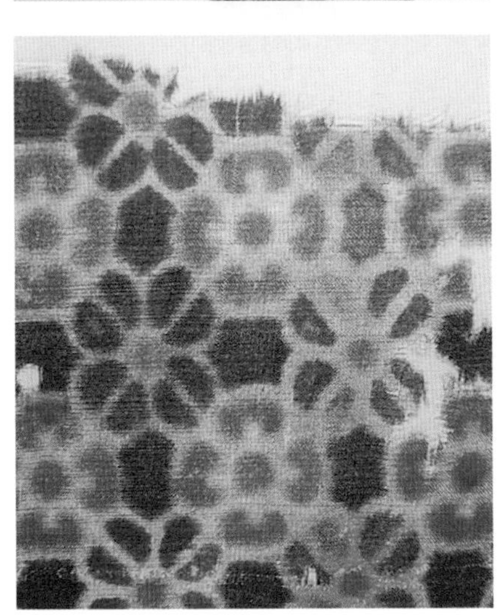

么穿什么，给什么吃什么，但是戒律对服用色彩有严格规定，其色只能是“坏色”，就是不能使用纯色，即纯红、纯黄、纯白、纯黑、纯蓝是被禁止，如果化缘得来纯色衣物，必须将其染坏才能使用，故此称为“坏色”。所以，敦煌莫高窟盛唐第199窟所描绘的高僧身穿多色袈裟，不仅反映出了当时夹缬工艺非常盛行，还表现出了僧人身着带花纹袈裟这一符合佛教戒律规范的社会现实，这也是唐代社会经济繁荣、思想开放的体现。

据《旧唐书·舆服志》等文献记载，唐代前期，特别是在盛唐时期，在上流社会中兴起女着男装的风尚。敦煌莫高窟盛唐第445窟近事女像（图15），表现的正是当时女着男装的社会现实。近事女所穿着圆领、窄袖袍服的团花图案，与新疆吐鲁番阿斯塔那墓葬出土的“黄色印花纱”等大量纺织品印花图案类似（图16）。关于新疆吐鲁番阿斯塔那墓葬出土的印花纺织品，曾被学术界定为蜡染，后来新疆博物馆的武敏研究员通过工艺实践研究，推翻了之前的蜡染定论，认为这是一种称为“碱剂印花”的印花工艺。这种碱剂印花品在新疆吐鲁番阿斯塔那古墓大量出土，在很大程度上证实当时也非常流行这种印花工艺。所以，我们认为敦煌莫高窟盛唐第445窟近事女袍服图案，应该表现的是当时盛行的碱剂印花工艺。

敦煌莫高窟中唐第158窟佛涅槃像中佛陀头下的枕物图案，表现的应该是唐代很有代表性的织锦图案（图17）。常沙娜老师在20世纪50年代专门整理临摹敦煌服饰图案，为我们今天研究敦煌服饰图案带来了很大方便，从常老师整理临摹的敦煌莫高窟中唐第158窟佛涅槃像中佛陀头下的枕物图案可以清晰地看到，四方连续式枕物图案是以团窠联珠含绶鸟纹为单元连续构成的（图18），将其与出土于新疆吐鲁番阿斯塔那古墓的唐代“戴胜鸟纹锦”（图19），以及出土于青海都兰热水的唐代“含绶鸟纹锦”（图20）进行对比，三者一脉相承的特征显而易见。所以，我们通过实物资料与敦煌服饰图案对比印证研究认为，敦煌莫高窟中唐第158窟佛涅槃像中佛陀头下的枕物图案，正是当时非常流行的联珠鸟纹锦的真实写照。另外，这里也涉及织造技术，正如刚才所说，

图15 图16 图17

图15 莫高窟第445窟—盛唐—女着男装近事女

图16 黄色印花纱（唐代）

图17 莫高窟第158窟—中唐—佛涅槃像

图18　莫高窟第158窟—中唐—卧佛枕头印花图案（单位之一）

图19　戴胜鸟纹锦（唐代）

图20　含绶鸟纹锦

图18 图19 图20

大约在初唐时期，我国织锦由平纹经锦转化为斜纹经锦，并迅速流行起来，敦煌莫高窟中唐第158窟佛陀头下的枕物图案，表现的正是华丽精美的斜纹经锦。

初唐或更早时期，随着中西染织文化的交流，受西域织造技术的影响，我国织锦从经线显花逐渐转变为纬线显花。纬线显花有两个主要特点：一是可以织造大花纹，二是可以织造多种色彩。我们把新疆吐鲁番阿斯塔那古墓出土的“花鸟纹锦”（图21），与敦煌莫高窟中唐第159窟彩塑菩萨裙饰（图22）进行对比发现，二者题材一致，都表现的是花、鸟、云等；组合也相近，花团锦簇、祥云缭绕，鸟飞其间、气氛祥和；色彩倾向亦相同，朱红色为主，蓝、绿色点缀其间，热烈而和谐。由此表明，当时画师们虽然在佛教石窟中描绘的是菩萨服饰，但其服装样式、图案必然来源于画师们在现

图21 图22

图21　花鸟纹锦

图22　莫高窟第159窟—中唐—彩塑菩萨

实生活中的所见装束，是与画师们所处时代分不开的。由此推断，绘制敦煌莫高窟中唐第159窟彩塑菩萨裙饰（图23）的画师，应该亲眼见过当时富贵人家着用的纬线起花的名贵织锦。

我们在陕西扶风法门寺珍宝馆，可以看到代表唐代皇家最高水平的金银器。日本正仓院收藏的精美五弦琵琶，也让我们能够领略到盛唐工艺的皇家风范。由于纺织品的特殊性，留存至今能够代表最高水平的完整唐代皇家织锦很少，非常可贵的是，日本正仓院收藏的纬锦琵琶套，正是唐代织锦最高水平的代表，让我们在今天还能得以见到纬线起花的唐代宝相花纹名锦（图24）。敦煌莫高窟中唐第159窟的彩塑菩萨裙饰图案，描绘的正是这种典型的唐代宝相花纹，具有富丽、饱满、庄严的艺术韵味。因此，敦煌莫高窟中唐第159窟的彩塑菩萨裙饰，应该就是表现的唐代织造技艺最高水平的宝相花纬锦。

敦煌莫高窟晚唐第12窟描绘的少女裙很有特色，呈横条状间隔变化，色彩深浅相间（图25）。1968年在新疆吐鲁番阿斯塔那古墓曾出土一件“晕（繝）提花锦”，是用黄、白、绿、粉红、茶褐五种色彩的经线织成，色彩过渡的晕色变化非常自然，故此称为“晕（繝）锦”。此外，还有通过染色表现晕（繝）效果的，如1983年在青海都兰热水出土的“对波葡萄纹绫染缬黄绿晕（繝）”，为平纹地1∶3斜纹显暗花葡萄纹，以染缬手法染成深黄、墨绿相间的条纹（图26）。由此可见，唐代通过织、染不同方法表现晕色变化，在很大程度上反映出当时人们对这种均匀变色效果的喜爱。这一社会风尚在敦煌壁画中也有所体现，莫高窟晚唐第12窟描绘的少女裙，正是表现的晕（繝）色效果。将

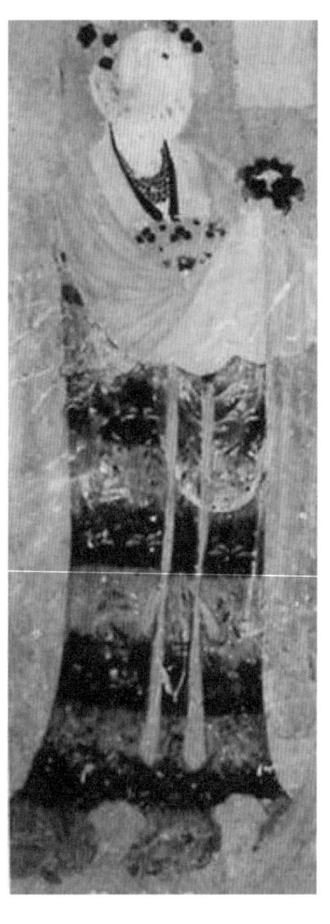

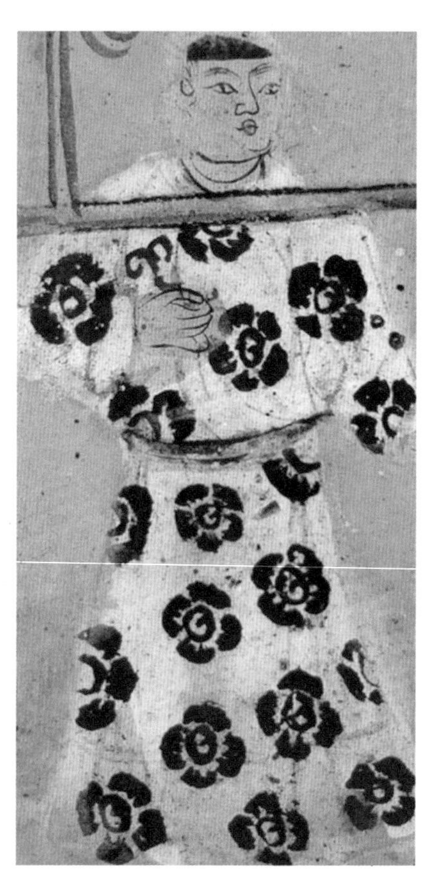

图23 ｜ 图24 ｜ 图25

图23　莫高窟第159窟—中唐—彩塑菩萨

图24　缥地大唐花纹锦（8世纪，日本正仓院藏）

图25　莫高窟第12窟—晚唐—少女裙

其与“对波葡萄纹绫染缬黄绿晕（繝）”相比较，很容易看出二者的共通效果，所不同的是莫高窟晚唐第12窟描绘的少女裙，在晕色底色上还绘有精致的自由式小花纹，这应与当时盛行的“锦上添花”工艺有关，这种工艺体现在新疆吐鲁番阿斯塔那古墓出土的“晕（繝）提花锦”上。该作品用五色经线织成后，于斜纹晕色彩条纹上又以金黄色细纬线织出精美别致的蒂形小团花，称为“锦上添花”锦。当然，在晕（繝）锦或绫上施以刺绣，也可以形成莫高窟晚唐第12窟描绘的少女裙效果，需要进一步深入研究。

敦煌莫高窟晚唐第85窟壁画中绘有一商人形象，身着浅地深色团花袍服（图27）。关于此团花图案表现的染织工艺，我们认为应该是木模印或镂版印。所谓木模印，就是使用凸纹木模版像盖戳一样把色料压印于织物上，形成图案花纹，因而又称木戳印，该工艺在汉代就已经相当成熟，至今还保留在新疆喀什地区。所谓镂版印，就是先把金属板、木板、油纸等雕刻成镂空的花版，然后通过镂空花版把色料刷印到织物上，日本正仓院收藏的8世纪“花鸟纹摺绘絁”，就是使用镂空版印制而成（图28）。这种使用镂空版直接刷涂色料的印染工艺，至今在浙江桐乡、山东临沂、河北魏县等地还能见到，通常使用多套花版进行多色印制，称为彩色拷花或彩印花布。我们将木模印和镂版印进行对比可知，雕刻材料和方法的不同，决定二者的花纹特点不一样，木模印适合印制细线条和点子，线条可以连续不断；镂版印适合印制各种小面积花纹，各部分独立存在，线条则需要通过“断刀”表现，互不相连。将敦煌莫高窟晚唐第85窟描绘的商人袍服图案分别与木模印、镂版印工艺所印制的图案进行对比，参照正仓院收藏的“花鸟纹摺绘絁”等实物资料，认为莫高窟晚唐第85窟描绘的商人袍服图案更符合镂版印的印制效果。所以，我们倾向于第85窟描绘的商人袍服图案，表现的是当时盛行的镂版印工艺。在新疆喀什地区的木模印工艺中，有一种先按花纹轮廓把铜片等金属片嵌入木板，再填充毛毡类材料的工具，用此工具也可以印制轮廓整齐、着色均匀的较大面积花纹，适于印制连续性散点图案。不过，关于此工具产生及使用的初始时间尚无定论，它很可能晚于唐代出现，甚至晚至近代，对此也需要进一步研究。

日本正仓院还收藏着一个很完整的8世纪“绀地大花纹花毡”（图29），我们在敦煌莫高窟晚唐第196窟彩塑天王像后背找到了与之造型形态、构成形式都接近的图案，关键是二者所属时代基本一致，这给我们的敦煌服饰图案与染织工艺研究带来了新的思路（图30）。西北冬季很冷，因为盛产羊毛，毛毡一直是当地常用的御寒物品，正仓院

图26 | 图27 | 图28

图26　葡萄纹绫晕缬（唐代，青海文物考古研究所藏）

图27　莫高窟第85窟—晚唐—商人团花袍服

图28　花鸟纹摺绘絁（8世纪，日本正仓院藏）

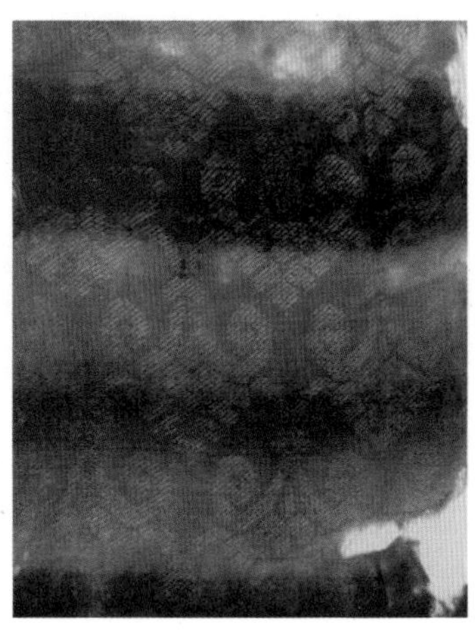

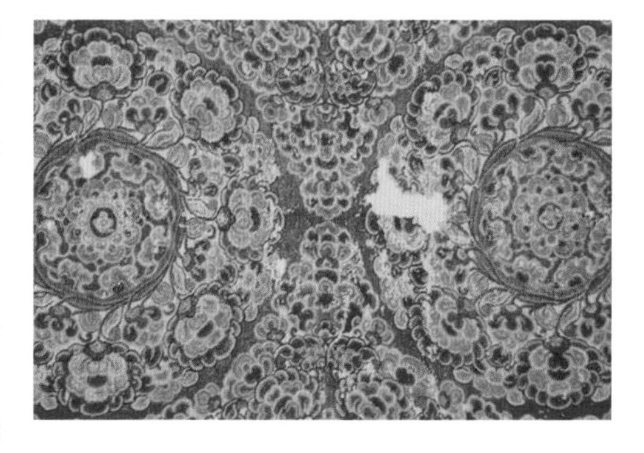
图29 绀地大花纹花毡（8世纪，日本正仓院藏）

所藏“绀地大花纹花毡”表明，唐代的确有非常精美漂亮的彩色花毡。那么，当时的画师会不会在敦煌现实生活中看到制作精良的花毡，而将其描绘到彩塑或者壁画上呢？

刺绣是表现自如、变幻多端的染织工艺。唐、五代时期，刺绣广泛用于服饰图案的制作，做工精致，色彩华丽，通过李白“翡翠黄金缕，绣成歌舞衣”，以及白居易“红楼富家女，金缕绣罗襦”等诗句的描写，可以想象出当时刺绣制成的“歌舞衣”“罗襦”是何等精美。敦煌莫高窟晚唐第138窟壁画中的郡君太夫人是典型的贵妇形象，其服装上描绘的花鸟纹样自由活泼，色彩对比强烈，其造型、构成、色彩都与刺绣特征相吻合（图31）。将其与1900年发现于莫高窟藏经洞、现藏于法国吉美博物馆的“绿罗地刺绣花卉”（图32）进行对比，虽然“绿罗地刺绣花卉”仅是一件晚唐至五代时期的绣品残片，但绣制的植物花叶完整清晰，完全能够反映出当时的刺绣样式及特点。依据“绿罗地刺绣花卉”与第138窟中郡君太夫人服饰的纹样题材、组合方式、色调气氛的诸多趋同性可以推定，郡君太夫人服饰的花鸟图案，应该就是当时现实社会中贵族妇女喜爱的刺绣纹样。与此同时，作为供养人身份的郡君太夫人像，是画师按照身着盛装的郡君太夫人本来样子描绘的，这进一步提高了所描绘服饰图案的真实性。

敦煌莫高窟五代第98窟描绘了节度使曹议金家族的贵妇群像，集中展现了当时精

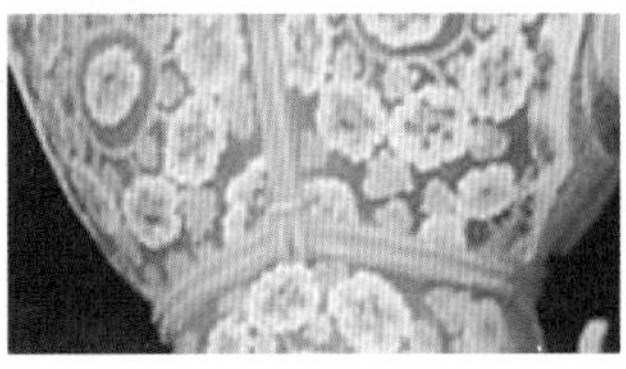

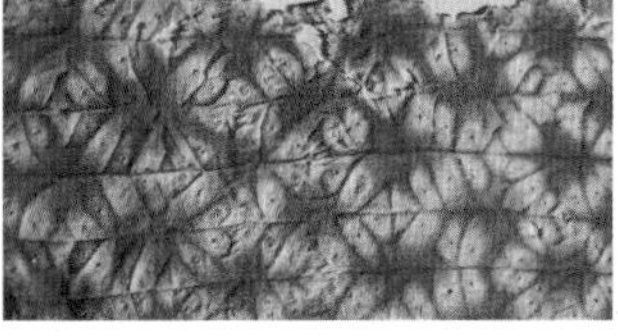

图30-1	图31-1	图32
图30-2	图31-2	

图30-1 莫高窟第196窟—晚唐—天王像

图30-2 莫高窟第196窟—晚唐—天王像局部图案

图31-1 莫高窟第138窟—晚唐—郡君太夫人服饰

图31-2 菱形绞缬绢（唐代）

图32 绿罗地刺绣花卉（晚唐～五代，法国吉美博物馆藏）

美绝伦的贵族女眷服饰（图33）。根据当时流行刺绣服饰的社会背景分析，第98窟节度使曹议金家族贵妇礼服盛装描绘的花鸟纹样，应该表现的是刺绣工艺。一件1900年发现于莫高窟藏经洞、现藏于法国吉美博物馆的“鸟衔花枝”（图34），绣片也是晚唐至五代时期的刺绣精品，其鸟衔花枝的题材与波浪形组合形态，与第98窟节度使曹议金家族贵妇服饰图案相似程度非常高，通过常沙娜老师整理临摹的清晰图案与之对比，可以断定，第98窟节度使曹议金家族贵妇服饰图案表现的是当时极为名贵的刺绣艺术。

研究敦煌服饰图案与染织工艺的关系，必须要落实到工艺制作的实践研究上，因为经过实践验证的研究成果才有说服力。下面再通过实例，说一说我们在对敦煌服饰图案进行工艺复原研究过程中的个案探讨。

这里仅以敦煌莫高窟盛唐第194窟彩塑菩萨裙带图案为例（图35）。我们对敦煌服饰图案表现的染织工艺进行分析研究，关注的往往是一个小的细节部分，敦煌莫高窟盛唐第194窟彩塑菩萨的裙带就是这样一个细节部位。我们从该裙带所描绘的图案具有模糊渗化特征分析，它应该表现的是当时非常流行的绞缬工艺，这种工艺发展到现在称为“扎染”。

绞缬是古代一种重要的染织工艺，通过针缝、线捆等方法扎结织物达到防染目的，染色后形成的晕染渗化效果花纹，具有偶然性的自然韵律美。据文献记载，我国早在魏晋南北朝时期就已经广泛应用绞缬技术，东晋陶潜在《搜神后记》中记载：“淮南陈氏于田中种豆，忽见二女子姿色甚美，着紫缬襦、青裙，天雨而衣不湿。其壁先挂一铜镜，镜中见二鹿。”淮南陈氏于田中见二女子身着紫缬襦、青裙，远远看去如梅花鹿一般。女子穿着的紫缬襦应该就是“鹿胎缬”花纹的绞缬上衣。出土于新疆吐鲁番、和田等地的“方胜纹大红色绞缬”“绛紫色绞缬绢”等六朝绞缬实物资料也证实，早在公元4世纪我国的绞缬技术已经相当成熟。隋、唐时期绞缬工艺发达，达到极盛，诗人李贺“杨花扑帐春云热，龟甲屏风醉眼缬”，以及段成式“醉袂几侵鱼子缬，飘缨长罥

图33-1 ｜图33-2 ｜ 图34 ｜ 图35

图33-1 莫高窟第98窟—五代—节度使曹议金家族贵妇

图33-2 莫高窟第98窟—五代—女供养人（于阗国王及曹议金家族）缬染刺绣服饰披带（常沙娜图案整理）

图34 鸟衔花枝（晚唐～五代，法国吉美博物馆藏）

图35 莫高窟194窟—盛唐—彩塑菩萨局部

凤凰钗”等诗句，描写的正是当时的绞缬流行盛况。

从文献记载和出土的绞缬实物可知，古代绞缬除了捆扎形成的散点式花纹，还有蜡梅、海棠、蝴蝶等图案，以及玛瑙缬、鱼子缬、龙子缬等多种精美图案。关于第194窟彩塑菩萨裙带具体表现的是哪种技法，从其特征分析无疑是当时盛行的缝绞。不过，缝绞技法本身具有多样性特征，折叠面料的方式、缝绞技法的变化，可以呈现千变万化的不同效果。新疆吐鲁番阿斯塔那古墓出土的缝绞实物，主要是先等距折叠布料，然后依照花纹形成的规律用合股线穿缝、抽紧，通过针线的抽紧叠压产生的紧密褶皱形成防染区域，染色之后出现白色花纹。这是缝绞技法中最为普遍的一种平缝针法，1969年新疆吐鲁番阿斯塔那墓葬出土的“棕色叠胜纹绞缬绢”，就是运用这种平缝针法缝制而成的，从其图案效果了解到，由于抽紧缝线时的拉力缘故，在图案的白色花纹线中显现出较为明显的针孔痕迹，且针孔周围因抽紧密实防染效果清晰，稍远处则渗色较多，造成白色花纹线条随之出现或宽或窄，或断或连，或虚或实的变化。再结合云南大理、巍山等地区保留至今的针缝扎染技法分析，其针缝、抽紧、固定、染色形成的图案，同样显现缝绞留下的隐约针孔及抽紧痕迹，花纹线条同样具有时隐时现的断续效果。通过实践制作得知，这正是平缝针法的特点，也是无法避免的情形。因为以平缝法染制的图案效果与第194窟彩塑菩萨裙带图案差距很大，所以推断第194窟彩塑菩萨裙带表现的缝绞是另外一种技法，但此技法很可能早已失传了。

一次偶然的机会，我们在一个日本传统染织工艺展上看到片野元彦运用传统“青海波”纹样染制的一件绞缬和服（图36）。比较发现，日本“青海波”纹样与第194窟彩塑菩萨像裙带图案非常近似。我们结合古代中国多种工艺技术东传日本，很多至今还在日本得到保留和发展的事实进行分析，推想唐代非常流行的一种缝绞图案很可能与缝绞工艺一起传到日本，逐渐在日本形成称为“青海波”的传统纹样而流传下来，在其源头中国却消失了。如果真是这样的话，我们通过对第194窟彩塑菩萨裙带图案的工艺实践研究，还意外复原出曾经在唐代辉煌一时、如今已经销声匿迹的缝绞图案。

缝制日本“青海波”缝绞图案，需要先把面料正反折叠多层，再分别用称为“挡

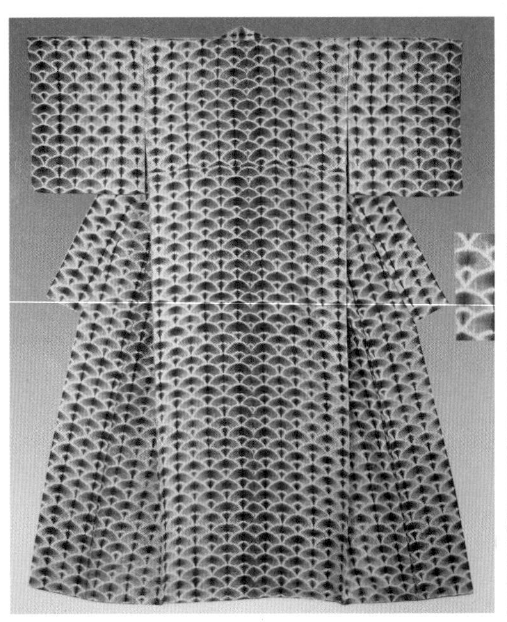

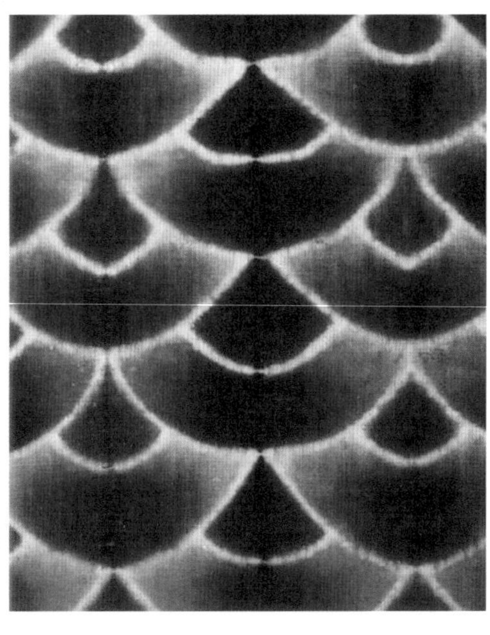

图36 “青海波”纹（片野元彦复原）

布”的3～5层其他布料将其夹在中间，于一侧布面画上图稿，然后使用一种“倒针缝”方法，依图稿轮廓向前缝一针向后倒半针，一针挨一针拉紧线，把布料压实。我们选择唐代使用最多的丝绸进行制作，选择唐代盛行的红花染料进行染色，基本复制出了敦煌莫高窟盛唐第194窟彩塑菩萨裙带上描绘的原型绞缬图案（图37）。其研究结果表明，第194窟彩塑菩萨裙带图案表现的，正是已经失传多年的唐代“倒针缝”绞缬工艺。

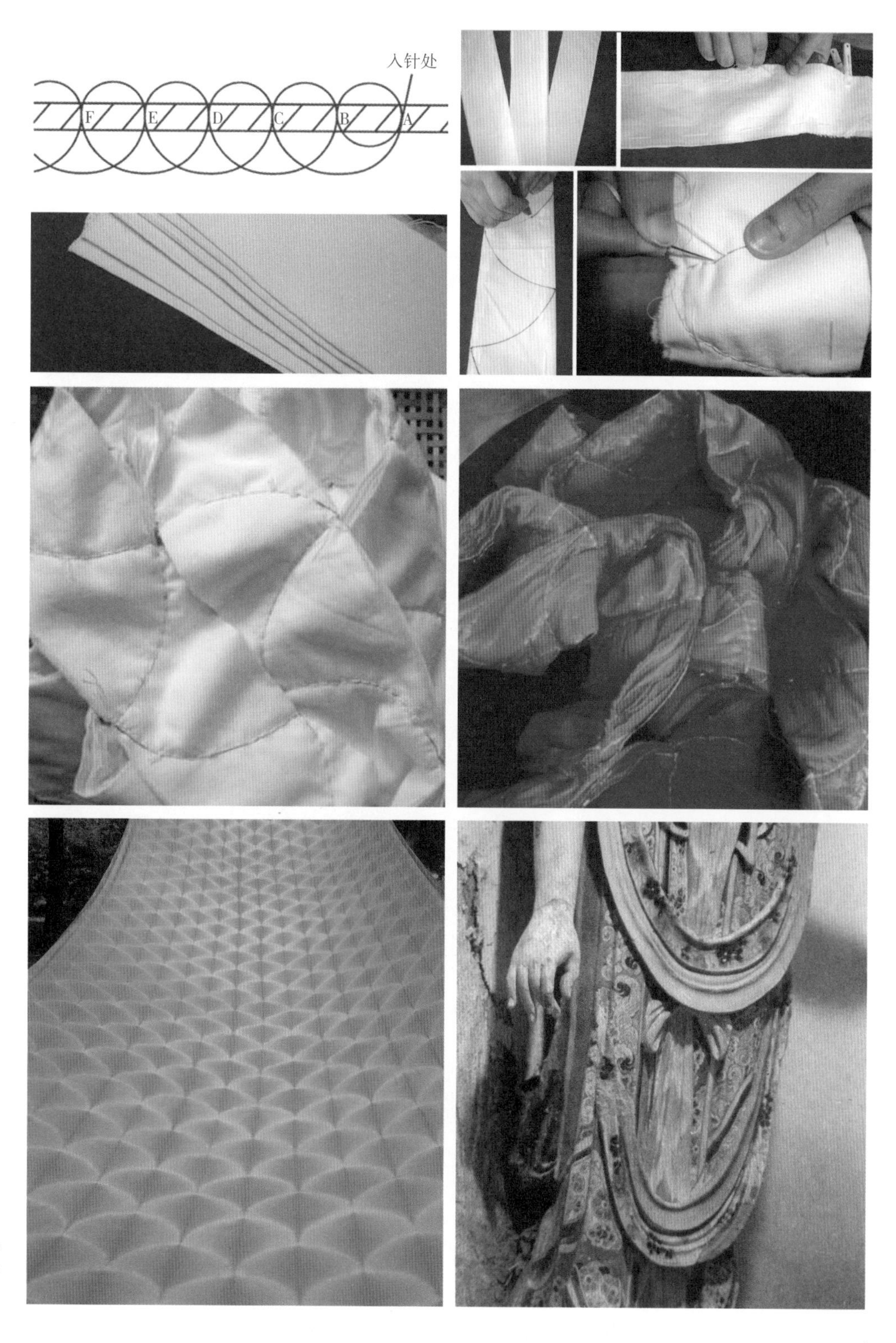

图37　敦煌莫高窟第194窟—盛唐—彩塑菩萨裙带复原工艺图示（杨建军、崔岩）

谢　静 / Xie Jing

2007年于兰州大学敦煌学研究所取得博士学位，7月赴清华大学美术学院博士后流动站工作，2009年7月调入北京服装学院工作至今。本人独立完成国家社科基金艺术学项目《敦煌石窟中的少数民族服饰文化研究》，发表学术论文多篇。

敦煌石窟中的少数民族服饰研究

谢 静

各位嘉宾各位老师，尊敬的常先生、赵院长、在座的各位大家好，下面我来分享一下多年来研究的一些成果。自学习敦煌学以来，我对于敦煌石窟中的少数民族服饰特别感兴趣。敦煌地区先后被鲜卑族、吐蕃族、回鹘族、党项族、蒙古族五个少数民族统治过（图1）。

这些少数民族的统治者在他们统治敦煌的时期开凿了大量的石窟，留下了一些这些民族的服饰资料。大家都知道很多古代少数民族，或是已经消失，或是融入了汉族或者其他民族，即使保留下来的少数民族的服装，也跟现在的这个民族不同，而且这些民族资料在史料记载中很少。所以敦煌石窟中保留的完整的、系统的资料是十分珍贵的。下面我们分别来看一下这五个民族的服饰。

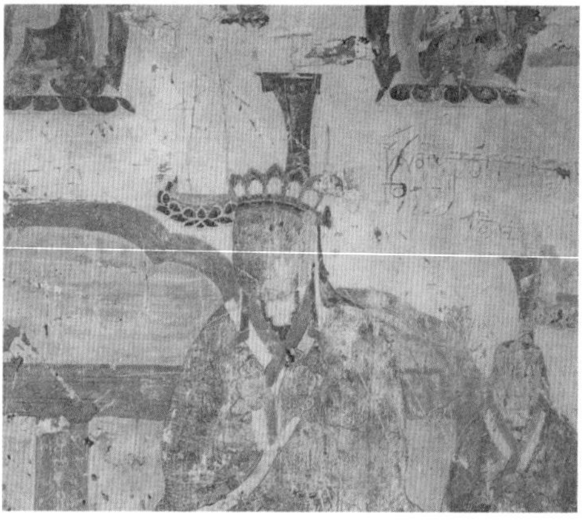

图1 鲜卑族、吐蕃族、回鹘族、党项族、蒙古族五个民族的服饰

一、敦煌石窟中的鲜卑族服饰

鲜卑族的服饰在中国服饰史上有承上启下的作用。上承汉魏，下启唐宋。北魏孝文帝改制，在继承中国汉魏两晋传统衣冠服饰的基础上，融合了鲜卑族服饰的优点，创造了既重视政治礼仪又实用的衣冠服饰形制，对隋唐及后世的服饰产生了深远的影响。

据我了解，敦煌石窟应该是保留鲜卑族服饰资料最齐全的一个来源。它既保留了鲜卑族传统的民族服饰，又保留了孝文帝服饰改制后汉化的服饰，这对于我们系统研究鲜卑族服饰是极为重要的。

首先先来看一下敦煌石窟中能够反映鲜卑族特色的传统服饰。经我梳理，重点体现在袴褶、蹀躞带、辫发三个方面。大家看一下莫高窟第285窟（图2），这张图这一身是极为重要的，孝文帝改革去除了鲜卑族辫发的习俗，但是，在敦煌石窟中留下了三身画像体现了辫发的习俗（图3）。因为图画本身不是十分清楚了，所以大家需要仔细辨别。图上这个人是一个回首的姿势，露出了后面的小辫子，这已是辫发十分清楚的资料。

袴褶是北方少数民族共有的一种服饰，是受地理环境和生活习惯的影响而形成的。上身窄袖紧身短衣，下身穿合裆裤。如图4所示是莫高窟第285窟五百强盗成佛的局部，大家看右边这个局部图是非常重要的，因为一般我们看到的都是服装穿在人身上的情景，但是这个表现的是强盗接受国王的审判，把衣服脱下来的一个情景。还有蹀

图2

图3

图2　莫高窟第285窟—男供养人

图3　垂小辫的男供养人

图4 莫高窟第285窟—五百强盗成佛局部

蹀带的资料，所以我们可以非常清楚地看到这个服装的款式。

鲜卑族汉化以后的服饰主要体现在笼冠高履、褒衣博带、狐尾禅衣、华带飞髾和女性的发髻上。据敦煌研究院的专家考证，敦煌莫高窟第285窟有东阳王和东阳王妃的供养像与第288窟的供养像一样，都体现了鲜卑族汉化以后的服饰（图5、图6）。要研究鲜卑族服饰必须要将莫高窟与云冈石窟和龙门石窟的资料结合起来研究（图7～图10）。

如图11、图12所示是莫高窟第285窟的东阳王妃，她穿的这一身服饰最突出的特点就是华带飞髾，在她的裙摆剪出三角的形状，一般是贵族妇女的服饰。

在这个时期，妇女穿上了短襦和间色的长裙，可以和云冈石窟、龙门石窟同时期的服饰资料进行对比（图13、图14）。

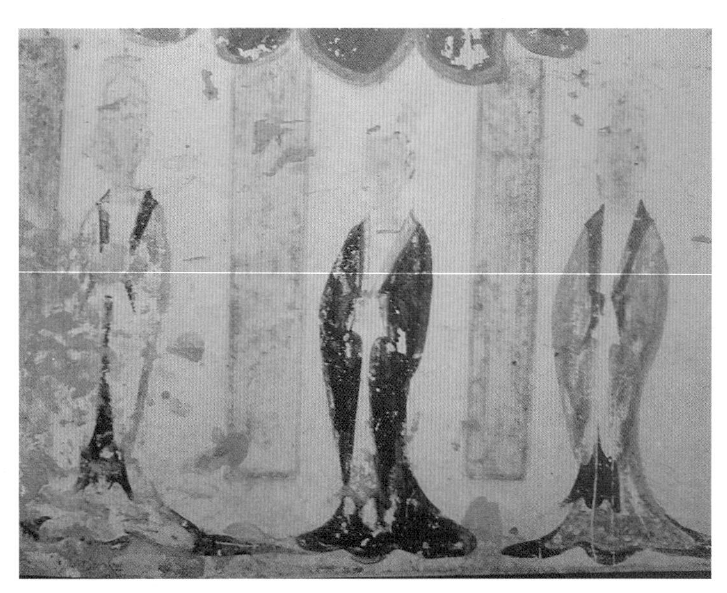

图5 | 图6

图5 莫高窟第285窟—东阳王

图6 莫高窟第288窟—男供养人

图7　云冈石窟—供养人

图8　龙门石窟—供养人

图9　龙门石窟—供养人

图10　巩县石窟第1窟—皇帝礼佛图

图11　莫高窟第285窟—东阳王妃

图12　莫高窟第285窟—女供养人

图7	图8
图9	图10
图11	图12

图13 云冈石窟—供养人

图14 龙门石窟—供养人

图13 | 图14

二、敦煌石窟中的吐蕃族服饰

吐蕃族于786~864年统治敦煌地区，据敦煌研究院学者研究表明，吐蕃族统治敦煌时期石窟中的供养人画像与前期相比，数量减少，形象变小，服饰描绘的没有前代细致精美。出现这些现象的原因是吐蕃族统治敦煌初期，为了达到长期统治敦煌，变汉人为吐蕃人的目的，以吐蕃人的风俗习惯推行蕃化政策，强迫汉族辫发赭面，左衽而衣，黥面文身。汉族人民认为这是莫大的屈辱，十分痛苦和痛恨。所以在吐蕃族统治前期补绘和新建的洞窟中，只画已去世的穿着唐装的先祖供养画像，而不画自己和亲人的供养画像。这种委曲求全的办法，既不得罪吐蕃族统治者，也不使自己丧失民族气节。这可能是吐蕃族统治时期敦煌石窟供养人画像减少和相当一部分石窟不画供养人画像的主要原因。作为服饰研究的主要形象资料——供养人画像十分少，没有给研究这一时期的服饰提供丰富的资料。但是在经变画、故事画中又出现了大量着吐蕃族服饰的各种人物，为研究吐蕃族服饰提供了丰富的资料。

特别著名的莫高窟第158窟的各国王子举哀图，据考证是吐蕃赞普。这是当时伯希和拍的照片，现在去敦煌实地看的话头像没有了，题记也看不出来了，最早的时候题记是藏文，写的是“吐蕃赞普”。

左下角有一个吐蕃族的服饰图。各国王子举哀图反映的是释迦牟尼涅槃以后各国王子前来举哀的情景（图15）。

维摩诘经变图所讲的是文殊和维摩诘两大阵营，对阵讲经辩法。一边是文殊菩萨坐在汉族的阵营，面对维摩诘说法。文殊身后是随行听法的佛弟子、众菩萨，莲台下是前来听法的汉族帝王和众臣。另一边是维摩诘讲经辩法，在中唐时期就形成了以吐蕃族为首的前来听法的各族帝王、王子、侍从。这样的图应该有十几幅，最清楚的就是莫高窟第159窟（图16）。这为我们研究当时的吐蕃族服饰留下了大量资料。除了敦煌壁画外，在绢画里也留下了维摩诘经变大量资料（图17、图18）。

在当时的经变图、婚礼图里也有一些反映当时人民生活的一些场面（图19~图21）。

如图22所示是特别有名的莫高窟第205窟的天王。天王背后披了一整身虎皮，真实地反映了当时吐蕃族的大虫皮制度，榆林窟第15窟的独健太子也是这样的装束（图23）。所谓大虫就是虎，大虫皮是吐蕃王朝对立有战功的将领战士的一种褒奖，后

图15 莫高窟第158窟—各国帝王举哀图

图16 莫高窟第159窟—维摩诘经变（听法图）

图17 藏经洞出土的敦煌绢画CH.00350号—维摩诘经变局部

图18 敦煌绢画P.4524—劳度叉斗圣变局部

图19 莫高窟第359窟—着吐蕃装男供养人

图20 莫高窟第220窟—甬道南壁小佛龛中着吐蕃装男供养人

图15	图16
图17	图18
图19	图20

图21 榆林窟第25窟—北壁《弥勒经变》中《婚礼图》

图22 莫高窟第205窟—天王

图23 榆林窟第15窟—独健太子

图21 | 图22 | 图23

来也成为吐蕃王朝的官制名称和服饰制度，以战功的大小、官品的高低，授予不同的虎皮服饰，慢慢形成了吐蕃族的服饰特点。

通过敦煌石窟中的形象资料和其他相关资料对吐蕃赞普、王妃、侍从、下属官吏、普通农牧民，以及军戎服进行了深入研究，将吐蕃服饰特色归纳为9点：

1. 三角形大翻领长袍（图24）。

2. 头巾缠冠（图25）。

3. 蹀躞七事（图26）。

古代北方少数民族腰系革带，在革带环上挂七个条形小带，内装佩刀、小刀、解锥、砺石、契苾真、针筒、火石袋等七件日常生活用品，称为“蹀躞七事”。沈从文先生在中国服饰研究中以《步辇图》为例对吐蕃人是否佩戴蹀躞七事提出来质疑。杨清凡女士在《藏族服饰史》中也提出质疑。其实这是一个误会，一是沈从文先生和杨清凡女

图24 三角形大翻领长袍

图25 头巾缠冠

图26 蹀躞七事与佩带长剑

图25

图26

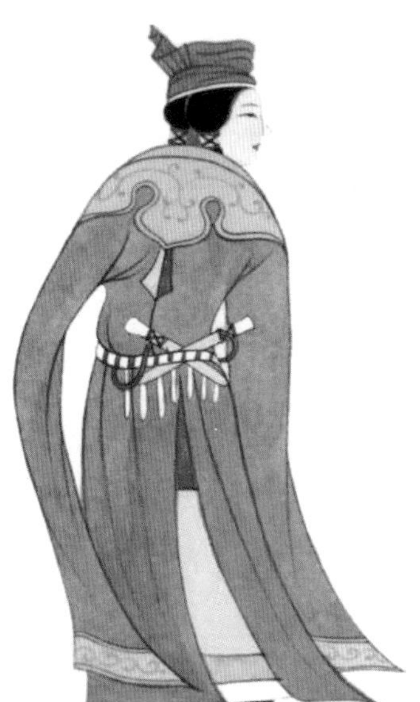

士没有见到敦煌壁画中吐蕃人物的更多图像。敦煌壁画从中唐到五代、宋时期的吐蕃人物图像中，绝大多数佩带蹀躞带。二是吐蕃人挂带蹀躞带的方法和其他民族不相同。鲜卑族、回鹘族、党项族等民族是把蹀躞带上的佩物挂在腰前，而吐蕃族是把蹀躞带上的佩物挂在背后或腰部的两侧。当吐蕃人物画像是正面像时，就看不到背后的蹀躞带。当吐蕃人物画像是侧面像时，就只能看到一侧的蹀躞带，而看不到另一侧的蹀躞带。《步辇图》中的禄东赞是侧面像。所以沈从文先生只看到了一侧腰部的两件物件，没有看到另一侧的其他物件，误认为是禄东赞没有蹀躞带。杨清凡女士所见的吐蕃人物画像可能都是正面像，没有看到吐蕃人背后的蹀躞带，误认为吐蕃族不带蹀躞带。

4. 带刀佩剑（图26）。

佩带长剑象征着一定的权力、地位、等级，也成为吐蕃族服饰的一种佩饰品。

5. 虎皮衣领（图27）。

前面说到大虫皮是吐蕃王朝对立有战功的将领战士的一种褒奖，后来也成为吐蕃王朝的官制名称和服饰制度，一般贵族、军民虽不能披全张虎皮、穿戴虎皮衣、虎皮裙、虎皮帽，但可以用虎皮做衣领，镶袖缘。吐蕃赞普的素色长袍也用虎皮做衣领，镶袖边。

6. 长袖触地（图28）。

7. 辫发披发（图29）。

8. 发系珠贝（图29）。

9. 赭面（图30）。

图27　虎皮衣领

图28　长袖触地

图29　辫发披发、发系珠贝

图30　赭面

图27	图28
图29	图30

三、敦煌石窟中的回鹘族服饰

回鹘族就是现在维吾尔族的前身。敦煌曹氏归义军时期，甘州回鹘和高昌回鹘通过政治联姻巩固政权，所以留下了大量的供养人图像，尤其是女性供养人的图像。这是回鹘公主像，头戴的头冠是绿色的，用于表现和田玉（图31～图36）。

图31 莫高窟第98窟—回鹘公主

图32 榆林窟第16窟—回鹘公主

图33 莫高窟第108窟—回鹘公主

图34 莫高窟第61窟—回鹘公主

图35 莫高窟第61窟—回鹘公主

图36 莫高窟第409窟—回鹘王妃礼佛图

图31	图32
图33	图34
图35	图36

刚才大家通过图像看到回鹘女供养人最突出的特点就是头上的桃形冠（图37）。为什么会出现这种桃形冠呢？在敦煌白描画中出现过类似的桃形冠，张广达、姜伯勤先生和国外的学者对此幅白描图（图38）都做过深入的研究，比较一致的观点是：此幅白描图中两位女神是祆教艺术中的粟特女神。祆教粟特人从中亚沿丝绸之路传到西域，回鹘人曾经信仰祆教，作为祆教的信仰者，回鹘妇女可能因敬仰娜娜女神而仿效女神的冠饰。但是上述祆教人物的头冠，与回鹘桃形冠尚有一定的差别，不能足证回鹘桃形冠源于祆教粟特文化。回鹘桃形冠源于何种文化？尚待发现更多的新资料来证明。

在敦煌莫高窟第285窟中的吐蕃太阳神以及青海省都兰县热水乡吐蕃古墓出土的中亚或西域织锦中有多块太阳神图案织锦（图39）。其中一块太阳神织锦的图案是太阳神手持定印，交脚坐在一辆由六匹翼马相背而弛的马车上，太阳神左右各有一名持王杖、戴圆帽的卫士。车厢后面站立两人，可能是驾车者。太阳神的头部带有用联珠组成的光圈，戴菩萨式的宝冠，穿V字尖领窄袖紧身衣，足踩莲花座。经专家们研究考证，此织锦中的太阳神即是粟特人信仰的密特拉神。值得注意的是，这位太阳神宝冠正中有一较大的桃形装饰。

男性供养人的冠饰有莲瓣型、三叉型、扇型，与新疆高昌回鹘的对比初步得出结

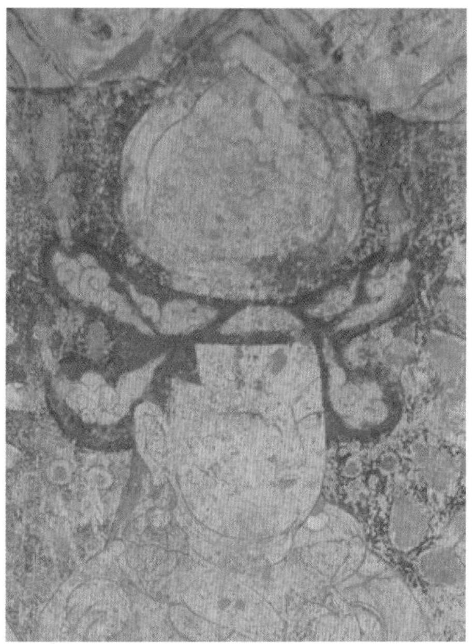

图37

图38 | 图39-1 | 图39-2

图37 回鹘桃形冠探源

图38 敦煌白描画 P.4518

图39-1 莫高窟第285窟—太阳神

图39-2 青海都兰吐蕃墓—红地云珠吉昌太阳神锦

论，莲瓣型的等级最高，三叉型、扇型的为次。三叉戟形状据说源于摩尼教的文化（图40～图42）。

河西回鹘服饰包括五代曹氏归义军时期石窟壁画中的甘州回鹘服饰和宋代、西夏沙州回鹘时期的回鹘服饰。这两个时期的回鹘服饰与高昌回鹘服饰大同小异。其相同的原因是河西回鹘与高昌回鹘都是从漠北西迁的回鹘人，是同源同宗，虽然分居两地，关系却十分密切。而且河西回鹘文化直接受高昌回鹘文化的影响。其相异的原因是河西是以汉族为主的地区，有深厚的汉文化底蕴。而高昌地区虽然也有汉族居住，但不以汉族为主，而是以回鹘族和其他少数民族为主。唐代以后回鹘族与中原王朝的交往较少，受中原汉族文化的影响小，而受中亚、西域民族文化的影响较大。因而在衣冠服饰上也体现了这个特征。把高昌石窟壁画中的回鹘供养人服饰，同敦煌石窟壁画中的回鹘供养人服饰作以比较，这个问题就会看得十分清楚（图43～图49）。

河西回鹘服饰与高昌回鹘服饰的不同之处也很明显。

敦煌石窟壁画中的回鹘王大致上差不多，但是王子长袍上的纹样多是团龙图案（图50）。龙纹应该说是受汉族的影响，新疆地区一般是联珠纹、植物纹，在高昌回鹘服饰上没有出现过龙纹。

图40　莫高窟第409窟—回鹘王礼佛图

图41　榆林窟第39窟—回鹘男供养人

图42　男供养人的冠饰

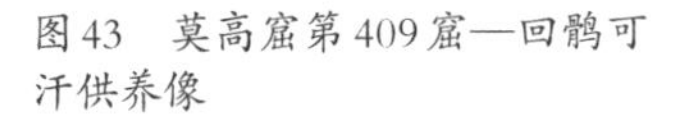

图43 莫高窟第409窟—回鹘可汗供养像

图44 柏孜克里克石窟第45窟—回鹘王供养像

图45 莫高窟第148窟—回鹘可汗供养像

图46 柏孜克里克石窟第32窟—沙利家族

图47 柏孜克里克石窟第25窟—供养人群像

图48　高昌故城摩尼教寺院幡画

图49　高昌故城摩尼教寺院奏乐图

图50　长袍上的团龙纹样

图48

图49

图50

从高昌石窟壁画中的回鹘王妃、公主、贵妇供养像上可以看出，其服饰图案一般是卷草纹、植物纹（图51），但是敦煌地区有凤鸟纹，就是受到了汉文化的影响。

高昌回鹘女性一般都不作面饰化妆，即便有面饰化妆也十分简单，仅点眉痣。河西回鹘公主面饰化妆却十分丰富，凡汉族妇女的面饰化妆方法，几乎都使用上了，这就是受到汉族的影响（图52）。

由此，也说明高昌回鹘受中原汉族服饰文化的影响小，而河西回鹘受中原汉族服饰文化的影响大。

四、敦煌石窟中的党项族服饰

图51 卷草纹、植物纹、凤鸟纹

图52 榆林窟第16窟—五代回鹘公主

敦煌进入党项族统治时期后，最具有代表性的是榆林窟第29窟（图53）。

西夏官吏服饰，据《宋史·夏国传》记载："文资则幞头、靴、紫衣、绯衣；武职则冠金帖起云镂冠、银帖间金镂冠、黑漆冠、衣紫旋襕，金涂银束带，垂蹀躞。"

图中可以清楚看到党项族男子的冠式与其他冠式资料的对比，这是榆林窟壁画与西夏佛教文献版画的人物头冠对比，头冠是金属做的，有金有银，名叫起云镂冠，由于没有实物，所以只能通过留存为数不多的图像资料进行猜测和推断（图53～图55）。

图53 榆林窟第29窟—男供养人

图54 《高王观世音》卷首版画

党项族贵族妇女的服饰非常精美，具有鲜明的民族特点。在榆林石窟供养人画像和内蒙古额济纳旗黑水城发现的西夏唐卡和彩色版画供养人画像中，都保存有绘制精美、形象完好的资料（图56、图57）。

有一段时期，沙州回鹘服饰和西夏时期的服饰有所混淆，至今在敦煌学和西夏学中对此仍有质疑。但是通过其冠式和其他资料还是可以鉴别出来的。从图中可以非常清楚地看到党项族髡发的习俗（图58）。

图55	图56
图57-1	图57-2
图57-3	图57-4

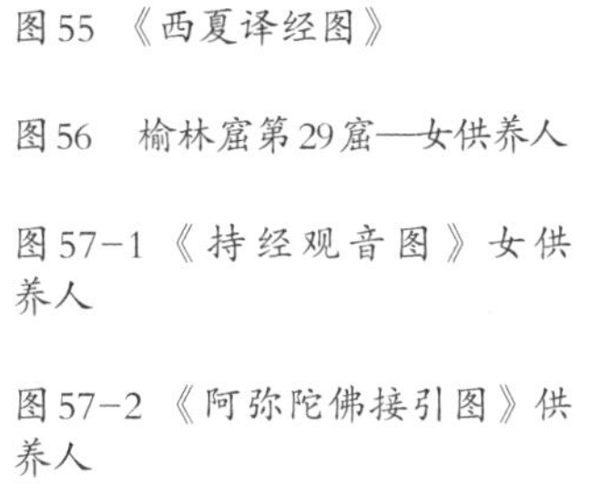

图55　《西夏译经图》

图56　榆林窟第29窟——女供养人

图57-1　《持经观音图》女供养人

图57-2　《阿弥陀佛接引图》供养人

图57-3　《最胜佛顶曼荼罗图》女供养人

图57-4　《比丘像》女供养人

图58-1 榆林窟第29窟—西夏男供养人

图58-2 黑水城《水月观音图》乐舞图

图58-3 榆林窟第29窟—西夏男供养人

图58-4 陕西神木县太和村西夏古墓—男浮雕石俑

图58-1	图58-2
图58-3	图58-4

五、敦煌石窟中的蒙古族服饰

西夏结束以后，进入了蒙古族统治时期。到了元代，敦煌艺术从整体上已经呈向下走的趋势。与前代相比，洞窟中所绘的供养人画像也不多，供养人画像也没有唐、五代时期那样高大，而且多画在洞窟甬道下层和洞窟壁画的下层，经自然的漫漶和人为的损坏，现在保存下来的供养人画像也不多，基本上也就这几身。但是从仅存的资料里还是能看到女子的姑姑冠。这是一种右衽短袖长袍，穿在外面，里面还穿了一件长袖，是元代比较有特色的衣服（图59～图61）。

图59　榆林窟第4窟—供养人

图60-1　莫高窟第332窟—男供养人

图60-2　莫高窟第332窟—女供养人

图61　榆林窟第6窟—供养人

图59	
图60-1	图60-2
图61	

下编

赵声良 / Zhao Shengliang

敦煌研究院研究员、院长、学术委员会主任委员。曾先后受聘为东京艺术大学客座研究员、台南艺术大学客座教授、普林斯顿大学客座研究员。东华大学、北京师范大学、西北师范大学兼职教授，华东师范大学兼职博士生导师。主要著作有《飞天艺术——从印度到中国》《敦煌石窟艺术总论》《敦煌壁画风景研究》《敦煌石窟美术史（十六国北朝）》《艺苑瑰宝——敦煌壁画与彩塑》《敦煌石窟艺术简史》等。

敦煌飞天艺术

赵声良

各位老师、同学下午好，今天很高兴也很荣幸能在此介绍飞天艺术。说起敦煌艺术，我想飞天可能是大家最喜欢的，飞天也是敦煌艺术代表性和象征性的符号，可能大家想起敦煌艺术就会想起佛教的飞天。那么飞天到底是怎么一回事呢？我们先来了解一下飞天在敦煌艺术中是怎样一种状态，怎样的来历，跟中国传统文化有怎样的关系。今天就大致从以下五个方面来介绍。

一、飞天与敦煌艺术

我们在敦煌每个洞窟都可以看到飞天的形象。飞天在佛教里面有基本含义，是指佛教诸天，天就是指天人。天人是怎么来的呢？佛教讲，凡人有生死轮回，投胎转世，这是很痛苦的事情，因为在轮回中一不小心下一辈子或许就变成狗变成猪了，所以佛教讲只要做善事就可以去天堂。那么怎么到天堂去呢？佛教的一个主张就是经过莲花化生后成为天人，成为不生不灭的状态，就脱离了轮回之苦。在壁画里面，我们可以发现这样一个礼佛的画面：中间是佛，两边有天人礼佛，生动地描绘了经过莲花化生的过程，天人最早从莲花中露出一个头，代表从莲花中化生出来，后来长出了半身，到后来就整个从莲花里长出来了（图1）。

图1　莫高窟第290窟主室南壁—北周—说法图

佛经里面讲天人、天子、天女、药叉，地位再高点就有天龙八部，天龙八部中经常表现的有乾闼婆、紧那罗这样的神，因此在壁画里经常可以看到这些歌舞之神，演奏音乐、唱歌跳舞的形象。有的专家认为飞天就是乾闼婆、紧那罗。我认为飞天的概念要广泛很多，飞天、伎乐天等名字是我们现代人给它起的，佛经上很难找到“飞天”这个词，古代文献中更多出现的都是“天人”“天女”“诸天”，例如，《佛说无量寿经》，佛经里面的中心就是无量寿佛的世界，无量寿佛就是阿弥陀佛，在阿弥陀佛西方净土世界大家会过上幸福的生活，所以老百姓希望往生阿弥陀世界。

《佛说无量寿经》卷下：

佛告阿难：“十方世界诸天人民，其有至心愿生彼国，凡有三辈。其上辈者，舍家弃欲而作沙门，发菩提心，一向专念无量寿佛，修诸功德愿生彼国。此等众生临寿终时，无量寿佛与诸大众现其人前，即随彼佛往生其国，便于七宝华中自然化生，住不退转，智慧勇猛，神通自在。是故，阿难！其有众生欲于今世见无量寿佛，应发无上菩提之心，修行功德，愿生彼国。”

佛经上说人死了之后就进入阿弥陀世界，要从莲花或者七宝花中化生出来，化生出来就不会再回到凡人那个世界，就可以变成天人自由自在地生活。因此，无量寿经变里有一个很形象的描绘：在经变图中，中间绿色的是水池，水池里就有一些莲花童子，花苞里面有几个小孩在莲花里。莲花是透明的，还是花苞的状态，我们可以知晓莲花里长着小孩。花开之后小孩就长出来在花中跳舞，长大了的天人就开始往外走。画家所描绘的是这样一个进入净土世界的过程（图2）。

我们可以从壁画中看出各个时期对天人的描绘。在北魏时期莫高窟第251窟的人字披顶上面可以看出化生的过程，上下排列有一朵朵的莲花，下面的莲花已经长出童子了，等化生出来就会成为天人（图3）。在第248窟，同样是画在人字披顶的位置，已经有了飞天的形象，而在飞天下面也有一朵莲花，这是他刚从莲花里面出来，出来了之后作为天人就自由自在地飞起来（图4）。

有很多洞窟，我们可以在窟顶的角落看到飞天的形象，飞天都跟莲花有密切的联系。莫高窟西魏第285窟佛龛的龛楣，画出了很多莲花，莲花里长出了化生童子，这个

图2 ｜ 图3 ｜ 图4

图2　莫高窟第220窟主室南壁—初唐—无量寿经变

图3　敦煌莫高窟第251窟后坡—北魏

图4　莫高窟第248窟前室人字披—北魏—莲花飞天

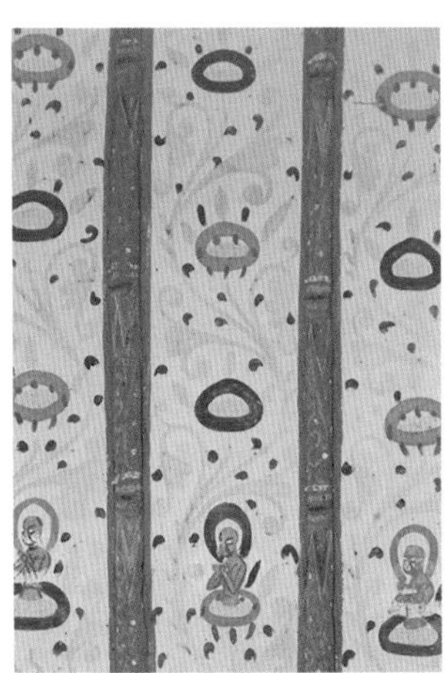

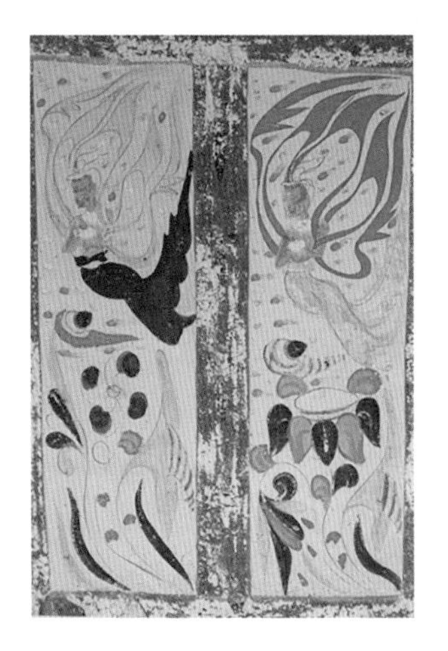

童子还有一半在莲花里面，有的童子已经完全长出来了，他们在唱歌跳舞、演奏乐器（图5）。为什么要画莲花童子演奏乐器呢？是因为他就是天人，天人的职责就是在佛说法的时候散花、演奏音乐、唱歌跳舞，体现出对佛的供养。

图5　莫高窟第248窟—北魏—莲花飞天

还有一个洞窟很有意思，是北周时期的莫高窟第428窟，这个洞窟窟顶有很多方形的图案，表现在建筑物的顶部有一个一个的方块，像棋格一样，我们称其为"平棋图案"。在平棋图案中间通常都有一朵莲花，周边会画一些飞天，在平棋的四个靠角的飞天各不相同。从左下角看是一个莲花童子，半截身子长出来了，下部分还在莲花里没有长出来。左上角的莲花童子是一个裸体的飞天，他刚从莲花中长出来，还没穿衣服。右半部分就成了穿着裙子，完整的飞天。这四个角表现莲花童子从莲花里长出来，再到很健壮的形象，代表莲花化生的过程（图6）。

麦积山第127窟也画了很多飞天，很有趣的是文字的题记还保留着，写出了飞天叫什么，在题记上写着"诸天罗汉迎去时"。在净土世界要有很多天人，"诸天"就是天人，这个时期罗汉跟天人是一样的，都有天人的性格，所以把诸天、罗汉并列起来，围着天空自由地飞翔。我们在洞窟里可以看到，在窟顶的四壁有一圈长长的飞天，一个接一个地在天上飞，这是表现飞天散花的样子。下面是佛说法图，佛在说法的时候飞天在上面散花供养（图7）。

佛经记载在一些故事画中也会有天人供养。尸毗王本生故事，叫作"割肉贸鸽"，讲的是尸毗王为了换回鸽子的命把身上的肉喂给老鹰吃，他的行为感动天地，在这个时候诸天于虚空中同时飞下，像下雨一样把花瓣纷纷洒下来，画面中左上角和右上角的飞天就是配合这个故事画出的（图8）。诸天，就是天人，这就是飞天的形象。尸毗王本生原指在印度阎浮提洲国王的前生，因为做了很多善事，最后就成佛了。

是时天地六种震动，诸天宫殿皆悉倾摇，乃至色界诸天同时来下，于虚空中见于

图6　莫高窟第428窟窟顶—北周—化生与飞天

图7　麦积山石窟第127窟—飞天

图8　莫高窟第254窟主室北壁—北魏—尸毗王本生

菩萨行于难行，伤坏躯体，心期大法，不顾身命，各共啼哭，泪如盛雨，又雨天华而以供养。

——《贤愚经》

佛传故事中也会讲到天人、诸天在迎接佛，或者为佛赞叹。莫高窟初唐第329窟乘象入胎故事讲释迦牟尼诞生之前，他的母亲摩耶夫人梦见菩萨骑着白象向她走来，然后她就怀孕并生下了释迦牟尼。这个壁画本来应该是白象，但是经过一千多年变色了，变黑了。我们可以看到菩萨骑着白象过来，飞天在上面散花这样一个场面（图9）。

跟乘象入胎相对应的画面是逾城出家的故事。因为释迦牟尼来自皇室，因此，摩耶夫人生下他以后就是太子，太子长大之后觉得很多事情想不通，感到人生有很多苦，为了探讨人生的真谛，他决定要出家。当时国王担心他出家，把城门关得严严实实的。他骑着马到了城门下，天上就有四个天人把马足托着出了城，出城这件事情就意味着出家的开始。敦煌壁画里常常用两个场面来概括佛一生的故事：第一个场面是乘象入胎，代表释迦牟尼肉体的诞生。第二个场面是逾城出家，代表他走向成佛的道路。当佛经会讲逾城出家的时候，无量无边飞天把天上的花、水上的花、陆地上所长的花，都往他身上散，很多花飘起来了，这么多诸天欢喜踊跃，场面十分热烈壮观，画面十

图9 莫高窟第329窟主室西龛顶北侧—初唐—乘象入胎

分精彩。这是表现佛传故事中具有代表性的画面（图10）。

是时太子出家之时，其虚空中，有一夜叉，名曰钵足，彼钵足等诸夜叉众，于虚空中，各以手承马之四足，安徐而行，……上虚空中，复有无量无边诸天百千亿众，欢喜踊跃，遍满其身，不能自胜，将天水陆所生之花散太子上。

——《佛本行集经》

讲到释迦牟尼，最后的故事就是涅槃。涅槃就是佛教最高的境界，这个时候也少不了飞天。莫高窟第39窟的后壁开了一个佛龛，塑出涅槃的佛像，壁画配合他的涅槃画了很多飞天在散花供养，与佛经记载十分一致（图11）。

图10 | 图11

图10 莫高窟第329窟主室西龛顶南侧—初唐—逾城出家

图11 莫高窟第39窟主室西壁龛顶—盛唐—涅槃经变/飞天

尔时帝释及诸天众。即持七宝大盖四柱宝台四面庄严。七宝璎珞垂虚空中覆佛圣棺。无数香花幢幡璎珞。音乐微妙杂彩空中供养。

——《大般涅槃经后分》

所以说飞天是有来历的，飞天与佛教紧密相连。说法图里佛说法的时候，飞天作为音乐供养、散花供养都是很常见的。莫高窟第394窟有个壁画就是描述这个情节的，与佛经记载的完全一致，有很多飞天供养，有鲜花、璎珞及各种宝物（图12）。还有在经变画里，在净土世界里有很多天人，自由自在，飞来飞去，手里托着一朵鲜花，就是给佛供养（图13）。

图12　莫高窟第394窟南壁西侧—树下说法图

图13　莫高窟第172窟主室北侧—盛唐—净土世界的飞天

图12 | 图13

二、飞天从印度来

飞天这个形象实际上是从印度传来的。我们知道佛教是从印度传来的，飞天同样也是。我们如果考察印度，天人的形象比佛教还早，在佛教之前就有了天人。我们用英语翻译“飞天”这个词就是Apsara（阿卜莎罗），在印度“阿卜莎罗”这个词与佛教关系不是太密切，在很早很早以前就称为天人，主要指天女。

据古代最大的史诗《罗摩衍那》所记，阿卜莎罗乃是众神搅动乳海而生成的水之精灵（我找到一张不太古老的图，是东南亚的。这个雕刻上面飞动的就是阿卜莎罗）（图14）。因此飞天在印度相当长的时间是指大家都非常喜欢的精灵或者天人。飞天在佛教产生之前就有了，佛教吸收了这样一个身份的神来供养佛。

如图15所示是时代很早的古印度巴尔胡特雕刻，这在佛教早期连佛像也没产生，拜佛、礼佛都是对佛塔进行朝拜，佛塔上面有两个飞天，有璎珞也有花对佛进行供养。

除了佛塔就是圣树，左边的形象是一棵菩提树也是佛的象征，树的下面有个椅子，是佛曾经坐过的座位，也就用来象征佛。那个时候在巴尔胡特还没有佛像，通过佛塔、圣树，还有的地方用佛足迹来供养。这两个飞天，有一个有翅膀，有一个没翅膀。按

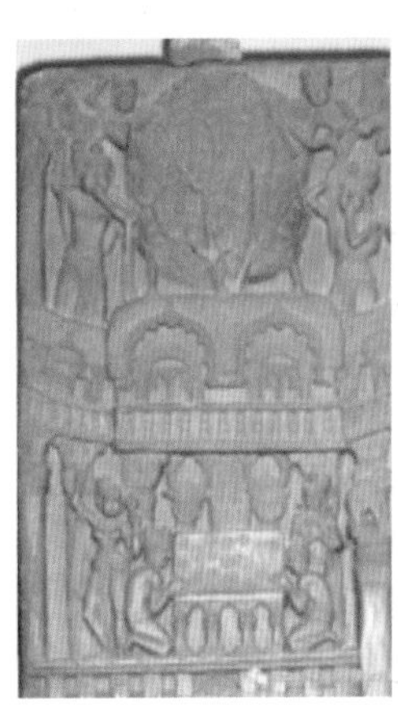

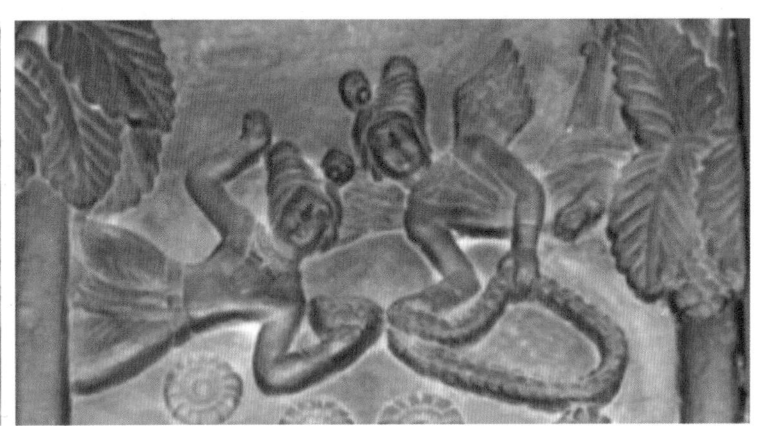

图14 众神搅海［12世纪，泰国披迈博物馆（Phimai National Museum）藏］

图15 巴尔胡特雕刻拜塔场面及飞天

照佛教中天龙八部的说法，八部护法当中，迦楼罗等都是有翅膀的。因此，在古代印度，有有翅膀的飞天，也有没有翅膀的飞天（图15）。

在南印度阿玛拉瓦提大塔雕刻中，有一件佛塔雕刻，上面都是飞天，他们在供养。右边这个是一个残破的雕刻，可能跟左边一样是佛塔的雕刻。飞天正在演奏乐器，有弹琵琶的，体现天人对佛的供养（图16）。

山奇大塔是印度古老的佛教艺术。山奇一共有3座塔，1号塔特别大，2号塔比较残破，3号塔比较小，只有1座门。1号塔有4座门，每个门就跟中国的牌坊一样，有个牌楼。图中所示是东门，有保存得比较好的雕刻，在门上就有很漂亮的天人形象，实际上是药叉女。药叉女非常有名，是印度艺术具有象征性的天人形象。药叉女往往在挂满了芒果的树下，象征着丰收、繁殖，因此在印度一直以来就是人们崇拜的形象，佛教就把她当作守门的护法之神，有男药叉、女药叉（图17）。在山奇大塔的雕刻中还有很多飞天的形象，比如，塔柱上，用菩提树象征佛。两边有人头鸟身的飞天，应该是迦陵频伽，在佛教里面也是属于天人身份（图18）。

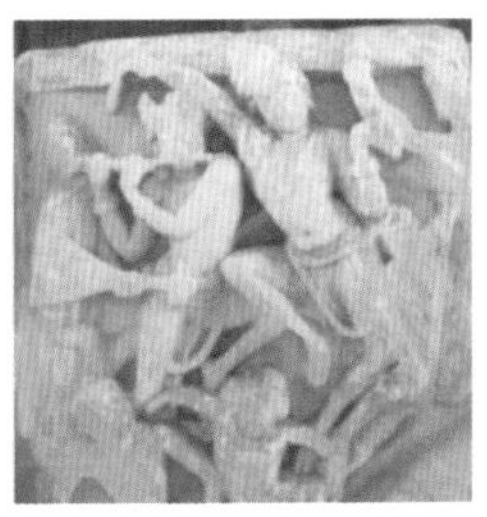

图16 阿玛拉瓦提大塔—雕刻飞天（2～3世纪）

图17 山奇大塔1号塔东门及药叉女

图18　山奇大塔1号塔—东门门柱

印度人十分喜欢飞天，因此在印度的很多石窟中飞天很常见。印度的飞天表现，受传统的药叉思想崇拜的影响，都是一男一女，一对一对的。在阿旃陀石窟的柱子上，两边都会表现天人，中间方形画面是佛说法，两边各有一男一女两个天人（图19）。在壁画里面也是如此，在阿旃陀石窟第1窟窟顶有很多装饰的莲花图案，图案的旁边画有很多天人，也是一对一对的形象（图20、图21）。

阿旃陀第16窟飞天是雕刻出来的，柱子靠近底部，也是一对一对的形象。大概印度人想象的佛国的幸福世界要一对一对去才能达成的（图22）。在埃洛拉（Ellora）石窟第

图19　阿旃陀石窟（Ajanta）第1窟—门外柱头雕刻—飞天

图20　阿旃陀石窟第1窟—主室窟顶—飞天

图21　阿旃陀石窟第2窟—主室窟顶—飞天

图22　阿旃陀石窟第16窟—主室窟顶—飞天

10窟是一个很大很著名的石窟。在二层的明窗左右各有三人一组的飞天形象（图23）。

比这个晚一点大概是5～7世纪的奥兰加巴德石窟，也表现了很多飞天的形象。中间有佛说法，两边也各有一对男女飞天。在佛的脚下的两边，跪着的是信众，也就是供养人（图24）。

不光佛教，还有其他宗教，如印度教也有飞天的形象。不同宗教在印度文化的大背景下形成了不同的宗教教义。但是有一些印度最古老的传统会一直保留下来。埃洛拉石窟第16窟是凯拉萨神庙，是最有名、最核心的一个洞窟，看着像一个二层的楼房，实际上都是在石头上一点一点开凿出来的，十分豪华。他们也会在墙边雕刻一些飞天的形象（图25）。我们看上面两个飞天就是印度教的天人，印度教的天人从本质上看与佛教的飞天差别不大，在很多地方都可以看到这种一对一对的形象（图26）。

佛教从印度传到中亚，再从中亚传入中国，当然也会表现飞天的形象。巴米扬大佛的窟顶也有飞天的形象，但是现在大佛没有了，在战争中被炸毁了，壁画还有一点保存了下来（图27）。

我国最西边的石窟——克孜尔石窟里有很多飞天，在某种程度上保持了印度飞天的传统形象，男女组合的双飞天形象有很多（图28）。比如，非常有名的克孜尔石窟第38窟，在洞窟的两侧壁靠近窟顶的地方，有一排长长的壁画来表现天人，伎乐天是演奏音乐的天人，我们将其放大看也是成对的。克孜尔石窟的壁画可以明确看出男性与女性形象的不同，女性乳房突出，头上往往戴花冠，男性头冠有三个圆盘，我们称作“三面宝冠”，都是受外来的影响（图29）。

图23
图24

图23　埃洛拉（Ellora）石窟第10窟—飞天

图24　奥兰加巴德石窟（Aurangabad）第9窟—飞天

图25 埃洛拉石窟第16窟（凯拉萨神庙）—飞天

图26 印度教的双飞天（新德里博物馆藏）

图27 巴米扬大佛（55米）—飞天

图28 克孜尔石窟第8窟

图25	
图26	图27
图28	

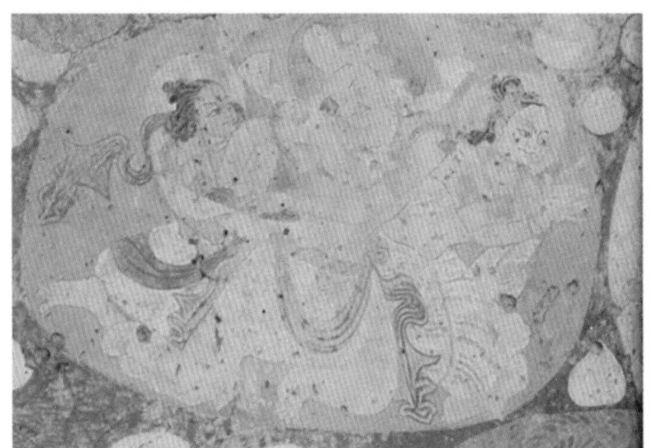

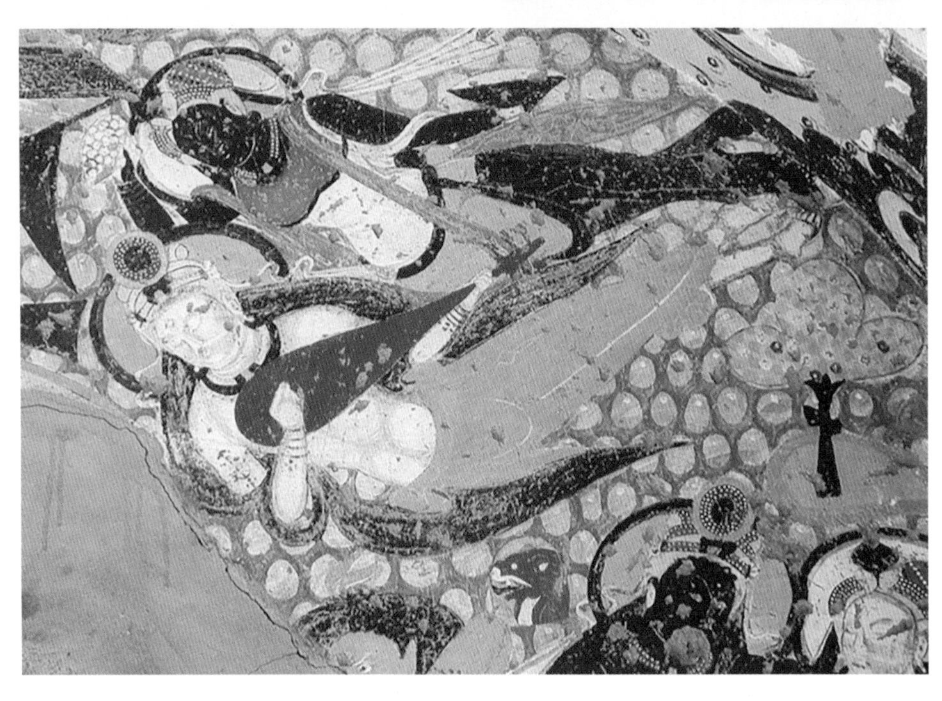

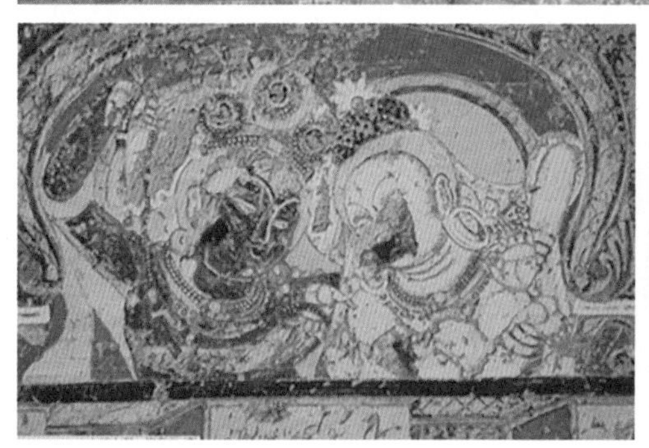

图29-1　克孜尔石窟第38窟

图29-2　克孜尔石窟第38窟—天宫伎乐

佛教传到了内地，在内地最大的石窟——云冈石窟可以看到，云冈石窟中最古老的北魏时期的第20窟，佛的头上靠左侧有个很大的壮实的飞天（图30）。

再后来的云冈石窟第6窟雕刻得更精致一些，中央是一个连接窟顶的二层方形塔柱，中心塔柱直通窟顶，窟顶外围一周飞天。佛像在中间，佛龛上部就有飞天，佛的上面有个几何梯形，我们称作“形顶”，顶内一个个格子里面都有飞天的形象。这个飞天的形象跟敦煌和印度的都不一样，有北魏时期鲜卑人的特点，十分健壮，这是当地的地域民族特色（图31）。

云冈石窟第7、第8窟的窟顶有方形藻井，与敦煌石窟的藻井不一样，中间有一个

图30　云冈石窟第20窟

图31　云冈石窟第6窟—飞天

莲花，莲花周围有很多两人一组的飞天，我们称作“双飞天”（图32）。

在印度双飞天是最流行的，在云冈石窟自然而然有一对一对的双飞天，但是仔细来看云冈石窟的双飞天已经看不出是男是女，形象都差不多。在第10窟也有很多飞天，特别是在顶上，在前室的窟顶，我们发现有一个大莲花，旁边有大大小小的飞天（图33）。

北魏孝文帝改革，把首都从平城迁到洛阳，鲜卑人迁徙到中原，重新学习中原文化，因此受到了中原文化的影响。到了洛阳之后皇室为了拜佛在洛阳的附近建造了龙门石窟。因此这一时期佛像飞天有点像南方的造型，比较清瘦。造型也是中间一朵大莲花，周围一圈飞天。这些飞天有两大特点：一是身体比较清瘦，不像云冈石窟那么壮实。二是飘带比较多，飘飘然的感觉就出来了（图34）。

在龙门附近的巩义石窟，也是北魏晚期皇室开凿，此处的石窟稍微有一点变化，飞天与之前也不太一样。第3窟是中心柱窟，佛龛上部有两个飞天，描绘得非常精美，

图32
图33

图32　云冈石窟第7窟窟顶—飞天

图33　云冈石窟第10窟—前室

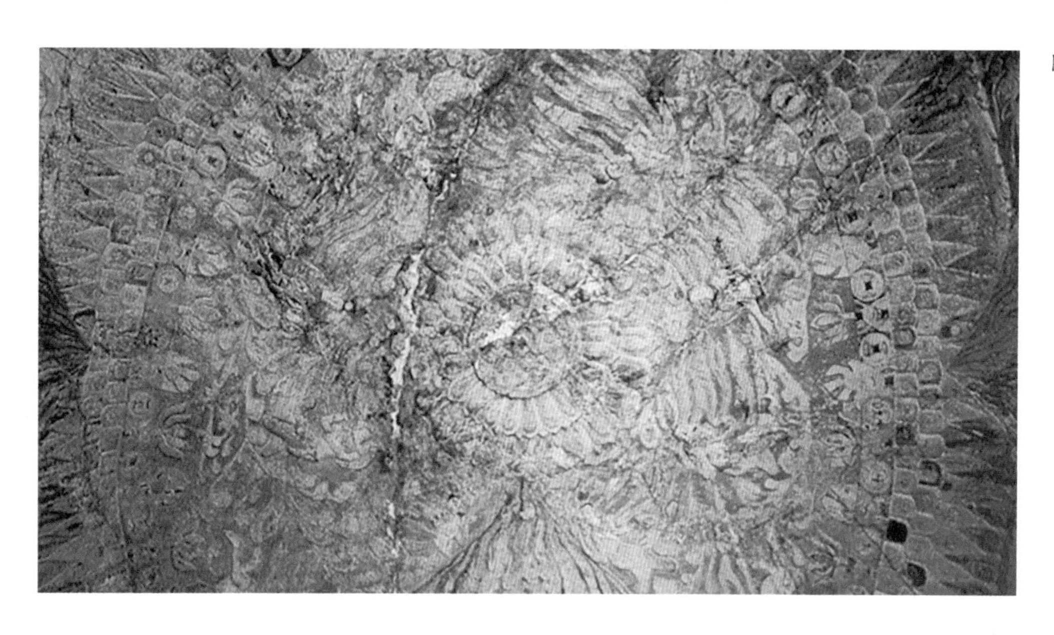
图34　龙门石窟宾阳中洞—飞天

这个图案我们在很多地方都有采用，在第一次出版《中国美术全集》的画册就用了右边的这个飞天作为图标。这样漂亮的飞天，与云冈、龙门石窟的都不同，它的特点是比较清瘦，飘带复杂，还加了很多中国传统的云气纹，自此飞天逐渐演变（图35）。

巩义石窟还有一个特点，在窟顶平棋图案会做一个一个独立的方块，方块里或是莲花，或是化生，或是飞天（图36）。这样的结构在龙门、云冈、敦煌石窟中都没有见到，这种装饰风格具有本地的特点。

到了北朝晚期，北魏分裂为东魏、西魏，东魏接下来是北齐。在这样一个变化的时代，差距就出来了。在山东、河北一带是北齐的天下，西边是北周的天下。北齐的雕刻十分精致，飞天小巧玲珑。飞天包括佛像面容都面带微笑，眼睛笑眯眯的形象表现得非常好（图37）。

回过头看北周的飞天，我们会想到麦积山石窟第4窟，大概是北周到隋朝这个时期的。这个洞窟的飞天有一个特点，出现了薄肉塑飞天，这是非常独特的，别的地方都没有（图38）。本来是壁画，却把头和手做成浅浮雕的立体状态，飘带、身体又是画出来

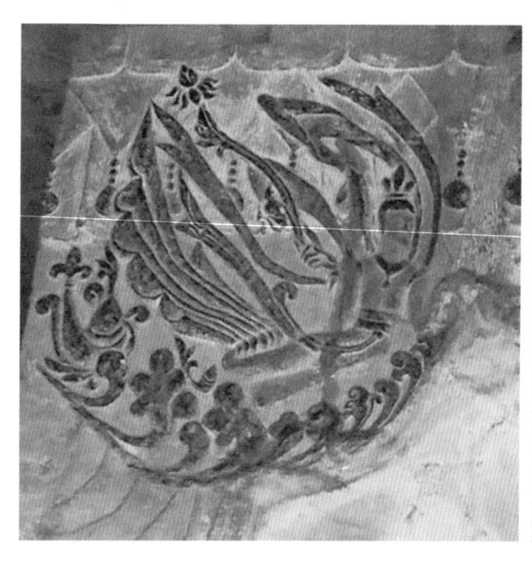

图35　巩义石窟第3窟—飞天

图36　巩义石窟第1窟—窟顶

图37　青州石刻飞天—北齐

图38　麦积山石窟第4窟—薄肉塑飞天

图36

图37 | 图38

的。我想当时一定是非常漂亮，非常吸引人的，好像从壁画上飞出来了，让人能感受到飞天脱壁欲出的动态形象。

佛教艺术在全国各地传播，在南方同样会表现飞天形象，比如说大足石刻、栖霞山石窟，都可以看到飞天的形象。但是由于南方地理环境不一样，气候过于潮湿，因此石窟大部分没有保存下来。在重庆大足石刻可以看出一点，但是风化比较严重（图39）。南京栖霞山石窟基本上看不到壁画原样，只可以看出一点点痕迹，虽然像飞天的形象，但是表面已经掉了，留下的是壁画渗透到里面的影子，能看到也十分不易（图40）。

后来佛教传到了日本，在日本也有很多表现飞天形象，例如，法隆寺的金堂壁画。这一时期相当于中国的唐朝时期，当时有很多僧人从中国带了佛教的经典和绘画的样本回去，对日本的寺庙的建造和壁画绘制起到了决定性作用，所以法隆寺保留了很多唐朝的特点（图41）。日本的平山郁夫先生去敦煌去的次数多了，发出感慨地说“日本的文化源头在敦煌”。实际上源头不是在敦煌，最重要的源头在长安，长安是唐朝的文化中心，向东影响到日本，向西影响到中国敦煌，在日本和中国敦煌都保存下来了，但是长安却找不到了，所以我们可以感受到日本和敦煌的古代绘画很像，这正是日本人对敦煌感兴趣的原因。当他们去看被他们称作“美人窟”的敦煌第57窟说法图时，感叹说这个窟的说法图跟法隆寺说法图太像了，而且，法隆寺壁画的飞天跟莫高窟第57窟和第322窟的飞天也有很多共性。法隆寺很大程度上保存了唐朝的传统，京都的法界寺建造时代就晚的多了，但是依然表现了飞天（图42）。在中国宋元时代都可以找到这样的形象，日本在宋元以后一直不断受到中国新思潮的影响。

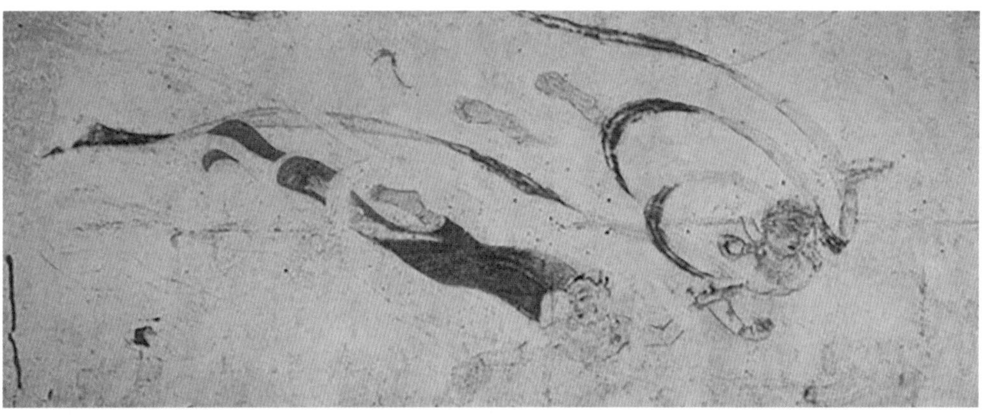

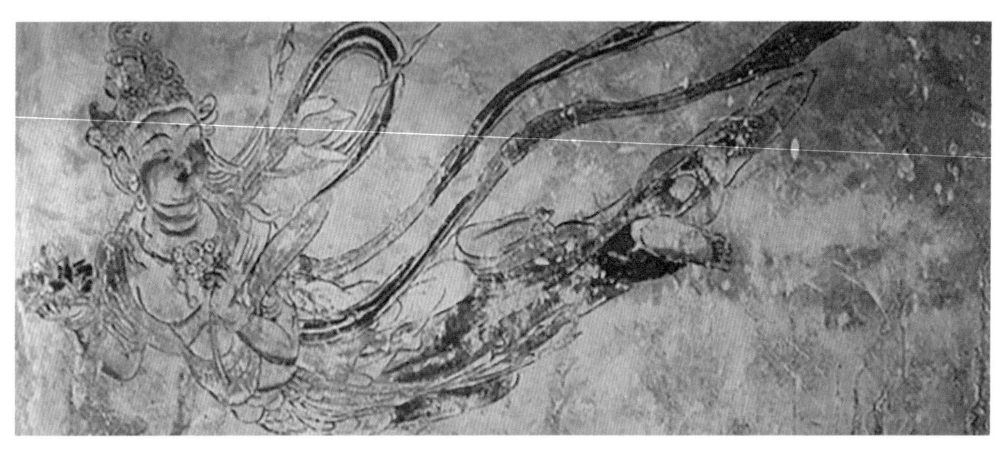

图39	图40
图41	
图42	

图39　大足石刻—北山第52号龛—飞天

图40　栖霞山石窟第102窟—飞天

图41　日本奈良法隆寺金堂—飞天（8世纪）

图42　日本京都法界寺—飞天（15世纪）

三、佛教天人与中国神仙

中国人为什么如此喜欢飞天，其实跟我们的传统有密切关系。我们看图43壁画中有两个类型的飞天，下面的飞天身体强壮，下半身穿裙子上半身裸露，呈现半裸的形态。上面的飞天十分清瘦，腰部纤细，穿了很大的衣服。这是两个类型的形象，一个比较纤细是中国式的形象，一个是从印度传过来的西域式健壮的形象，都画在同一个画面当中了，体现出外来文化与本国文化交融并存的状态。

在西魏第249窟窟顶有很多中国传统神仙的形象，这是中国人想象的神仙的世界（图43）。西王母乘着凤车在天空中飞翔，前面几只凤凰拉着车在天空中奔驰，有仙人手里拿着幡，骑着鸟，在中国古代传说中称为乘鸾仙人。古代传说中人死之后，用"幡"将其引导到天国去，这些都是中国传统的神仙的形象，与佛教飞天形象有点差别（图44）。

在莫高窟第285窟还有传统神仙，这两个神仙一个是伏羲，一个是女娲，一人拿圆规画天，一人拿方尺画地（图45）。古代人讲究"天圆地方"，开天辟地之神就是伏羲女娲，他们每个人肚子上有一个圆盘。圆盘上的形象是三足乌，也就是三条腿的乌鸦，象征着太阳，另外一个是蟾蜍，象征月亮。所以他们又是日月之神，象征着最早的神仙，都被画到了佛教石窟当中。

为何如此呢？我们知道几乎所有宗教都离不开人的生死的问题，它们都要解决这个问题：人是怎么来的，人死之后要到哪里去。因为老百姓也很关心这个问题，所以宗教能吸引普通老百姓，引起了老百姓的兴趣。佛教会用自己的一套哲学来讲天、地、人之间的关系，佛教讲人死之后会化生到天国，到了天国，天人自由自在地在天空中飞翔，不生不灭。中国传统的神仙思想后来演变成道教，道教的解释是说，人死了以后羽化而升仙，长了翅膀就到了天空中自由自在地飘荡，所以道教为了追求长生不老而炼丹。在这一点上，佛教与传统神仙思想就有了一个连接点，到了天国都可以像飞天一样自由自在地飞翔，因此在佛教寺庙、洞窟里面画出中国人最熟悉的伏羲、女娲、东王公、西王母等神仙形象，这一点体现出佛教的包容性。在魏晋南北朝时期，有一些文献记载说西方讲的须弥山也就是中国人所说的昆仑山。昆仑山在《山海经》中是神仙住的地方。因此佛教就和中国的神仙结合在一起了，在敦煌壁画中把中国的神仙

图43 | 图44

图43 莫高窟第249窟主室南壁—西魏—飞天

图44 莫高窟第249窟主室南壁—西王母

东王公、西王母、伏羲、女娲都描绘出来了。中国人想象的神仙从汉朝以来是像兔子一样两个耳朵竖起来，肩膀上蓝色的是它的小翅膀（图46）。

中国传统神仙在洞窟里面与印度飞天共同飞翔。汉朝时还没有受到佛教影响的传统神仙形象，两个仙人头上的耳朵都是竖起来的。在很多博物馆，都表现了仙山中有很多仙人，仙人两边的耳朵都竖起来了。画面中间的人可能是普通人，在其死去之后，两个仙人把它领去仙界（图47、图48）。

对于神仙的喜爱，在中国也有悠久的历史。从先秦两汉一直到魏晋，大家都喜欢神仙在天空中飘飘然的感觉。顾恺之的《洛神赋图》，对神仙自由自在地在空中飘荡的形象描画得很生动，顾恺之所描绘的形象在佛教艺术当中也会被采用（图49），在敦煌壁画中会找到类似的神仙的形象。

这是北魏时期的龙门石窟莲花洞，在佛龛的龛楣上有很多飞天的形象，这些飞天与云冈石窟的飞天不一样，这个时代由于受魏晋风度的影响，飞天有两个特点：一个是长得清瘦，另一个就是褒衣博带，飘带特别多，表现神仙般的飘荡的感觉（图50）。这种风格从南朝流行来，顾恺之等有名的画家创作出很多新的风格。鲁迅先生讲到魏晋时期写文章清风道骨，人们为了成仙都想保持清瘦的身材，因此我们在敦煌也看到类似的飞天形象，身材清瘦秀丽，飘带很多。

莫高窟第285窟的飞天，明显是受到南方风格的影响。从敦煌来说这种风格不是直接从南方传过来的，是先从南方传播到洛阳，再从洛阳的龙门石窟传播到敦煌的（图51、图52）。

这就是中国传统的神仙思想与印度传过来的天人的概念融合在一起，是中国人想

图45	图46
图47	图48

图45 莫高窟第285窟主室东坡——西魏大统四～五年（538～539年）——伏羲、女娲

图46 莫高窟第285窟主室南坡——西魏——持幡仙人

图47 四川汉代画像石——仙人（三峡博物馆藏）

图48 陶塑仙山与仙人（东汉，成都博物馆藏）

图49 《洛神赋图》中的神仙

图50 龙门石窟莲花洞—北魏—飞天

图51 莫高窟第285窟主室南壁—西魏—飞天

图49

图50

图51

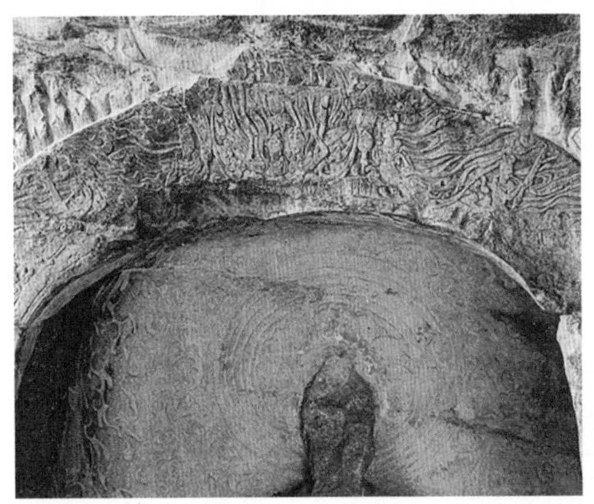

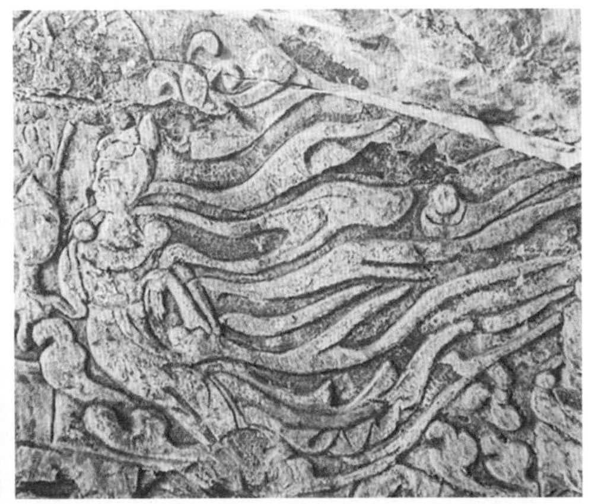

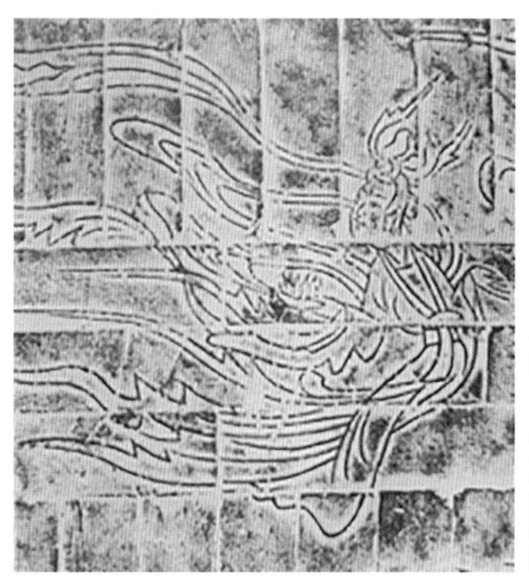

图52　莫高窟第285窟飞天（与南朝画像砖飞天比较）

象的神仙的形象，与印度的飞天风格完全不一样了。

四、敦煌石窟各时期飞天

敦煌石窟历径了一千多年十几个朝代的发展，每个朝代飞天形象都不一样，飞天也在演变。最早北凉、北魏时期受到印度风格的影响，飞天身体壮硕，表现立体感以及半裸状态，采用西域式晕染法，但是现在颜色变黑，看不到立体的转变（图53）。到了北魏晚期，飞天的身体变长了，逐渐受到内地清瘦风格的影响，总体来说还是采用西域的晕染法，能看出颜色用得很厚重（图54、图55）。

这个时候还有一种飞天，被称作影塑，像浮雕一样。做法是把飞天用泥做成模子，一个一个做出来之后贴到墙上，画家再用不同的颜色画出来，这样看起来每个都有不一样变化，实际上造型都是用模子印出来的。敦煌早期洞窟中有飞天的影塑，也有佛像、菩萨像。这是保存较好的一幅（图56）。

西魏是一个文化交汇的时代，南方文化、北方文化、中国文化、外来文化在此交汇。这时的飞天飘带很多很长，表现其褒衣博带的形象，整体上看飞天就是中国式神仙和外来的飞天同时在洞窟里飞翔的时代（图57、图58）。

到北周时期画家在表现人物方面更加成熟，所以绘制的飘带不像北魏时期画得整整齐齐的，有点变化和写实性，衣服、长裙变化丰富。在北周，又回到了西域式风格。

图53 ｜ 图54

图53　莫高窟第272窟窟顶南披—北凉—飞天

图54　莫高窟第254窟中心柱正面龛—北魏—飞天

图55 莫高窟第263窟主室南壁后部中层—北魏—飞天

图56 莫高窟第437窟中心柱东面—北魏—影塑飞天

图57 莫高窟第435窟前室人字披—西魏—窟顶飞天

图58 莫高窟第285窟窟顶南披—西魏—飞天

图55	图56
图57	图58

从北魏晚期到西魏，国内南方的绘画风格对敦煌风格有一次大规模的影响，但是外来的西域风格影响并没有消失，有一些洞窟又采用了西域式的画法。这个就体现出敦煌的地理特点，不是说南方风格影响之后，西域风格就不发展了，可能过了一阵之后，擅长画西域风格的画师又占了上风，还有很多人喜欢这种风格，色彩丰富、厚重，飞天体型也很健壮（图59、图60）。

到了隋朝，中国传统的东西越来越多。云气纹十分流畅，画在飞天周围体现出飞翔的动态，烘托出一种气氛。此时为了表现飞天飞动的状态，在周围增加很多飞动的花草，让人感受到飞天真的是飞起来了，飘得很快（图61）。隋朝人很善于用色，在用蓝色表现天空时不是平涂纯蓝色，而是富有变化的，往下亮一点，往上暗一点，使我们视觉上感到飞天很真实、生动（图62）。

图59 莫高窟第290窟主室南壁前部上层—北周—飞天

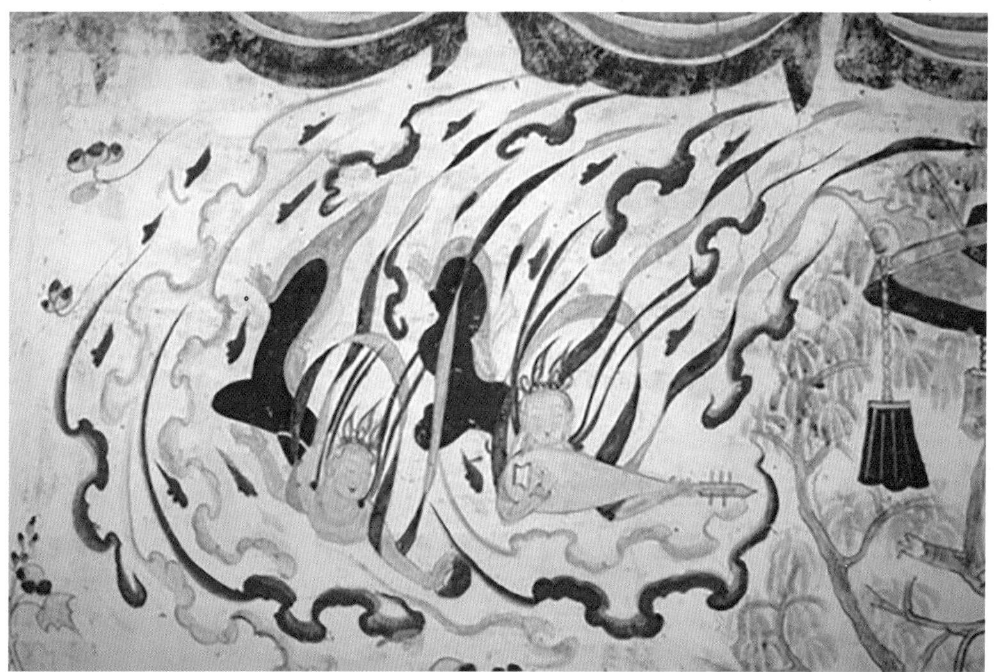

图60　莫高窟第428窟主室南壁—北周—飞天

图61　莫高窟第313窟主室北壁—隋—飞天

图62　莫高窟第404窟主室北壁—隋—飞天

图60
图61
图62

隋朝在图案上的表现十分丰富，这个藻井图案最中心一共有三层，莲花周围是飞天，飞天外面又有很丰富的装饰图案，非常华丽、精彩。放大飞天来看，围绕莲花是蓝天映衬着飞天在飞动，颜色华丽灿烂还有透明的感觉（图63）。

莫高窟初唐时期的第311窟，采用土红的背景，画出了很多飞天来表现一种欢乐的气氛（图64）。中间是佛像，飞天就在一旁演奏乐器，体现出宏伟的场面。飞天动态丰富，飞天身上的飘带形成翻卷的方向，我们可以感觉到飞天的飞舞速度和方向，从空中下来的速度不像隋朝那样特别快速，而是悠然自得的飘荡，周围飘着很多云气纹，云气纹周围还有很多花，将飞天形象表现得十分丰富、华丽。

类似这样的表现在莫高窟第329窟也可看到，莫高窟第329窟是很著名的莲花飞天藻井（图65）。以蓝天作背景，画了很多彩云，也就是云气纹，现在大部分变黑了，其实是白的。在华盖的周边还有一圈飞天，每一边有三个飞天形成旋转感。画家为了营造热闹气氛，让我们可以看到一种动态的感觉，使洞窟里充满了生机和活力。

由于唐朝画家创造力太强了，在唐朝接近两百个洞窟里，找不到两个洞窟是一模一样的，其中的飞天都不一样。莫高窟第321窟的佛龛里营造出了天国的气氛，以深蓝色作背景，飞天凭着天上的栏杆往下俯瞰众生，有的飞天是站在那里看我们的（图66）。欧洲教堂壁画也喜欢这么画天国，在教堂的顶上画了天上的神在上面往下看，这是宗教绘

图63
图64 图65

图63　莫高窟第407窟—隋—三兔飞天藻井

图64　莫高窟第331窟—佛龛顶飞天

图65　莫高窟第329窟—初唐—莲花飞天藻井

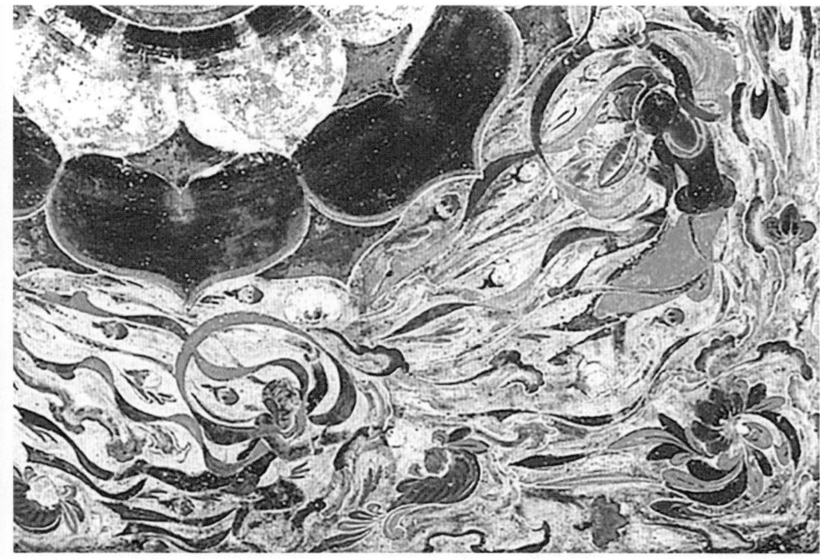

画的共性特征。但是敦煌壁画是7世纪中国画家根据想象描绘的天人形象，比那些教堂都早，这样的一种想象和构造是十分独特的，可惜颜色都变黑了。

还有一种是双飞天，两个飞天从上面飞下来，飘带长长的，现在有很多画家把莫高窟第321窟的这幅图复原了，复原后飞天的身体都是十分漂亮的颜色，没这么黑，可以看得更清楚（图67）。

莫高窟第329窟的四个飞天不是整整齐齐排列的，每个飞天动态都不一样。有的好像从天上掉下来了，一个是像在往前迈进，后面一个是一边很悠然地飘下来，一边吹奏乐器，表现得非常自在（图68）。

唐朝最重要的是经变画，经变画通常是要表现佛国世界。那个年代大家信奉净土教，只要口念阿弥陀佛就可以消灾免祸往生净土世界。而净土世界究竟是什么样子呢？画家创造了这个佛国世界，有很华丽的亭台楼阁、七宝水池、各种各样的乐器，飞天在天空中演奏音乐，在天上托着花正从下往上或者从上往下飞，让我们感受到天国里的天人在很自由地飞翔（图69）。

莫高窟第217窟经变画中描绘出华丽的宫殿，在这幅壁画中，画家为了表现飞天从哪边飞来，画出了长长的飘带，从一边窗户进来，从另一边穿窗户出去，虽然人已经飞出去了，飘带还在里面。身旁长长的云气纹也还跟着跑，这样便画出了飞天飞行的

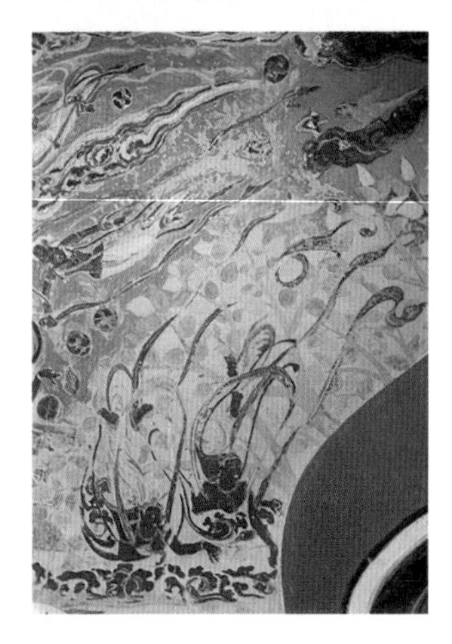

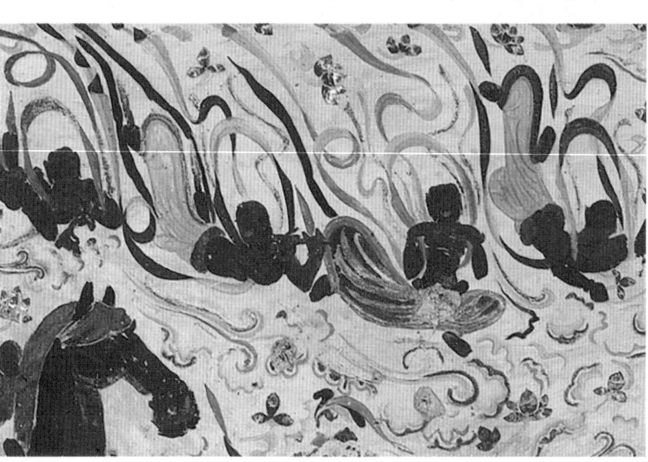

图66

图67 | 图68

图66 莫高窟第321窟龛顶—初唐—凭栏天女

图67 莫高窟第321窟龛顶—初唐—双飞天

图68 莫高窟第329窟主室西龛顶—初唐—飞天

图69　莫高窟第172窟主室北壁—盛唐—观无量寿经变中飞天

轨迹（图70）。绘画是静态的，画家就采用这样的方法来表现出一个动态的过程。所以唐代画家很聪明，很巧妙，把时间的概念表现了出来，这样我们看到的不是静止的时间，而是一个动态的过程。

到了中唐、晚唐时期，中国绘画特别欣赏身材丰腴的美人，此时的飞天也发生了变化，变胖了，好像飞不动一样，慢悠悠地飞过来，体现出其雍容华贵的特点（图71、图72）。

晚唐时期的飞天增加了很多五彩云，总共有四个飞天在云层中翻来翻去，从右数第二个飞天是头朝下在翻滚，所以画家用五彩云将飞天在天空的状况表现了出来（图73）。

到了五代时期，绘画的整体水平不如唐朝，但是也有自身的特点，在这个时期依然在窟顶画出很多飞天。莫高窟第61窟的飞天很大，长度超过2米（图74），造型不如唐朝生动。

宋朝把飞天拉长了，画面表现彩云有点像图案画，也是以大著称，总的来说也不像唐朝那么生动（图75）。

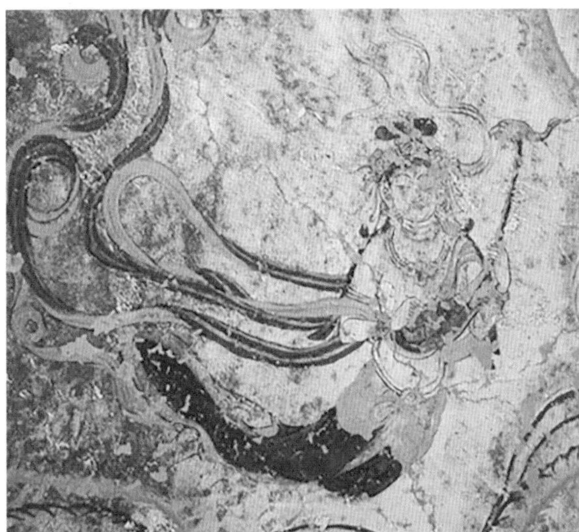

图70 莫高窟第217窟北壁—盛唐—经变画中的飞天

图71 榆林窟第15窟前室顶—飞天

图72 莫高窟第158窟主室西壁—中唐—飞天

图73 莫高窟第161窟窟顶南披—晚唐—飞天

图70
图71 图72
图73

图74　莫高窟第61窟背屏南向面—五代—飞天

图75　榆林窟第15窟—北宋—飞天

图74

图75

在西夏出现了一些新的画法，榆林窟第10窟仅存的窟顶的下部围绕着一圈伎乐天，天人两人一组在演奏乐器，看起来蛮有情趣。右边的飞天在打拍板，左边的飞天在吹奏笛子，两个伎乐天有眉目传情的表情（图76）。这一时期画家比较注重天人的表情、

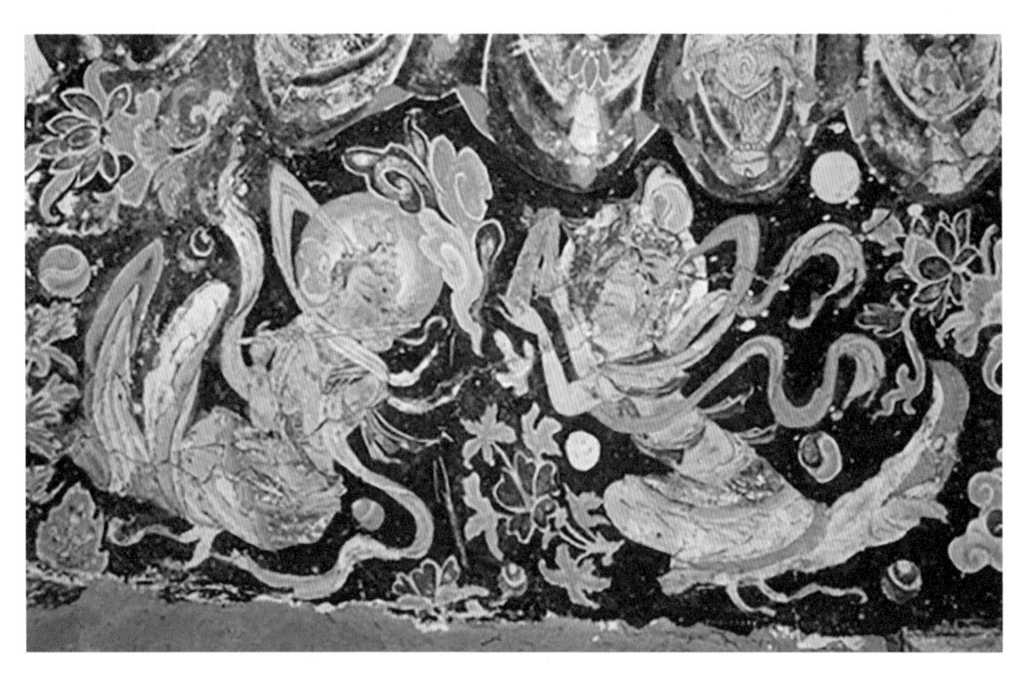

图76　榆林窟第10窟窟顶—西夏—伎乐天

体态和互动关系。从飞天角度来说，像是蹲在地上一样，不像以前那么飘逸了，写实性加强，飞动飘逸的感觉就减弱了。

元代在莫高窟留下的洞窟并不多，第3窟北壁描绘的千手千眼观音，用线描画出密密麻麻的手，所谓千手，虽然不能数出一千只手来，但是还是表现得很多。因为千手观音要救苦救难，所以手很多。在左上角右上角各有一个飞天，这些飞天像小孩的形象，胖胖的好像飞不动。用金色的云彩来衬托，飞天手里拿着一枝荷花，荷花有很长的枝，需要扛在身上。飞天是像小孩一样憨态可掬的画法（图77）。

图77　莫高窟第3窟北壁西侧—元—飞天

五、飞天与现代艺术创新

这个问题我现在也讲不了太多，因为艺术创新需要好好地发展。我们古人留下了这么丰厚的遗产，如此丰富的飞天的形象，激发了我们现代艺术创新的很多灵感，我们可以吸取飞天的特点。下面我来总结一下飞天的特点：

一是舞蹈性。飞天好像在跳舞，有一种音乐感和舞蹈的节奏感。

二是飞天更多表现的是线的艺术。飞天长长的飘带表现出线条的流动性，像书法一样，这是中国传统艺术的最大的特点，是中国人所欣赏的线条的艺术，这种线的表现是中国绘画十分重要的特点，在飞天身上表现得很完美。

中国飞天所表现的是舒展的、自然的、流畅的感觉，是中国人欣赏的韵味，使人感到一种气韵（图78）。印度两个飞天很写实，但是我们感觉不到印度飞天飞舞的动态，仅仅是表现出了天人的感觉，所描绘的位置在顶上（图79）。所以相比之下，中国艺术家努力创作一种流动的状态，飘带与云朵形成一种如波浪似的动态。两个飞天一个往上，另一个往下，形成一种回环旋转的动态，于是我们感受更加生动，而不是死

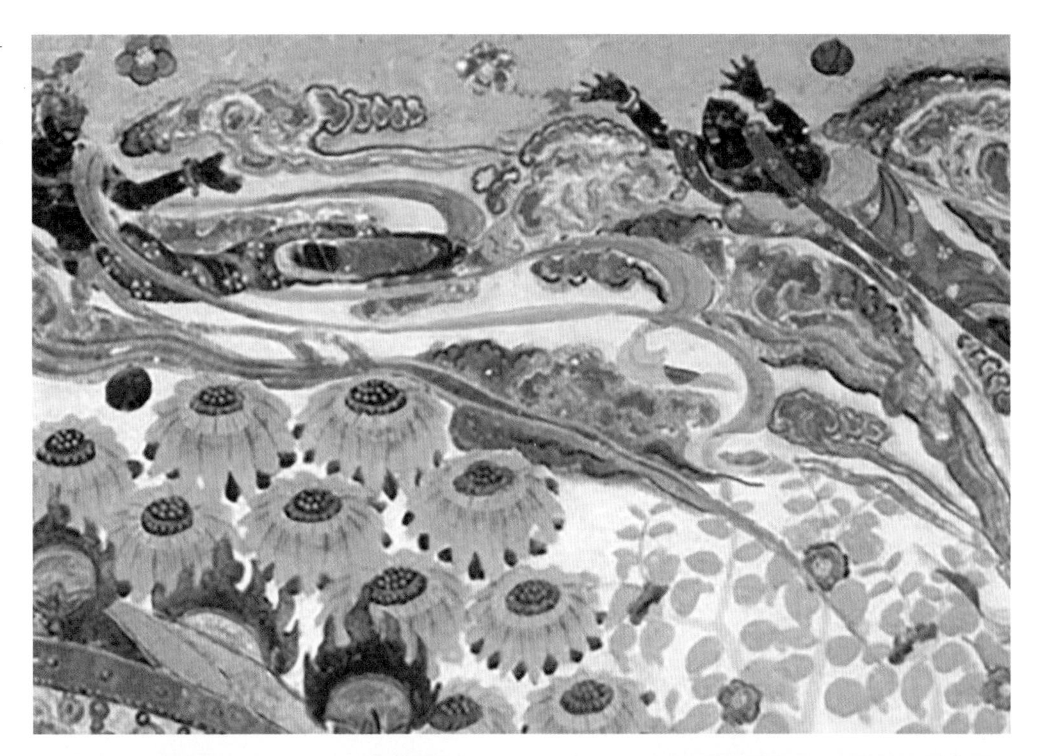

图78　莫高窟第320窟南壁—飞天

图79　阿旃陀石窟第2窟—飞天

板的状态（图80）。

我一直感觉欣赏飞天就像欣赏书法一样，例如我去台北故宫博物院，用了两个小时来看怀素的一件书法作品，感觉自己沉浸在他的书法之中，从一开始起笔，自己跟着他的笔道一起上下，作者会通过书法表现他喜悦愉快，或是慷慨激昂的心情（图81）。因此我们欣赏书法，应该去感受古人通过线条所表现的情绪，或是舒畅，或是紧张，或是愤怒（图82）。

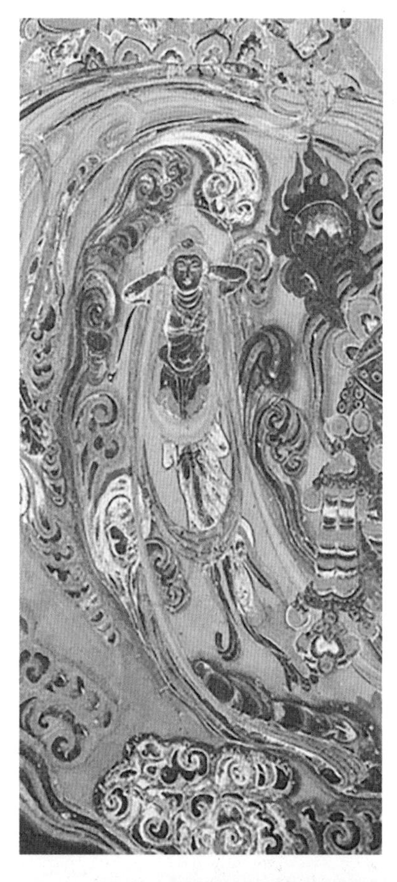

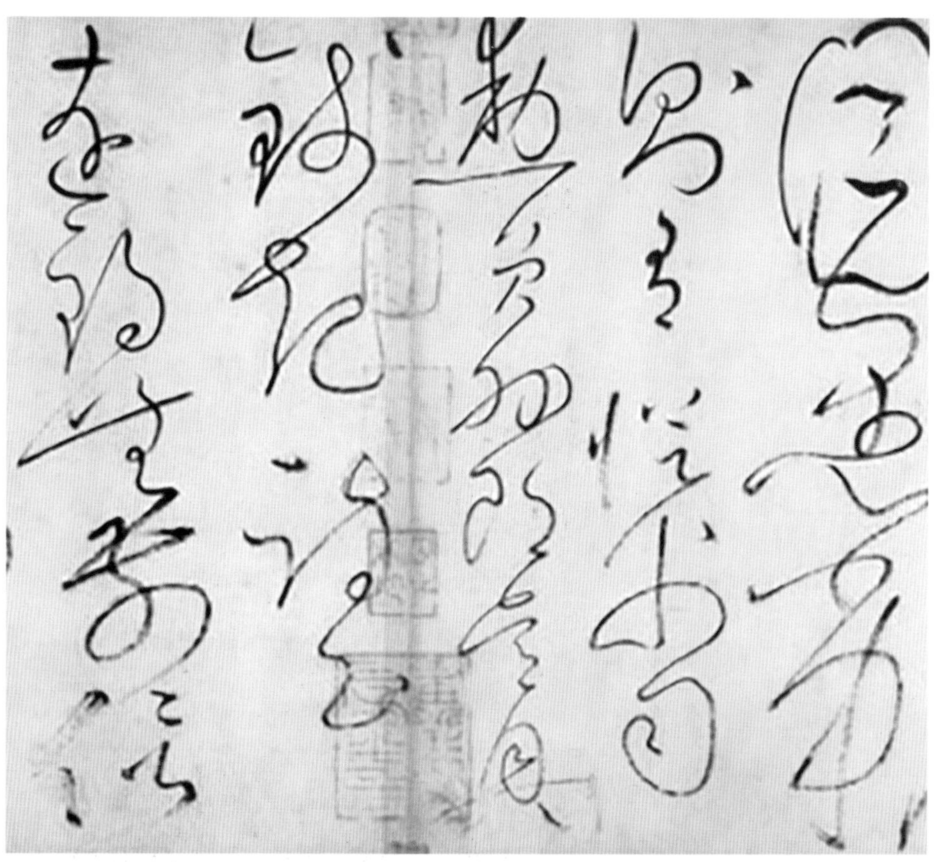

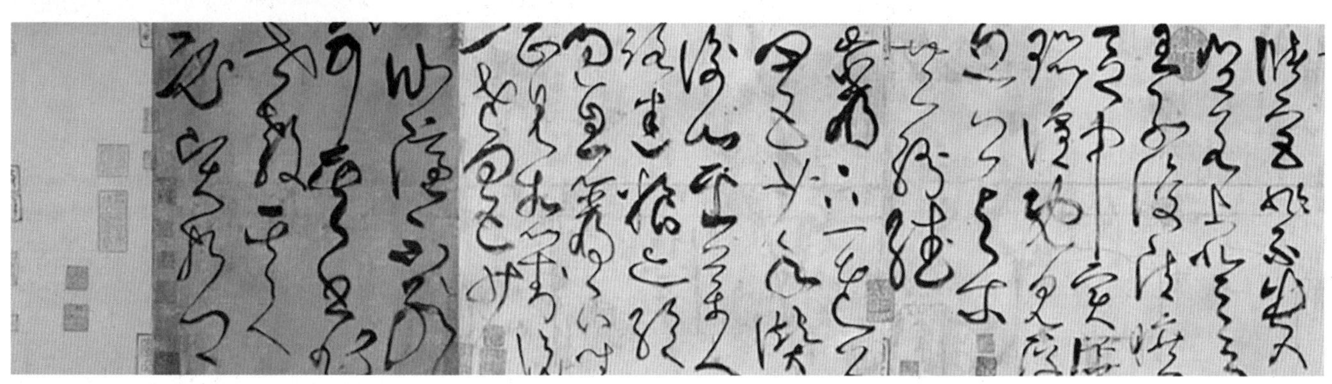

图80 莫高窟第172窟龛顶南侧—飞天

图81 书法——线的艺术、流动的艺术（怀素草书）

图82 张旭草书

中国画讲究线条，与书法有着密切关系，就是因为用毛笔表现的线条是有生命的，有神气的，能将线条表现出极高的境界。

我们常说的舞蹈也是如此，唐朝有个很著名的舞蹈家公孙大娘，她舞动的剑法不得了，影响了当时很多文学家艺术家，给予他们很多灵感，使他们大有长进，比如启发杜甫写出很多好诗。现在讲艺术的通感，就是说我们要从中寻找艺术共同的综合的感觉。飞天能给予我们启发就是因为飞天中包含的艺术太丰富了，我们从中体会到了音乐感、绘画感（图83）。现在，飞天的艺术还需要更丰富的传承和发展，例如楚艳老师所做的新潮的服装设计也在运用飞天的元素。

今天就讲这么多，谢谢大家。

图83　现代编创—敦煌舞

柴剑虹 / Chai Jianhong

浙江杭州人，1966年毕业于北京师范大学中文系，1968～1978年在新疆乌鲁木齐任教，1981年由导师启功先生推荐到中华书局做编辑工作，曾任《文史知识》杂志副主编、汉学编辑室主任、中国敦煌吐鲁番学会副会长兼秘书长。现为中华书局编审、中国敦煌吐鲁番学会顾问，敦煌学国际联络委员会干事，浙江大学、中国人民大学等高校兼职教授，敦煌研究院、吐鲁番研究院兼职研究员。曾在北京大学、清华大学、浙江大学、北京师范大学、香港城市大学、中国文化大学（台北）等数十所高校和中国国家图书馆、敦煌研究院等机构做学术演讲，多次应邀赴法、德、俄、英、日、韩等国进行学术交流，出版《西域文史论稿》《敦煌吐鲁番学论稿》《敦煌学与敦煌文化》《我的老师启功先生》《品书录》《丝绸之路与敦煌学》等专著，担任《敦煌吐鲁番研究》《敦煌研究》《敦煌学辑刊》《法国汉学》《汉学研究》等期刊编委。

敦煌服饰文化的传承与创新

柴剑虹

谢谢刘元风教授的介绍，我今天不是第一次到这里来，五年前的“垂衣裳”服饰文化研讨会我也来参加了。但今天我的心情是诚惶诚恐的，到服装学院来讲服饰，真的是班门弄斧，只是想着能够提供一些自己的建议和心得。感谢大家在寒冬时节来听这个讲座。

首先要祝贺我们北京服装学院和敦煌研究院、英国王储传统艺术学院、敦煌文化弘扬基金会四方携手创办的“敦煌服饰文化研究暨创新设计中心”成立，我认为这是非常好的一件事情。

我今天想与大家交流的主题是关于敦煌服饰文化。我理解的敦煌服饰文化是指敦煌壁画、彩塑所反映的古代社会生活中以服饰为中心内容的文化现象，是敦煌文化的组成部分。它本来是反映古代社会生活的，但是我们今天所讲的是敦煌服饰文化的传承与创新，以及如何为现实社会服务，我想就这些方面谈一谈个人的想法。讲到敦煌文化、敦煌服饰文化就必须讲到丝绸之路的开通，下图就是敦煌壁画中张骞出使西域的图像（图1）。

关于丝绸之路的开通，可以讲的东西有很多，但我想强调一条，就是关于隋炀帝，

图1 敦煌壁画—张骞出使西域

有一条史实经常被史学家所忽略，就是隋炀帝曾派了手下一个得力官员裴矩到河西走廊这一带，开展经贸和文化交流活动。大家如果看过《丝路花雨》歌舞剧的话，有一个场景就反映了当时的二十七国贸易大会，就是隋大业五年（609年）在张掖举办的一次国际贸易盛会。在歌舞剧中大家可以看到各种少数民族以及外来民族的服饰、歌舞，这是对一千多年前历史场景的重现。

《隋书·西域传》中记载：

“炀帝时，遣侍御史韦节、司隶从事杜行满使于西蕃诸国。至罽宾，得码碯杯，王舍城，得佛经，史国得十舞女、狮子皮、火鼠毛而还。帝复令闻喜公裴矩于武威、张掖间往来以引致之。其有君长者四十四国。矩因其使者入朝，啖以厚利，令其转相讽谕。大业年中，相率而来朝者三十余国，帝因置西域校尉以应接之。”

历史上唯一一个不以战争而是以经济贸易、文化交流为目的到西域的中原帝王，是隋炀帝，这一点是应该注意的。

在这样历史背景下，隋唐之际，敦煌成了丝绸之路的咽喉之地。我们现在一直在讲唐代的丝绸之路，实际上唐代丝绸之路的基础就是隋代奠定的。《隋书·裴矩传》中引《西域图记·序》来讲丝绸之路：“发自敦煌，至于西海，凡为三道，各有襟带”，还有“故知伊吾、高昌、鄯善，并西域之门户也，总凑敦煌，是其咽喉之地。”其中三道，北道通过伊吾，就是现在的新疆哈密地区；中道通过高昌，就是现新疆的吐鲁番地区；南道则通过鄯善，就是过去的楼兰地区，这三个地区是西域的门户。后面这句话更为重要：“总凑敦煌，是其咽喉之地。”说明敦煌是丝绸之路的咽喉之地，三道均经过敦煌。

为什么我强调隋代时开通丝绸之路呢？因为在唐代初期，丝绸之路还是有些问题的，唐太宗时期有密令，不准西出“国境”，即不能出玉门关、阳关。因此可以说隋代为发展丝绸之路打下了基础。唐代中后期以后，丝绸之路基本通畅，但时通时绝，尤其安史之乱以后，又出现一些问题。这幅丝绸之路示意图大家应该熟悉，通过丝绸之路的北道、中道、南道可以远达中亚、西亚一直到非洲的北部、欧洲的东南部。

我们中国敦煌吐鲁番学会的老会长季羡林教授曾说：“世界上历史悠久、地域广阔、自成体系、影响深远的文化体系只有四个：中国、印度、希腊、伊斯兰，再没有第五个。而这四个文化体系汇流的地方只有一个，这就是中国的敦煌和新疆地区，再没有第二个。”要了解敦煌服饰文化，就要从它在丝绸之路上的人文环境讲起。

一、敦煌服饰文化的人文环境

敦煌莫高窟在1987年被列入“世界文化遗产名录”。作为珍贵的文化遗产，值得全世界的人珍视和研究。那么，它的核心是什么？它并不是凭空产生、形成的，而是有它的人文基础。我们看敦煌服饰文化，也要围绕着人文环境来看。

讲到“人文”，首先要明确它的定义。对于人文的定义有很多，我们讲的是中国古代的人文观念。《周易·贲卦·彖辞》中说：“文明以止，人文也。观乎天文，以察时变；观乎人文，以化成天下。”文化这个词就来源于此：“以人文化成天下”。“文明以止”中的“止”在古文字中就是象形人的脚步，这句话就可以译为：“人文是文明的脚步”。《现代汉语词典》中则是广义的概念：“人文，指人类社会的各种文化现象。”

1．人是人文环境的核心

要介绍敦煌的人文环境，首先要讲人，因为我们现在的文化传承，往往重视了物而忽略了人。从汉代“列四郡，据两关”开始，敦煌地区的居民由原住民与移民构成，或以常住户与流动人口区分。敦煌当时居民体现出多民族聚居与移民社会两大特点。这两个特点，对敦煌服饰文化影响巨大。下图是敦煌莫高窟藏经洞出土的《贞观氏族志》写本，仅这一残页就记录了源自全国各州、郡的150多个姓，其中很多姓都不是汉族的姓（图2）。

下面这张图是敦煌研究院藏的酒账残页，就是当时敦煌用酒的记录，其中记录了一些特殊情况，如回鹘妇女的用酒记录等（图3）。敦煌当时一共有十三个乡，其中十二个乡是各民族居民聚居，还有一个粟特乡主要居住以经商为主的粟特族居民。现在在世界领域也掀起了“研究粟特热”，将来荣新江教授来讲时会着重讲粟特文化对中国文化的影响。

我下面要举一些具体的图像例子来说明，这是莫高窟第158窟，是莫高窟最大的涅槃大佛。今天重点讲的不是这尊大佛，而是大佛脚后侧的这幅画——各国王子举哀图。反映佛涅槃之际，各国王子在举哀，从画中可以看到穿着西域和中原各民族服装的人物形象，有些民族服装（如塔吉克族服装）现在依然有保留，不同民族的人用独特的民族习惯表达了他们对佛涅槃的哀悼。这为我们了解当时敦煌地区少数民族居民情况及其风俗提供了重要的图像依据（图4）。

下图是莫高窟第156窟张议潮出行图（图5），图中呈现的内容有很多，如杂技、舞蹈等。其中我们可以看到着藏族服装舞蹈的场面，这是由于敦煌曾被吐蕃占领，后被张议潮收复，收复后仍有很多藏族人留在敦煌，藏族风俗和服饰等也因此在敦煌保留下来。

2．敦煌服饰文化的物质基础

以上是对“人”的问题的简单介绍，下面来讲一讲“物”。敦煌水利和农牧业建设

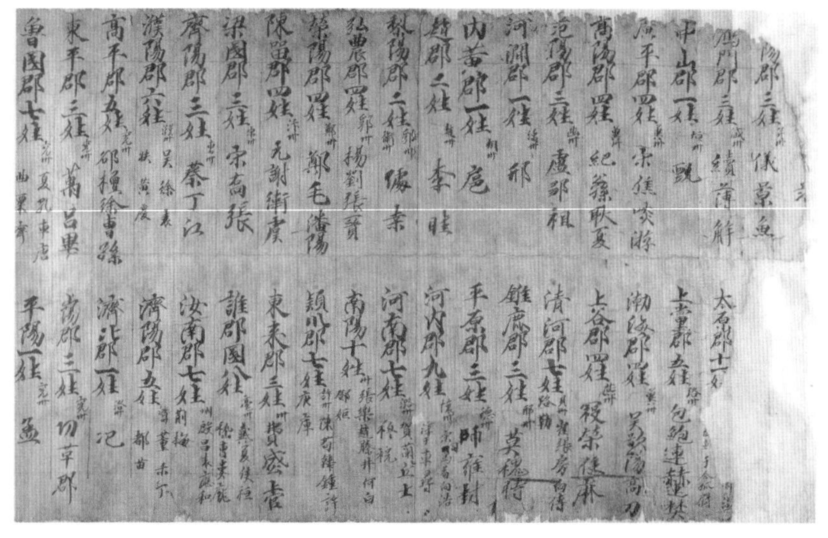

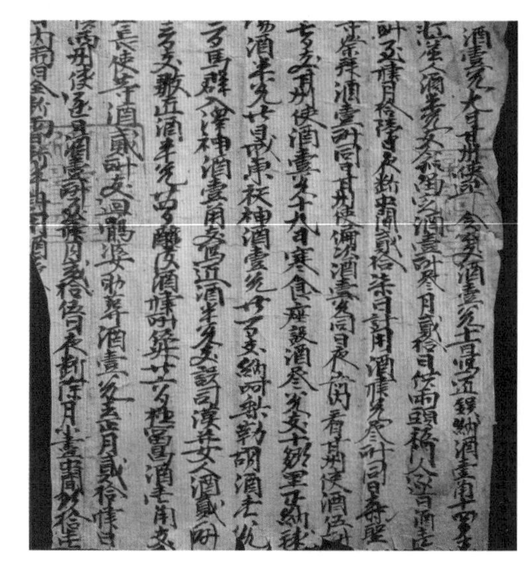

图2 | 图3

图2 藏经洞出土的《贞观氏族志》残卷

图3 酒账残页（敦煌研究院藏）

图4-1 莫高窟第158窟—涅槃大佛

图4-2 莫高窟第158窟—涅槃大佛脚后侧壁画

图5 莫高窟第156窟—张议潮出行图

图4-1 | 图4-2
图5

为敦煌服饰文化奠定了物质基础。敦煌地区在西汉、曹魏、前凉、唐代有四次较大规模的水利整治，我们现在考察还能依稀看到当时众多干渠、支渠的痕迹。水利是敦煌农牧业发展的命脉，而自给有余的农牧业与良好的绿化环境是敦煌文化艺术依存的最基本的物质基础。藏经洞中出土的P.5007卷中有一首《咏敦煌诗》:

> 万顷平田四畔沙，汉朝城垒属蕃家。
> 歌谣再复归唐国，道舞春风杨柳花。
> 仕女尚採天宝髻，水流依旧种桑麻。
> 雄军往往施鼙鼓，斗将徒劳猃狁夸。

其中“天宝髻”表明敦煌仍延续了盛唐时期的发髻头饰，“水流依旧种桑麻”，说明敦煌地区的水质好，可以种桑种麻，“桑麻”正是做衣服的重要物质基础。我大概统计了一下，在唐代天宝初年敦煌沙州城大约有6395户，32234人，土地307148亩，人均11亩多。其中城区12乡，耕地282281亩，占城区面积71%。这一数据很重要，可以直接说明沙州地区是以农业生产为主。

我们再看莫高窟第61窟经变图中的农作图（图6），这一世俗生活的场景被画工如实绘制到佛教经变画中，从中我们可以看到世俗生活与壁画创作之间的关联性，因此我们做莫高窟图像研究时一定要结合现实生活。《太平广记》中引《东城老父传》："敦煌道岁屯田，实边粮，余粟转输灵州，漕下黄河，入太原仓，备关中荒年。"灵州在今天宁夏，这段话记述了当时敦煌的粮食通过黄河的漕运供给关中荒年之用，说明了当时敦煌的农业生产力。现在敦煌18万人，基本不自产粮食，当然这与社会的变化也有关系。

3. 敦煌的学校教育与祠庙寺观对服饰文化的促进作用

教育是非常重要的一个环节，敦煌的学校教育与祠庙寺观对服饰文化也有重要的促进作用。当时敦煌地区的学校教育分为官学、私学（义学）、寺学三类，均得到当地政府的提倡与保护。魏晋南北朝时期河西地区儒学讲习的繁盛，对敦煌地区主流文化的兴盛起到促进作用。

官学：主要包括州学、郡学、县学，有医学院、道学、阴阳学、伎术院等，设立的"伎术院"为培养包括美术人才在内的各种专业人员奠定了基础。

私学：主要包括乡学、私塾等。由于魏晋南北朝时期的动荡，许多世家大族为躲避动乱迁徙到河西地区，在敦煌办了很多私学。私学这一形式一直延续下来，唐朝时《唐会要》开元二十一年诏："许百姓任立私学。"

寺学：在吐蕃占领及归义军时期发展迅速，得到地方政权的大力支持，代表了当时最高的教学水准，也为敦煌地区培育了优秀人才，其"内典"与"外学"的教学内容与方法均丰富而开放，不保守，同样有助于服饰文化的发展。

我做了一个敦煌寺院数量的统计：归义军时期敦煌有寺院17所，僧尼1100多人，平均每寺65人，约占全部常住人口2%；当时全国寺院5358所，僧尼126000人，平均

图6 莫高窟第61窟南壁—五代—经变画中农作图

每寺23.5人，约占人口总数的万分之1.6，这一比例之大在全国罕见，可见敦煌作为丝绸之路的咽喉，莫高窟的作用不仅是佛教圣地，也是多种文化交流的场所。敦煌的学校教育是一个非常值得深入探讨的专题。

4．敦煌的商贸

敦煌地区的商贸活动集中体现在商旅业发达、手工作坊加工业的繁荣和以物易物、物流迅速等方面，带有早期“国际经贸”的特点。同时，又有相当繁荣的寺院经济活动，为敦煌成为“华戎所交一大都会”的丝路重镇、国际文化都会创造了条件。敦煌主要的商贸活动有商旅业、手工业还有寺院经济活动。

举例来说，P.3644写卷抄写了一首阙题“广告”诗：

“厶乙铺上且有：橘皮胡桃瓤，栀子高良薑。陆路诃梨勒，大腹及槟榔。亦有莳罗荜拨，芜荑大黄。油麻椒蒜，河苗藕弗香。甜乾枣，醋齿石榴，绢帽子，罗襆头。白矾皂矾，紫草苏芳。砂糖喫时牙齿美，饴糖咬时舌头甜。市上买取新袄子，街头易得紫绫衫，阔口袴，崭新鞋，大胯腰带拾叁事。”

这一商铺经营多类商品，包括各式服装、鞋等，我比较感兴趣的是其中提到的槟榔，我们知道槟榔是亚热带作物，但在一千多年前的西北边陲敦煌就有卖，这也可以说明敦煌是物流便捷的国际贸易都会。

由此是否可以这样小结：敦煌的服饰文化应该是形成、发展、繁荣于丝绸之路上的多元文化，这与我们后面要讲的创新很有关系。

二、敦煌服饰文化传承的基本条件

下面来讲一讲我对于敦煌服饰文化传承的基本条件的认识。

我们现在关注资料的重点是敦煌石窟资料，在这里我想强调的是，同时还要注意其他地区（如龟兹、高昌、中原及中亚等丝路沿线地域）的图像资料（要特别留意流散国外的中国文物及相关资料信息）、历史文献记载、现当代研究成果等。

1. 材料

材料汇集要求真实、准确、齐备（忌假、忌偏、忌窄），关键在于材料的收集与选择、辨析——辨识、辨误、辨伪，以及整理和释读。

比如这幅莫高窟北周时期供养人壁画（图7），我们可以对比一下史料，确定一下这是不是十六国北朝时期北周的服饰。

这幅图是犍陀罗时期石雕，也是佛涅槃图（图8），与莫高窟第158窟举哀图内容相似，但服饰不同，这可以帮我们了解犍陀罗地区的服饰情况。

这幅巴米扬地区的壁画，可以帮助我们了解阿富汗地区服饰情况（图9）。

以上是域外的图案部分。下面这幅新疆的克孜尔壁画，原件藏于国外，可以对比来看不同地区服饰文化的异同（图10）。

下面是一些新材料，日本著名美术家平山郁夫在他家乡美术馆中收藏有丝绸之路中亚一带的古代艺术品，提供了可与敦煌服饰进行源流研究、比较研究、特质研究的

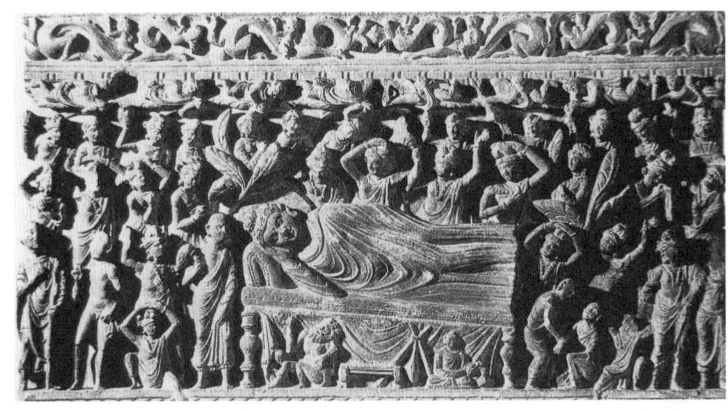

图7 莫高窟壁画—北周供养人

图8 佛涅槃石雕（犍陀罗时期）

图9 巴米扬地区壁画

图10 克孜尔壁画

图7	图8
图9	图10

新材料。比如这个图像，描述的是萨埵太子出城，其中太子的帽子、裤子，还有用中亚的联珠纹装饰的华盖等图像，如进行研究可以给我们新的启发（图11）。

又如其他国家所藏的一些图像资料。如圣彼得堡爱尔米塔什博物馆新展出的片治肯特壁画，上面的发饰、服装就很有特色。还有该馆库房藏的原德国探险队从新疆石窟割取的壁画残块上的各式服装非常醒目；圣彼得堡东方文献研究所藏的一幅打马球纸画，骑马人的服装也值得注意；还有乌兹别克斯坦3～4世纪达尔弗津特佩壁画中人物衣饰的内贴领样式似前所未见；乃至法国罗浮宫的一尊约公元前14世纪的埃及内非里提雕像，其服装的薄透贴身可以为我们追溯“曹衣出水”风格的源流提供启示等。以上提供的新、旧材料均可供参考。

图11 萨埵太子出城石雕

下面介绍一些国内专家对新疆、青海等地早年刊布的出土相关文物的研究，这为后期开展敦煌服饰文化的传承、创新工作提供了足资参考的辅证。如赵丰主编的《敦煌丝绸艺术全集》、新疆维吾尔自治区博物馆编的《古代西域服饰撷萃》等，外文书如*Evolution of Textiles Along the Silk Road*。

2．研究者的人文修养

前面主要讲的是材料的问题，我们需要多加关注。那么，我们应该如何应用这些材料到服饰的传承与创新中？我认为研究者本身的人文修养是很重要的。

人文修养包括几个方面：第一个是知识面与文化素养，如历史学、考古学、文字学、图像学、艺术学等的修养，还包括文物鉴赏、鉴定的基本知识与方法、阅读古文献的知识等。

第二个是与研究课题密切相关的专业知识，如对服饰文化、宗教文化的准确把握，注意古今差别、中外差异；对特定阶段历史文献的熟悉程度等。

如僧人所穿的袈裟，在敦煌所出的一个变文写卷里称“坏色衣”，开始整理写卷的一位学者录成了“瑰色衣”，“坏（壊）”“瑰（瓌）”二字的繁体写法相近，但是僧人修行当着缀满补丁的杂色袈裟，又称“百衲衣”。元《唐三藏西天取经故事》剧本中说“一钵千家饭，孤身百衲衣。”《西游记》电影里唐僧有特别华丽的袈裟，当然只能是演绎的故事了。

再举一个关于“天衣”的例子。天衣的定义《大智度论》有云：“佛教谓诸天人所著的衣服”。还有东晋罽宾三藏僧伽提婆所译之《增壹阿含经》中，卷八提及“软若天衣而无有异”，卷十四有“我于尔时，著一妙服，像如天衣”，卷二七“释提桓因即以天衣覆此五百女身体上”。佛典中“天衣”的最基本特点是柔软，进而又引申为重量极轻、无缕无织，故曰“天衣无缝”。所以，可以总结出天衣的特点是轻薄、透明。早期如印度、阿富汗地区有些飞天几乎赤裸，这与其热带气候密切相关，但是也不尽然。到了克孜尔洞窟仅个别洞窟飞天有上身赤裸，再到敦煌壁画，我个人目前尚未发现裸体飞天。如下图莫高窟第285窟壁画右上角这幅过去被公认为是裸体飞天，但我们通过高清图像放大，可以看出飞天是穿了通透的丝绸衣服的（图12）。可以看到，旧材料中也有很多值得重新发掘、思考和研究的地方。

图12　莫高窟第285窟—飞天

3．技能基础

主要涉及资料收集与使用的方法（资料来源、卡片、目录、出版物及文物发现信息、会议动态；特别关注各种相关资料库的建设情况；也必须认识到网络信息及电子文本的利与弊）。其中电子文本是有利有弊的，尤其是文献的电子文本，我们可以参考可以利用，但不能确信，因为可能存在缺失或者错漏的问题。也有对工具书的了解与使用问题，如工具书的类型、体例、优劣、时限、更新等。还有高清图像资料的采集与应用，在现代技术支持下，高清图像采集信息更加丰富、清晰、真实，因此我们应该更多利用高清图像来做研究工作。举例来说，下图是斯里兰卡狮子岩的壁画，这张图是斯里兰卡的明信片印刷出的效果，不是高清图像（图13）。

原先介绍为图中后妃与侍女均上身赤裸，那么用我2013年实地考察时拍摄的高清图像来仔细辨别一下，可以发现，她并非上身赤裸（图14）。

其手臂上部颜色较淡，下部较深，明显是穿了半袖衫的。为什么如此呢？目前可能有两种解释，一个是南亚人皮肤颜色本身较深，而丝绸的透明使其颜色被冲淡了。另一个是根据季羡林先生所写的一篇关于丝绸传入印度的文章可知，在印度、斯里兰卡早期也产蚕丝，但蚕丝多为本地野生的柞蚕丝，本身颜色呈淡褐色，不是白色的。可见，如果做学术研究时我们将材料综合起来，再利用高清图像，也许可以发现新的内容。

我体会到文化研究的基本方法有三种：一是重视源流研究，即追根溯源，要回归各学科的文（本）史（源）研究；二是应着眼比较研究，关注其相互影响，既做类比分析，还要善于触类旁通（跨学科，图像、数字、异同、类型等）；三是加强特质研究，即做抓住本质特征与个性特色的提炼式研究。

总之，要通过大文化背景与小环境下个别事件、特色作品的分析，进行纵横比较，合理推论，得出本质特征或规律性、普遍性结论的研究（注意个案分析与宏观研究的一致性），这可以供敦煌服饰文化的研究者参考。

图13 | 图14

图13 斯里兰卡狮子岩壁画明信片

图14 斯里兰卡狮子岩壁画高清图

三、敦煌服饰文化创新要素与实践

我们该如何创新敦煌服饰文化呢？根据前辈学者的经验，从我个人的学习与认识来看，觉得大致可以分为以下几个方面：

1．临摹和复原

最基本的方法是临摹和复原。临摹和复原手段是遵循文化传承“规范”的必要之举，这里要特别强调规范。关于“规范”，我们定义为：是人为制定的用以约束和示范人的行为而又符合自然、社会发展规律的准则、法式、样本、章程……敦煌图像的临摹与复原对于服饰文化研究来说是非常重要的一个部分。

针对敦煌图像的临摹，段文杰先生曾说过：“必须对原作仔细地观察、体会和分析研究，才能忠实地表达原作的精神，因此临摹的过程就是进行研究的过程。”段先生将临摹壁画的方式分三类：第一个是客观临摹，即按照壁画现存状况完全如实地写生下来。第二个是旧色完整临摹，即按壁画现存情况摹写，对残破模糊之处有科学依据地令其完整清晰。第三个是复原性临摹，即恢复原作图像完整、色彩绚丽的本来面貌。

下面举若干敦煌壁画临摹图例来供思考。例如这幅第130窟的都督夫人礼佛图，分别是段文杰先生的临本和霍秀峰先生的临本（图15、图16），这两幅图在色彩与具体图案上都有不同，不同的原因是段文杰先生临摹的时间是张大千剥除这幅图的外层后不久，根据段先生说当时的色彩非常鲜明，对比后来霍秀峰先生临本可以看到，后者临摹时颜色发生变化，有些地方做了补充。

临摹复原是一个很复杂的过程，段先生对于壁画复原工作的要素与要求有这样的论点：“复原工作是很重要的，也是比较困难的，必须以研究工作为基础，必须有充分的科学依据。它需参考未变色或变色程度不严重的作品，特别是要对重层壁画中剥出的色彩鲜亮的作品来分析、比较，找出各种颜色变化的规律，同时还有赖于科学的化验，考察各种不同质量颜料的色彩变化的程度。此外，参阅历史文献和有关图片，考

图15 ｜ 图16

图15　莫高窟第130窟—盛唐—都督夫人礼佛图—女供养人像（段文杰临摹）

图16　莫高窟第130窟—都督夫人礼佛图（霍秀峰临摹）

证衣冠制度、发髻装饰和风俗习惯。总之，必须做到物必有证，决不能随意添补，凭空创造。只有这样才能比较真实地再现原作，恢复失去的光彩。”我们只有做好临摹复原工作再来创新，才会有比较扎实的基础。

再如莫高窟第220窟的双人胡旋舞图（图17）。左图为原画，右图为线稿，原画现在有了高清图像，帮我们解决了一个服饰上的问题，就是舞者所着的背心，之前学者认为图像表达的一组是红妆，另一组是着盔甲武装，现在我们利用高清图像放大可以看到，舞者所着并不是盔甲，而是方格线装饰的背心。我这里展示的若干幅临摹图都可以供我们比较、思考，得出科学的结论。

2. 创新设计理念

以上是临摹复原的问题，下面来讲一下设计理念，因为我个人并不做设计，所以只能谈谈我对敦煌服饰创新设计理念的一些理解：我认为我们应该在“古为今用”的原则下坚持“四性”，即多元性、实用性、创新性、普及性。只有实现了“四性”，才能够体现传承意义、审美价值与市场前景。同时还要关注物质条件的具备与非物质技能的培育、革新。何谓“新”呢？我国先秦时期典籍上有这些说法：

《周易·上经·大畜卦》：“辉光日新。”

《周易·杂卦》：“革，去故也；鼎，取新也。”

《论语·为政》：“温故而知新。”

《庄子·刻意》：“吐故纳新。”

我个人比较看重“温故而知新”，即我们是在“故旧”的基础上，在不断地温习、掌握传统的过程中来创造新的东西。所以，所谓“新”应当是与“故旧”相对而又有关联、相依存的东西，它不是绝对地摒弃传统的“新”。我还觉得，创制与展示新作品是服饰文化传承、创新、普及的重要工作，我们来看一些常沙娜教授的服饰创新设计图例（图18）。

我们看到，常先生曾大量临摹敦煌壁画中的动物、人物形象以及人物配饰、图案等，这是很基础的工作，很好地消化、运用了传统的因素，但是又带有许多创新的内

图17-1 | 图17-2

图17-1 莫高窟第220窟主室北壁—双人胡旋舞

图17-2 莫高窟第220窟—双人胡旋舞临摹线图

图18　亚洲太平洋和平会议礼品头巾（1953，常沙娜设计）

容，将来我们可以根据这些图例给我们的启示把它应用到自己的设计之中。

2017年9月在青岛国际时装周上由刘元风教授策划、主持，北京服装学院承办的“新中装主题服装展演”更是生动形象地体现出了“传承之美”的魅力。还有今年敦煌文博会上由敦煌研究院和北京服装学院共同策划、承办的《千年之约——绝色敦煌之夜》中的敦煌服饰展演，前天又在香港亚洲国际博览馆举办，也引起不小的轰动。

这些都说明，传统服饰的复原、创新还应该为现实社会、为民众需求服务。一方面，复原不是脱离传统的，也不是凭空产生的，一定是有历史文化根基的，对于服饰文化研究来讲，首先要把原来的东西吃透，要具备文化修养与文化知识；同时还要有创新的思想、好的理念，才能把研究创新工作做好。另一方面，要通过复原传统、创新时尚来为当今服务，要引领服饰时尚的风气之先。

最后我想这样归纳一下：服饰文化的主体是人，载体是物（衣饰），其本质属性是“人文关怀”，即关注人的冷暖、得体、修德，体现异彩纷呈的多样性与个性化特征，促进人与自然界及社会群体的和谐共处是“服饰文化”的核心与精髓。因此，如何使敦煌服饰研究工作进一步满足当代社会大众的实际需求，是一项造福人类的重要课题与任务。我今天所讲的，是我在学习过程中的一些个人心得，仅供大家参考。不当之处，敬请指正。谢谢大家！

葛承雍 / Ge Chengyong

中国文化遗产研究院教授，中华炎黄文化研究会副会长，中央美术学院丝绸之路艺术协同创新中心特聘研究员，北京师范大学、首都师范大学、陕西师范大学、西北大学等校特聘教授。

曾为西北大学文博学院文化遗产专业与文学院文化审美双博士生导师，1993年被国务院批准为政府特殊津贴专家，1998年入选国家级“百千万工程人才”。自1981年以来在国内外发表学术论文220余篇，出版有《唐都建筑风貌》《唐代国库制度》《古迹新知》等14种著作，获得省部委等社科优秀成果奖共15次，1999年获第四届国家图书奖“荣誉奖”。《唐韵胡音与外来文明》被评选为2006年度“全国文博考古十佳图书”。

曾任西北大学文博学院副院长、西北大学图书馆馆长、中国文物研究所副所长，国家文物局文物出版社总编辑、《文物》月刊主编。

绵亘万里：世界遗产丝绸之路

葛承雍

尊敬的刘元凤教授，尊敬的各位老师和同学们，在此我根据去年在香港做的展览，给大家做一个汇报。

国家文物局任命我为这次学术展览的总顾问，这个展览主要是由我策划。由于之前国家APEC展览时我也是策展人，去年又担任哈萨克文物考古所顾问，所以稍微对比来说，对世界丝绸之路有一些了解。那么我今天做的分享就是《绵亘万里：世界遗产丝绸之路》展览。

这次展览在香港引起了很大的轰动。图为习近平总书记提到的陕西省石泉县出土的鎏金铜蚕（图1），可谓丝绸之路在中外经济文化交流中纽带作用的标志，集中体现了中国古代养蚕缫丝技术和丝织品贸易在汉代中西贸易交流中的重要地位。鎏金铜蚕的出土，将陕西石泉县养蚕的历史推前到汉代。证实西汉丝织品不仅畅销国内，还途经西亚行销中亚和欧洲。

“丝绸之路”是古代欧亚大陆之间进行长距离贸易的交通古道，也是人类历史上线

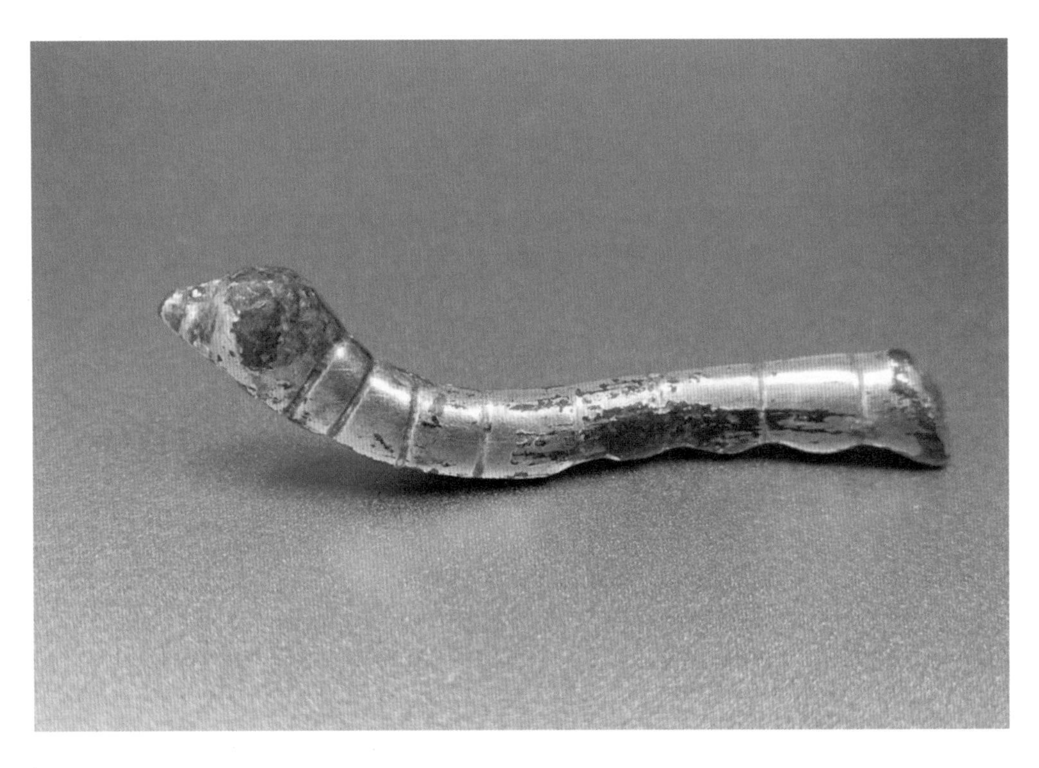

图1 鎏金铜蚕（汉代，陕西历史博物馆藏）

路式文明交流的脐带，与世界历史发展主轴密切相关，它以中国长安与意大利罗马为双向起始点，横跨欧亚大陆东西万里，犹如一条大动脉将古代中国、印度、波斯—阿拉伯、希腊—罗马以及中亚和中古时代诸多文明联系在一起，沟通了欧亚大陆上草原游牧民族与农业定居民族的交流，促成了多元文化的文明史泱泱发展。

根据近年考古新收获，中西古道沟通的东西方交流早在先秦时期就已存在，但是由于当时贸易路线非常不稳定，民族部落之间的争斗和国家政权之间的变迁又非常频繁，所以东西方交往时隐时现。甘肃灵台白草坡西周墓葬、张家川马家塬战国时期古墓群均出土了一些玻璃制品以及西亚风格的金银物品，证明早在公元前5世纪双方就有了接触。而公元前8世纪的斯基泰文化中的马具、武器和动物纹已在欧亚草原上广泛流传，公元前4世纪又与西戎贸易商道交往，从而留下许多外来的遗物，包括戴尖顶帽的胡人形象。我从以下几个方面展开叙述：

一、商道与驿站

丝绸之路首先关注的是线路问题，古代交通线路最重要的标志是驿站，横跨欧亚大陆的线路历经2000多年的变化，许多已成为研究盲区。但是具有档案性质的简牍提供了汉代烽燧、驿站的资料。1974年出土的甘肃居延里程简和1990年出土的悬泉汉简，列出34个地名，分别记录了7个路段所经过的县、置之间的驿站里程，清晰地描述了长安到敦煌的主干道路线与走向，从而使人们知道，中国境内分为官方控制的主线与遭遇战乱或政权更迭时使用的辅线：主线从长安出发沿泾河河道到固原，通过靖远、景泰、武威到张掖、酒泉、敦煌；辅线则是从长安出发沿渭河河道经宝鸡、天水、临洮进入青海，最后从索尔果到若羌，并可经青海扁都口到张掖。

敦煌悬泉位于河西走廊西端，是公元前2世纪～3世纪的国家驿站与邮驿枢纽，其遗址出土了35000多枚简牍文书，记载驿站内常驻400余人，官吏82人，常备驿马120匹左右和50余辆车，日接待过往使节、商人一千余人（图2）。悬泉驿站从西汉昭帝时使

图2　敦煌悬泉置遗址

用到魏晋时被废弃，前后使用了四百多年。唐代时又重新使用直到宋代由于水源短缺彻底荒废。悬泉出土的汉简保留了300多条与西域各国往来的记录，涉及楼兰（鄯善）、于阗、大宛、疏勒、乌孙、龟兹、车师等24国，尤其是与罽宾、康居、大月氏、乌弋山离、祭越、均耆、披垣等中亚国家的关系，提供了丝绸之路上邮驿特殊见证的新材料。

在新疆托克逊县阿拉沟发掘的唐代烽燧遗址，出土的文书记载了烽、铺、镇、所、折冲府以及戍守将士姓名，反映当时唐军一整套戍守系统能有效地控制与管理，保障着东西交通路线的畅通。隋唐政治、经济和文化的进步繁荣为中外商贸主轴线提供了稳定环境，形成了敦煌至拂菻、西海（地中海）的北道，敦煌至波斯湾的中道，敦煌至婆罗门海（印度洋）的南道，比勘唐德宗贞元年间（785～805年）宰相贾耽所撰《皇华四达记》与阿拉伯地理学家所记的呼罗珊大道，甚至能将唐朝安西（库车）至阿拔斯首都巴格达的路程一站站计算出来。文献与文物的互证，充分说明古代东西方由道路、驿站、绿洲城邦构成的交流网络一直延绵不断。由此，可以想象那个时候的丝绸之路的艰难，丝绸之路不能拿里程来计算，要拿日夜来计算。有了路就有商人和贡使。

二、商人与贡使

中亚绿洲的粟特人是活跃在丝绸之路上最显著的商人，他们以“善贾”闻名，被誉为“亚洲内陆的腓尼基人”。粟特人兼营半农半牧，很早就活动在东西贸易交通线上。由于汉代重农抑商，魏晋至隋唐之间又制约一些汉地商品随意输出，包括各种精致的丝织品不得度边关贸易，所以被称为“兴胡”“兴生胡”的粟特人就成为转贩买卖的商人，起到了沟通着国际贸易的中介作用。

被古人称为“华戎交会”的敦煌，最迟在4世纪初，就有来自康国的千人左右规模的商人及其眷属、奴仆。《后汉书·孔奋传》记载“姑臧称为富邑，通货羌胡，市日四合”。1907年，斯坦因在敦煌西部古烽燧下发现的粟特语古信札，断代为4世纪初期，其中九封信内容是粟特商人从敦煌、姑臧（武威）向故国撒马尔罕（康国）与布哈拉（安国）汇报经商的艰难情况，并提到了黄金、麝香、胡椒、亚麻、羊毛织物等商品。

《洛阳伽蓝记》卷三城南宣阳门条：“自葱岭以西（天山），至于大秦（罗马），百国千城，莫不欢附，商胡贩客，日奔塞下，所谓近天地之区已”。商人都是成群结队行止同步。《周书·吐谷浑传》记载魏废帝二年（533年）北齐与吐谷浑通使贸易，遭到凉州刺史史宁觇袭击，一次俘获“其仆射乞伏触板、将军翟潘密、商胡二百四十人、驼骡六百头、杂彩丝绢以万计”。开元十年（722年）一批四百人的毕国商人从中国负货归来被大食督抚赦免。莫高窟第45窟唐代观音普门品壁画描绘的“商胡遇盗”，具有以图证史的价值。北朝隋唐墓葬中出土的背囊负包的胡商陶俑很多，但都是个体贩客。尤其是近年来出土的入华粟特人墓葬，山东青州北齐傅家、太原隋虞弘墓、西安北周安伽墓、史君墓、登封安备墓等石棺浮雕画，描绘了当时商人成群结队、骆驼载物的往来场景，给人们提供了粟特商队首领“萨保”活动的形象材料。令人疑惑的是，四世纪到五世纪整个粟特本土艺术未见商人题材，甚至没有一个表现商旅驼队的文物出土，而在中国境内发现这么多粟特商队图案，充分说明中古时期粟特商人对丝绸之路的贸易控制。

三、运输与工具

首先是良马。汉唐之间引进西域良马是当时统治者倍感兴趣的动议，汉朝打败匈奴需要大宛汗血马作为种马配备军队，汉武帝更喜欢“西极天马”作为自己骑乘宝驹；唐朝反击突厥亦需要大量西域优种骏马装备骑兵，从唐太宗的“昭陵六骏”到唐玄宗的“照夜白”无不是最高统治者喜爱的坐骑。所以仿造良种骏马形象的陶马、三彩马大量出现，栩栩如生，胡人马夫手牵侍立几乎固化为统一模式，成为陵墓中陪葬的重要艺术品（图3）。唐代绘画中的骏马嘶鸣欲动，西域于阗的“五花马”常常是画匠们表现的题材。可以说，丝绸之路与“良马之路”紧密相连，绢马贸易甚至是中唐之后长安中央宫廷与回鹘汗国之间的经济生命线。

其次是骆驼。骆驼是丝绸之路上遥远路途负载重物的运输工具，也是穿越茫茫沙漠戈壁的主力之舟，驼帮们由各色人物组成，既有贵人也有奴婢，既有使节也有商人，他们在东西交通线上源源不断地来回奔波。汉代墓葬出土的各类材质骆驼艺术品还是少量的，从北朝到隋唐的骆驼造型艺术品则是大量的，不仅有陶骆驼、三彩釉骆驼，还有冶铸的金属骆驼。骆驼的驮载物往往是东西方商品的缩影，主要有驼囊货包、丝捆、长颈瓶、金银盘、水囊、钱袋、织物、毡毯、帐篷支架以及干肉等，在驼背上还出现活的小狗、猴子与死了的兔子、野鸡等，最典型的特征是以一束丝作为驼队运载的标志，反映了丝绸之路上商人外出经商时商品丰富的情景（图4、图5）。骆驼背上还有琵琶乐器和胡汉乐队的出现，吹奏演唱，虽有夸张，但还是漫漫路途上商人们边行边娱的生活写照。

图3　昭陵韦贵妃墓—唐—胡人献马图

图4　唐三彩釉载物卧驼

图5　唐三彩骆驼（1963年，洛阳关林出土）

图4 ｜ 图5

四、丝绸与织物

丝绸是连接东西方古代文明最重要的物品，公元前1世纪～8世纪形成了从产丝地中国到消费地罗马的跨文明独特链条。公元2世纪以前罗马人衣料主要是动物纤维的羊毛和植物纤维的亚麻，所以织物毛粗麻硬，而中国丝绸轻柔飘逸、色泽多样，作为王公贵族享用的奢侈品成为至尊之物，也成为贸易首选之物。20世纪40年代在俄罗斯戈尔诺阿尔泰地区巴泽雷克墓地发现的战国凤纹刺绣，说明早在秦汉之前丝绸就传至外国。在罗马东方行省帕尔米拉和罗马克里米亚也出土发现了汉绮，据说公元前6世纪欧洲哈尔斯塔文化凯尔特人的墓葬就发现了中国丝绸，公元前5世纪希腊雅典神庙命运女神像也都穿有蚕丝衣料，所以西方学者大胆推测春秋战国时期中国丝绸通过中亚流入希腊。

汉唐时期发现的纺织品主要集中在新疆、甘肃、青海、陕西、内蒙古等境内，在吐鲁番出土的庸调布或绢，上面写明来自中原地区州县，布绢纱绫罗锦绮缣等反映了中原有规模的织作、色染，以及官营作坊生产。从魏晋到隋唐几百年间，产品有大小博山、大小茱萸、大小交龙、大小明光、凤凰锦、朱雀锦、韬纹锦等，随着丝绸之路大量贸易的发展，外来影响也极大改变了内地的艺术风格，出土的毛织物明显带有西方题材的图案。高昌时期的双兽对鸟纹锦、瑞兽纹锦、对狮纹锦、鸟兽树木纹锦、胡王牵驼锦等各种图案新颖、色彩绚丽。唐西州时期的绿纱地狩猎纹缬、狩猎印花绢、联珠戴胜鹿纹锦等精致织品，皆是精彩纷呈，不仅显示了当时纺织技术的高超水平，而且联珠纹、猪头纹、孔雀、狮子、骆驼、翼马、胡商、骑士等西亚织造纹样栩栩如生，胡人对饮、对舞、对戏的图案极为生动，反映了东西文化的交流影响。

五、金银与钱币

多年来，沿丝绸之路考古发现了许多波斯银币和罗马金币，但是西方学者多注意的是苏联时期中亚共和国出土的一些金币，自从1953年底在陕西咸阳隋独孤罗墓出土东罗马金币后，经夏鼐先生考证为拜占庭皇帝查士丁二世（566～578年）时期金币，引起了海内外考古界关注，截至目前中国境内已经出土拜占庭金币及仿制币约为50余枚，它包括6～7世纪初制作精美的拜占庭金币（又称索里得，Solidus），6世纪中叶～8世纪中叶仿制的索里得，以及钱形金片（图6）。这些金币绝大部分出土于墓葬，全部都在北方地区，宁夏固原北周田弘墓一次出土了5枚拜占庭金币，史氏家族墓地出土了4枚仿制金币。虽然关于墓葬中出现东罗马金币的习俗还有不同看法，但是原产于地中海东岸的拜占庭金币竟在万里之遥的中国境内安身，不能不使人感到东西方交流的力量。

图6 拜占庭金币（6～8世纪，宁夏固原出土）

六、玻璃器皿

公元前11世纪西周早期墓葬中就发现了人造彩珠、管，因而传统观点认为中国很早就能烧制玻璃，从玻璃成分上分析，无论外观还是质量均有别于西方玻璃。在古代中国人眼里，精美的玻璃是一种出产在遥远地方的贵重奢侈品，是上层贵族最喜欢的贸易品，所以草原之路或丝绸之路都以玻璃品作为昂贵商品贩卖，从西亚、中亚几条线路上都发现了罗马、萨珊波斯、伊斯兰等三种风格的玻璃器，贯穿东西方许多国家，因而也被称为“玻璃之路”。

实际上汉魏精美的玻璃制品均来自罗马，玻璃业是罗马帝国最主要的手工业之一，广州汉墓出土有我国最早的罗马玻璃碗，洛阳东汉墓出土缠丝玻璃瓶属于地中海沿岸常见的罗马产品。魏晋南北朝时人们已经充分认识玻璃器的艺术价值，西晋诗人潘尼的《琉璃碗赋》赞颂清澈透明的玻璃为宝物。辽宁北票北燕冯素弗墓出土5件玻璃器，其中鸭型玻璃器与1～2世纪地中海流行的鸟形玻璃器造型上相似（图7）。河北景县北朝封氏墓出土4只玻璃碗，其中一只精致的淡绿色波纹碗与黑海北岸5世纪罗马遗址出土的波纹玻璃器类似。

萨珊玻璃在3～7世纪也大量进入中国，其凸起的凹球面在玻璃器上形成一个个小凹透镜，很有磨花玻璃的特色。1988年山西大同北魏墓出土的外壁有35个圆形凹面白玻璃碗异常精美；1983年宁夏固原李贤墓出土的凹形球面玻璃碗，质地纯净，有晶莹透彻之感；1970年西安何家村唐代窖藏出土的侈口直壁平底玻璃杯，也有24个凸圈。可见萨珊波斯玻璃器长期流传，为世人所爱。

8世纪以后，西方玻璃生产中心转向阿拉伯国家，工艺技巧又有新的发展，1987年陕西扶风法门寺塔地宫出土的17件伊斯兰玻璃器，是唐朝皇家用品，刻划描金盘、涂釉彩绘盘、缠丝贴花瓶、模吹印花筒形杯等，都是罕见的玻璃精品，被认为产于伊朗高原的内沙布尔。1986年内蒙古哲盟奈曼旗辽代陈国公主墓出土的6件伊斯兰玻璃器，虽然生产于10世纪末～11世纪初，但带长把手的高杯、刻花瓶、刻花玻璃盘以及花丝堆砌成把手的乳钉纹瓶，都是来自埃及、叙利亚或拜占庭的艺术珍品。

图7　辽宁朝阳北票冯素弗墓—北燕—淡绿色鸭形玻璃器—02

七、金银器

与地中海沿岸和西亚、中亚相比，中国早期金银器制作工艺不是很发达，金银器皿类出现较晚。虽然春秋战国墓葬中出现了一些金饰品，但很少是独立器物，而目前所知一批金器均是采用传统铸造工艺，与西方锤揲技术凸起浮雕纹样不一样。

汉代及早期输入中国的金银器主要有凸瓣纹银器与水波纹银器，这种锤揲技法源自古波斯阿契米德王朝，广州西汉南越王墓出土的凸瓣纹银盒，山东淄博西汉齐王墓随葬坑银盒，都是西亚波斯流行的装饰手法。3～7世纪的波斯萨珊王朝是金银器兴盛时代，传入中国的金银器陆续被考古发现，1981年山西大同北魏封和突墓（504）出土萨珊银盘，装饰题材为皇家狩猎者在芦苇沼泽地执矛刺杀两头野猪。近年刻有粟特文铭记的银器不断出土，西安鹿纹银碗、内蒙古狳猁纹银盘、河北银胡瓶均有波斯风格的纹饰。与此同时，西方的金银器也传入中国，1988年甘肃靖远出土的希腊罗马风格银盘，周围为宙斯十二神，盘中间酒神巴卡斯持杖倚坐在雄狮背上，人物非常突出醒目。1983年宁夏固原李贤墓（569）出土的银壶瓶，瓶腹部锤揲出三组男女人物，表现的是希腊神话中帕里斯审判、掠夺海伦及回归的故事（图8）。

唐代是中国金银器皿迅猛发展的时代，这与当时吸收外来文化有密切关系，西方的锤揲技术、半浮雕嵌贴技术等，都对中国工匠有所启发，所以不仅有外国的输入品，还有中土仿制品，“胡汉交融”非常明显。1970年山西大同出土的海兽纹八曲银洗，1975年内蒙古敖汉旗出土的胡人头银壶，都是萨珊波斯造型与纹饰。尤其是1970年西安何家村出土的唐代金银器窖藏，鎏金浮雕乐人八棱银杯的西方艺术风格异常明确，而受萨珊波斯——拜占庭式金银器物形制的影响而制作的各种外来纹样，如海兽水波纹碗、鎏金双狮纹碗、鎏金飞狮纹银盒、双翼马首独角神兽银盒、灵芝角翼鹿银盒、独角异兽银盒等，顶部和底部中心均有狳猁、狮子、双狐、角鹿、对雁、衔枝对孔雀等图案，周围绕以麦穗纹圆框为代表的“徽章式纹样”，兼收了粟特、萨珊波斯、拜占庭的艺术风格。

图8-1 ｜ 图8-2

图8-1 李贤夫妇合葬墓—北周—鎏金银壶（固原博物馆藏）

图8-2 鎏金银壶—神话故事（图线稿）

八、宗教与传播

绵延万里的丝绸之路上，随着商人、僧侣增多，传入中国的宗教分不同时期有佛教、景教、祆教、摩尼教等。

祆教是公元前6世纪琐罗亚斯德在波斯东部创立的善恶二元论宗教，后被定为波斯国教，传入中国称为“祆教”。4世纪以后随着入华粟特人增多和汉化，北魏时祆教已经在中土流传，北齐时在各地设置“萨甫”官职管理祆教祭祀等活动。敦煌唐写本残卷《沙州伊州地志》记载了当地祆教绘有壁画的寺庙。西安发现的北周安伽墓、史君墓，山西太原发现的隋虞弘墓，河南登封发现的隋安备墓，都以浅浮雕刻绘了火坛以及人头鸟身祭司点燃圣火的祭祀场景。

公元5世纪在东罗马帝国境内形成的基督教聂思脱里派，于431年在以弗所会议上被斥为异端后流亡波斯，贞观九年（635年）经中亚传入长安，初称大秦教或波斯教，后称为景教。20世纪初发现的敦煌文书中有汉文景教经典和10世纪前基督画像，吐鲁番也发现有叙利亚语、婆罗钵语（中古波斯语）、粟特语和突厥语的福音书，景教寺院还残存有宗教壁画。除了最著名的建中二年（781年）立于长安《大秦景教流行中国碑》，2006年又在洛阳发现了镌刻十字架和景教经典的石头经幢。

波斯人摩尼于3世纪创始的摩尼教，糅合了琐罗亚斯德教、基督教、佛教几种说教。武周延载元年（694年）摩尼教正式传入中国，19世纪末～20世纪初摩尼教大量遗址遗物先后在吐鲁番、敦煌以及欧亚其他地区出土，德国柏林博物馆收藏的8～9世纪高昌回鹘旧址壁画残片和残卷插图，显示了摩尼教善于借用各种形象来表达自己的教义，尤其是用日月象征其追求的光明王国，戴着装饰华丽高帽的摩尼像作为顶礼膜拜的宣传画，也成为透视摩尼教传播的证据。1981年吐鲁番柏孜克里克千佛洞发掘出用粟特文写成的摩尼教经典写本，其中精美插图已被国际学术界认证为重要史料。

九、语言与文书

百余年来丝绸之路沿线出土的用各种不同语言和文字书写的文献，记录了各种不同族群和不同文化的相遇交流，也使古代世界通过语言互相传递信息，仅就从目前吐鲁番出土的文物来看，当时至少使用过18种文字、25种语言，多民族、多宗教的文化在这里汇聚交融（图9）。19世纪末～20世纪初，西方考古探险家在新疆发现用吐火罗语与婆罗米文约为公元400年以前至公元1000年，从宗教文学作品到世俗文书涉及种种史地难题。4～10世纪的于阗语文献，证实了说东伊朗语的塞人部族曾在和田绿

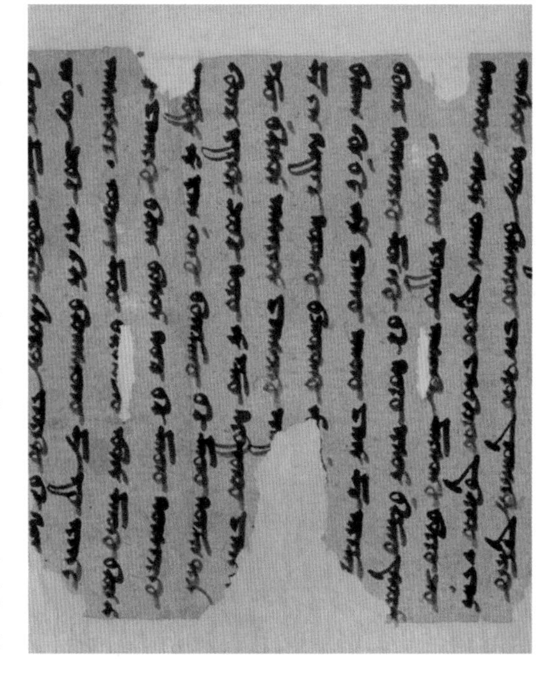

图9　粟特文书

洲定居，建立了于阗王国。2～5世纪时，用佉卢文书写的俗语成为鄯善国的官方语言，和田、尼雅、楼兰、巴楚、库车、吐鲁番等地的古遗址都发现有佉卢文写本及残片。

十、艺术与歌舞

丝绸之路上各种艺术互为交汇，门类繁多，一个世纪前西方探险家在新疆、甘肃等地考古大发现，掠走了众多艺术珍品，涉及石雕、彩陶、金银铜器、壁画、泥塑、木雕、木版画等，在海内外引起轰动。随着中国学者对西域艺术研究的推动，察吾呼史前彩陶，康家石门子岩画，草原动物纹样，尼雅木雕艺术造型，草原突厥石人与鹿石，龟兹乐舞舍利盒等出土文物都有了深入的探讨。

宗教石窟以佛教壁画、彩塑为代表，既有犍陀罗的希腊风，也有世俗的汉风，“梵相胡式”和“西域样式”深受外来艺术影响，于阗、龟兹、高昌、北庭、敦煌、麦积山、龙门等主要石窟寺院都留下了珍贵艺术遗产，从汉代到唐代壁画的“游丝描”“铁线描”层出不穷，飞天的创新描绘了丰富的天国的景象。汉魏隋唐的墓葬壁画随着近年的不断出土，已是异军突起的艺术研究领域，著名的韦贵妃“胡人献马图”、章怀太子“蕃客使节图”、懿德太子“驯豹架鹰图”，以及“胡汉打马球图”“胡人乐舞图”等都是反映中外文化交流的杰作。太原北齐娄睿墓出土壁画“商旅驼运图”、洛阳唐墓“胡商驼队图”都是丝绸之路上真实记录（图10）。

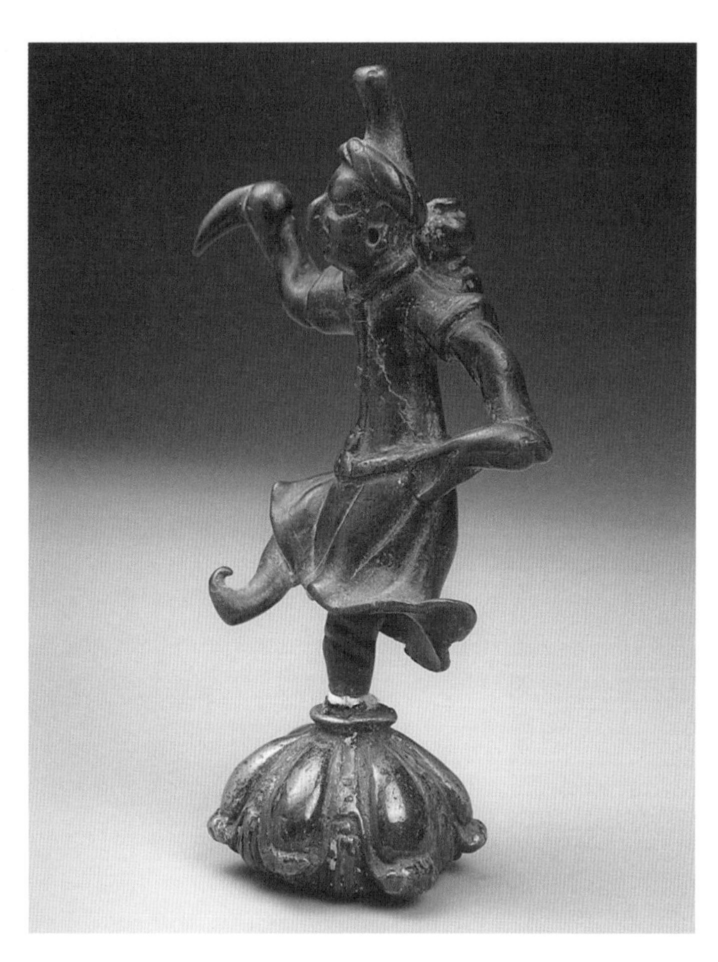

图10　鎏金铜胡腾舞俑（唐代，甘肃省山丹县博物馆藏）

十一、天文与医学

天文学是丝绸之路上传入中国最重要的科技成果之一，唐代历法深受天竺瞿昙、矩摩罗、迦叶三家的影响，印度天文学家瞿昙罗、瞿昙悉达、瞿昙撰世代曾任司天监太史令，在唐司天台工作一百多年。唐朝几度修历基本不脱离印度天文历法，瞿昙罗于唐高宗时进《经纬历法》9卷，武则天时又作《光宅历》。特别是开元九年（721年），瞿昙悉达译出《九执历》（九曜历），对唐代以及后世天文历算影响深远。《隋书·经籍志》著录的印度天文类《婆罗门天文经》等及历算类《婆罗门算法》等甚至影响了民间占星术，胡名、波斯名、梵名的混合使用反映了天文历算交流有着广阔天地。

1970年西安何家村出土的唐代窖藏中，有丹砂、钟乳石、紫石英、白石英、琥珀、颇黎（玻璃）、金屑、密陀僧、珊瑚9种医药，多与贵族养生有关，其中的舶来品说明当时外来药物传入与流行。据美国学者谢弗研究，中古时代外来药物在中国大量出现，如印度传入的质汗药、乾陀木皮、郁金等，拂菻传入的底也伽，西亚传入的胡桐树脂、安息香等，波斯传入的芦荟、皂荚、胡黄连等，阿拉伯传入的乳香、阿勃参等。因而唐朝出现郑虔《胡本草》、李珣《海药本草》、印度《龙树菩萨药方》《婆罗门药方》等专门介绍外来医药的著作，对隋唐“药王”孙思邈产生过很大影响，当时“胡方”流传东渐成为一种传奇。

外来医学中最著名的还有眼科医术，杜环《经行记》记录大秦医生善医眼疾。唐高宗晚年“目不能视”，给他医治眼疾的秦鹤鸣就是来自大秦的景教医师。《全唐文》卷703记载了太和四年（830年）李德裕在成都时被南诏俘掠走“眼医大秦僧一人”。给唐玄宗兄长李宪疗疾的僧崇一、为鉴真和尚治疗眼疾的“胡医”，都是外来医生。印度的外科手术治疗在5世纪时已经相当成熟，眼科学《龙树眼论》译介传入中国，其介绍了722种医治眼疾的方法，对唐代《治目方》影响很大，唐诗中有不少反映印度以金篦术治疗白内障的赞美诗句，白居易《眼病》、刘禹锡《赠眼医婆罗门僧》等都印证了印度医师在华活动的轨迹。

十二、动物与植物

丝绸之路上外来贡品五光十色，有的虽不算商品贸易，但“异方宝货”引人注目。史书记载中亚诸国多次进贡狮子、名马、骆驼、名犬、鸵鸟、猎豹等珍禽异兽，反映了特殊贡品的复杂性与多样性。

汉唐之际狩猎广泛流行于上层贵族阶级，是身份、地位和荣誉的象征之一，鹰、隼、猎豹、猞猁等驯化动物帮助贵族狩猎成为一项重要活动，西安金乡县主墓出土的整套陶俑上可看到胡人猎师携带猎豹、手举猎隼的形象。张广达先生提供了唐代贵族使用中亚引入猎豹的文化传播实例。《旧唐书·西戎传》记载唐武德七年（624年）高昌王麴文泰贡献一对雌雄高六寸、长尺余的小狗，“性甚慧，能曳马衔烛，云本出拂菻国。中国有拂菻狗，自此始也”。这种聪慧可爱的拂菻狗曾是罗马贵妇的宠物，引入唐朝后也备受王公贵族宠爱。

沿丝绸之路传来的外来植物中，肉桂、胡椒、苜蓿、安石榴等奇花异果名目繁多，其中影响最大的是葡萄，《史记·大宛列传》记载葡萄“汉使取其实来，于是天子始种苜蓿葡萄肥饶地。及天马多，外国使来众，则离宫别馆尽种葡萄，苜蓿极望”。汉唐文物中有许多葡萄纹样装饰的精品，新疆民丰尼雅出土夹缬蓝印花棉布上，有手持盛满葡萄丰饶角的希腊女神，山西大同出土的北魏葡萄纹鎏金高足杯等。北朝隋唐葡萄藤蔓纹饰石刻遍及各地，唐代的锦绫采用葡萄纹饰很普遍，海兽葡萄样式铜镜更是人人皆知。其他像新疆营盘出土东汉石榴纹饰锦罽袍，唐代椰枣树对狮纹锦，长沙窑流行的椰枣树贴塑装饰，都是西来植物深入中国的影响。

“江中有婆罗门、波斯、昆仑等船，不知其数；并载香药、珍宝，积载如山。其舶深六、七丈。师子国、大石国、骨唐国、白蛮、赤蛮等往来居住，种类极多”。盛唐天宝年间，波斯、阿拉伯商人从东南沿海深入长安，贩卖香料、象牙、珠宝、药材等，长沙窑瓷器一跃而上占领了外销市场的份额，1998年在印度尼西亚海域发现的黑石号沉船，出水中国瓷器和金银器多达6万余件。在印度、波斯湾、埃及等古港口都发现了中国的外销瓷器，是古代先民到达南海诸岛并将商品销往阿拉伯世界的明证，反映了当时海上贸易的多样性。

多年来，丝绸之路的经典形象早已留驻在各国人民的脑海中，在中国记忆中，从汉代以来“胡人”的外来民族形象已经遍及石刻、陶俑、壁画、铜塑等艺术品中，一直到宋元仍不断涌现，大漠孤烟中驼铃声声，长河落日下商旅呜呜，使我们不由想到唐朝诗人张籍《凉州词》：“边城暮雨雁飞低，芦笋初生渐欲齐。无数铃声遥过碛，应驮白练到安西”。

2014年6月22日，由中国、哈萨克斯坦和吉尔吉斯斯坦联合申报的“丝绸之路：起始段和天山廊道的路网”被第38届世界遗产大会宣布列入世界遗产名录，但是33处遗产点（中国境内22处）远远不能代表整个丝绸之路沿线所呈现的文明，例如，波斯人既喜欢希腊的艺术创作，又引进了中国的独特技术，没有伊朗汇入丝绸之路文化遗产，显然有缺环。又例如土耳其是欧亚大陆交汇地区和丝绸之路重要节点，缺少它的遗产，联合申报也不完善。中外文明交流历来是两种趋势：有冲突、矛盾、疑惑、拒绝；更多是学习、消化、融合、创新。前者以政治、民族为主，后者以文化、生活为主。

从更广阔的背景看，在丝绸之路交流史上，中国境内无疑是一个以世界文明交汇为坐标、以民族多元文化为本位的地域，是一个文明共存之地。两千多年来，驿站网络畅通，商人积极转输，商品种类丰富，宗教信仰传入，移民聚落增多，互通婚姻融合，可以说最初的商业世界早已变成了各民族文明延伸的长廊，经过碰撞、交锋、包容，最后走向融合、多彩，这是人类文明的基本框架和理想样貌，人类一切文明都因交流互通而共融，因包容互鉴才有转化发展的动力。

丝绸之路带来的多元文明，启迪人类世界只有互动交流，汇聚辐射，才能延绵不断，百川归海，进入更高的文明时代。

在中国文化中，我们的丝绸之路是多元的，以刘元风教授为主的敦煌服饰文化研究暨创新设计中心也可以做很多工作。

我今天的报告结束，谢谢大家！

荣新江 / Rong Xinjiang

北京大学历史系暨中国古代史研究中心教授、教育部长江学者特聘教授，中国敦煌吐鲁番学会副会长。主要研究中外关系史、丝绸之路、隋唐史、西域中亚史、敦煌吐鲁番学等。著有《归义军史研究》《敦煌学十八讲》《中古中国与外来文明》《中古中国与粟特文明》《丝绸之路与东西文化交流》等。

粟特胡人的东来与中古中国的胡化

荣新江

我从1990年开始做粟特的研究，有大概快30年都在跟粟特人打交道。其实当时我是想做西北整个的胡人研究，一个部族一个部族地考，结果走到粟特就走不动了，资料非常多，问题也比较复杂，所以我就开始一步一步做。但是我的运气很好，在做的时候出了很多新的东西，我在后面会跟大家一一作说明。

一、粟特本土地区（Sogdiana）

粟特民族现在已经不存在了，“粟特”在一般的字典里也查不到。粟特族实际上是住在今天以乌兹别克斯坦为主的地区，位于中亚的阿姆河和锡尔河中间的一条支流叫泽拉夫善河流域。这个流域之间存在着很多绿洲，一个绿洲养一个城市，一个城市就是一个王国。它在古典的希腊罗马的史料里面叫索格底亚那（Sogdiana），中文的翻译非常准确，很早就叫粟特，也有时候叫窣利，因为T和L都是一个音位，所以在把伊朗语或者梵语翻到中文的时候有这两种不同的叫法。玄奘管它叫窣利地区，就是把T翻成L了。中亚两河流域中最重要的城市是撒马尔罕、布哈拉等，随着粟特逐渐扩张到了锡尔河的外围，后来的塔什干（Tashkent）也非常重要，Tash是突厥语石头的意思，kent是城，Tashkent就是石头城。其实它古代是叫Chach，粟特文是石头的意思。粟特民族本身讲的是伊朗语，东支伊朗语。其实粟特人本身就是属于印欧人种印度伊朗人中的伊朗这一支的东边一族。

我们知道中亚是北方游牧民族和农耕民族的分界线，这其实与中原的王朝有些相通，中原王朝北面都是游牧民族，他们不断南下。像汉族非常厉害，把匈奴、鲜卑、夷、羯、氐都同化了，中原基本上仍然是以汉族为主的大杂居的形式。但在中亚不一样，游牧民族南下后很多本地居民被同化在古代北方的游牧民族中。所以如今的中亚地区的民族，如吉尔吉斯族，再到乌兹别克族，都是突厥人，只有塔吉克族是讲伊朗语的，但是塔吉克族是后来的民族，讲的不是古代的伊朗语。还有伊朗，即现在的伊朗伊斯兰共和国，也是讲伊朗语，但讲的是西支伊朗语。这是中亚地区的语言和民族的大体面貌。后来粟特人这些讲伊朗语的民族都被突厥民族同化了，但是从长相来看，其实还可以看出一些名堂的。

所以整体上索格底亚那就是伊朗文化区，主要信奉的宗教是琐罗亚斯德教，也就是中国所说的祆教。

从片吉肯特往南是一座大山，穿山大概要走一整天。穿过山就到了吐火罗斯坦，就是今天的阿富汗、巴基斯坦，也就是玄奘还有《新唐书》中提及的吐火罗国。吐火罗国是一个大国，里面有很多小国，它基本是印度文化区。玄奘从撒马尔罕往南翻过这座大山，然后进铁门关，铁门一带就在吐火罗斯坦。由此可见，粟特的历史实际是非常复杂的，所以我们首先要给粟特的本土做一个定位。

中国古代有一个制度，外来民族要进入中原王朝包括地方王国，入籍时要取一个姓氏。粟特人本来是没姓氏的，都是自称是某某的儿子某某，没有说姓氏的习惯。因此中国对外族人的入籍制度是以国为姓，比如你是撒马尔罕来的，在古代叫康国，你就姓康，从布哈拉（古代称安国）来的，你就姓安。比如说安禄山，他本名叫轧荦山，没有姓，他父亲姓康，但后来他母亲改嫁给姓安的一个粟特胡人，他就姓了安，名禄山。“禄山”就是轧荦山的另外一种写法，是光明的意思。他母亲是突厥人，所以安禄山被唐人称作杂种胡。陈寅恪先生说，杂种胡就是九姓胡。在中国人看来九姓胡是乱婚的，但实际上他们国家特别小，他们只能选择与别的国家的人通婚。粟特地区国家分的很细，有曹国，历史上分分合合，前后有东曹、西曹、曹，还有米国、何国、史国、石国、贺国、毕国、穆国，大概这些。其实所谓中文史料里的“昭武九姓”是一个多数的概念，各个国家分分合合，但都是一个绿洲一个国，像撒马尔罕、布哈拉是很大的绿洲，所以姓康的、姓安的在中国占比例较大。

中国传统的姓氏里没有安、康、米这三个姓，安姓和康姓在汉代就有记载，就是康居人和安息人，安息王国就是帕提亚帝国。这两个国家来的人，比如安世高，他是安息王子，他就姓安。但是当时在中国的这些人大部分是和尚，没有什么后代，所以真正在三国魏晋南北朝以后进入中国的，虽然有的在墓志中自称是康居人，实际都是康国人，也就是撒马尔罕人。

粟特的本土对于我们是非常重要的，但是在很多年内基本都是苏联考古学家在做这方面工作。下图是在撒马尔罕东70公里的片吉肯特，属于塔吉克斯坦（图1）。这是

图1　片吉肯特遗址

一个考古城市，在穆斯林征服了中亚以后，这个城市就完全废弃了。从20世纪40年代苏联考古学家开始相关的考古工作，到现在俄罗斯还占着最肥沃的考古土地，但他们现在已经是一个国际队伍，包括比利时人、德国人、美国人。到现在为止，大概有70% ~ 80%的遗址都被发掘过，而最大的王宫的部分并未进行发掘。

这些房址坍塌之后，底层的壁画基本上都存在，而屋里的东西，在人迁走时都拿走了。片吉肯特遗址留下的壁画大部分都在苏联时代被揭取下来保留在艾米塔什博物馆，大概在2010 ~ 2011年，艾米塔什博物馆的中亚馆展厅就开放了。大家一定要去看的就是蓝厅，这些以蓝色为底的壁画都是从片吉肯特揭过去的。

这些壁画在1981年出版的《粟特绘画》(*Sogdian Painting. The Pictorial Epic in Oriental Art*)中都有解说，书分为两部分，前半部分是介绍和考释图像，由A. M.别列尼茨基（A. M. Belenitskii）和B. I.马尔沙克（B. I. Marshak）这两位苏联学者所写。而G.阿扎佩（G. Azarpay）是做艺术史的分析，里面的粟特文都是由中古伊朗语专家V. A.利夫希茨（V. A. Livshits）和美国的M. J.德雷斯顿（M. J. Dresden）两个人解读的。这些壁画与唐墓壁画中的图像并不是一个系统，它是当时现实生活的反映。其实唐朝的长安贵族之家也是有壁画的，但非常可惜的是我们没有一幅保留下来。

下图是瓦拉赫沙红厅壁画《骑象猎豹》，瓦拉赫沙就是安国的故都，在布哈拉古城的西北边。这幅壁画是完全波斯味道的国王狩猎图，表现两个豹子在竞争（图2）。

图2 俄罗斯艾尔米塔什博物馆馆藏壁画

二、粟特商队

以上是做一个铺垫来看一看粟特本土的基本情况。粟特民族是一个商业民族，它的位置正好在丝绸之路的十字路口，是东西往来的必经之路，所以粟特人从小就跟着家长出去做生意。中国史书中说他们“利之所在，无远弗至”，没有什么地方是他们走不到的，但实际上他们也是有选择的，我后边会讲到。像安禄山是在粟特聚落成长的，他身上有很多粟特的符号。他曾是互市牙郎，也就是管理唐代市场的人，这是因为他懂得价格、懂得商业、懂得那些商人的名堂，更重要的是他可以作不同民族之间的翻译。

大量粟特人在中国做生意是趁着魏晋南北朝时期的动乱。在柔然、嚈哒、突厥这些北方强国的关照下，他们向东做生意，所以有大量的生意跑到了中国的领土范围。粟特人做生意很有一套，他们组织商队：一个富人把一笔钱委托给商队首领，作为经营的底金。商队首领带着钱去组织商队，特别是组织商队过那些强盗出没之地，都是三四百人一起走，就像佛经中所说的“五百商人遇盗”，这是印度的故事，但实际上中亚很多地方也都需要这样通过。粟特人自己组织队伍，队伍的首领就叫萨保，过去一直在争论“萨保”是从叙利亚文来的，还是从印度文来的，还是从伊朗文来的，其实现在这个争议已经明确，“萨保”是来源于粟特语。这是日本的粟特语专家吉田丰第一个发现的。从北周的时候到隋朝都翻译为“萨保”，后来北齐译作“萨甫”，到唐朝统一叫“萨宝”，都是一个词，用于称呼粟特人的商队首领。

粟特人做生意时，到一个地方先建一个殖民地，中国古代文献对此翻译的非常好，叫聚落，胡人聚落。这些聚落往往不能够在城市里建，因为城市都规划得规规整整的，不能给他们聚落，他们一般是在城边，这个聚落实际上也是商品的集散地，粟特人经商是中转贸易而不是长途贸易，他们都是“倒爷”，是一站一站倒的。

粟特文古信札现在基本上可以肯定时间是312年、313年前后，就是西晋末年兵荒马乱时候的信，其中最完整的是二号信札（图3）。这是证明粟特人经商的第一手的材

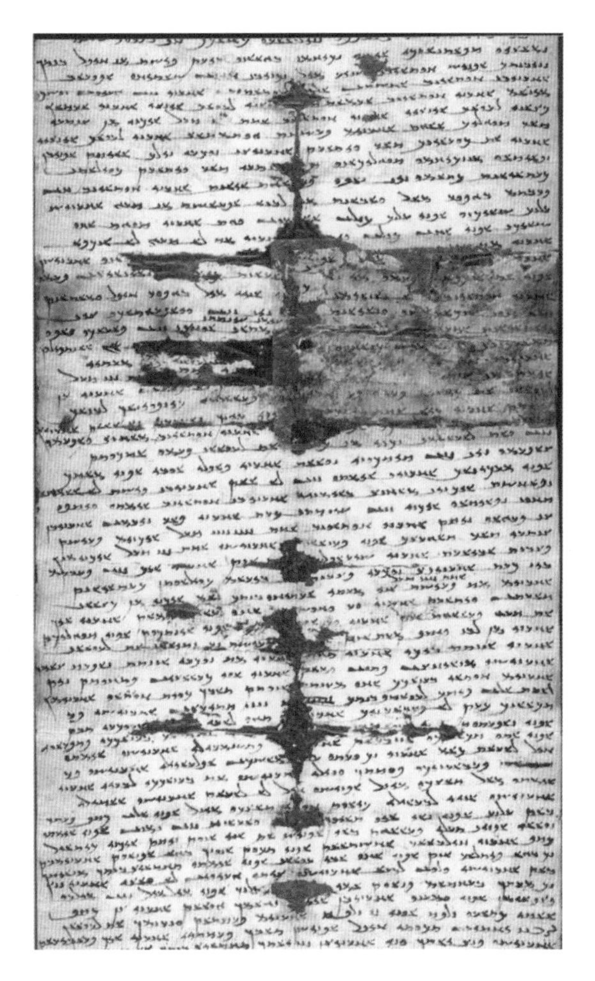

图3　粟特文古信札2号

料，现藏于英国国家图书馆。从这些信件可以看出他们经商的制度是非常完善的，他们是相当优秀的一批丝绸之路的商人，绝不是我们凭空想的。他们来的时候是兵荒马乱的，中国文献里对他们也完全没有记载，但是他们逐渐构筑了这样一个丝路贸易帝国。从3世纪到10世纪，整个陆上丝绸之路基本上由粟特商人建立了网络，通过不同的商队共同建立了整个网络，霸占了整个丝绸之路。所以我们现在看不到任何波斯商人的影子，因此我也一直建议把《丝路花雨》中的波斯商人改成粟特商人。

我们运气非常好，通过中国连续的正式考古发掘，发现了包括虞弘墓、安伽墓、史君墓等，把原来流散出去的和已经发掘出来的粟特系统的石棺床或者石棺墓都给辨别了出来，现在完整的粟特的石棺床共有七套。石棺床的主题都是这些母题，虽然每一套石棺床都不一样，但都有一些共同的物品，可以相互吻合。所以石棺床的图像可能是一批工匠，也可能是有大致图本，或者可能是有人规定要画什么东西。

我曾于1998年发表长文《北朝隋唐粟特人的迁徙及其聚落》，发完这篇文章后陆续发现了虞弘墓、安伽墓、史君墓。2003年年底~2004年，我们办了几个会，也都是与这个呼应，最早是虞弘墓，后来是安伽墓、史君墓，这些现在都已经有报告了，这也是对我们学术界非常有价值的。

下图是史君墓的石椁（图4）。史君墓中很有意思的是它的墓志是双语的，粟特语写得非常漂亮，但粟特人不太懂汉文，汉文有很多字是漏的，比如来自西域的“域”只写了个提土旁。

我们在撒马尔罕、布哈拉、片吉肯特遗址中都没有看到过商业图像，但实际上粟特民族是非常富有商业意识和能力的民族。我们在这些石棺床中可以看到他们经商的图像，这是非常好的参考。就如史君墓中有两屏（图5），都是刻在石板的浅浮雕，原

图4　史君墓石椁

来上面都是有颜色的，但因为史君墓有盗洞，曾灌有泥沙，颜色就不见了，曾经贴的金箔的部分还有些可见，但整体变成了黑色。可以看到左图中的中心人物，很显然是萨保，他正在拿着一个望筒观察敌情，看看有没有强盗。图中有专门赶着牲口的人，牲口背上或是商品或是帐篷。还有些人什么都不做就在外围，这就是商队的护卫队，一般是雇突厥人和嚈哒人，所以粟特人与突厥和嚈哒的关系非常好。右图是商队的休息图，可以看到骆驼已经跪下来了，很多商品的包裹都已经卸到地上。坐在外面的应该是史君或者萨保，坐在这个帐篷里的首领是一个萨珊装扮的人，这应该是他们历史记忆里面的嚈哒人。所以史君墓对于西方学者研究嚈哒是一个很大的推进。

安伽墓中也有相同主题的图，也是商队休息的图（图6），这个跟史君墓中的构图完全一样，下面是商队的休息图，骆驼也是跪着，商品都卸下来，三个商人在等着首领去拜会游牧首领。这个游牧首领根据披发可以断定是突厥人，所有的突厥首领全部是披发的。史君和安伽实际上是同一年下葬的（580年），但是他们两个的历史记忆是不一样的，史君墓记的是他带领商队来的时候受到嚈哒的帮助，而安伽墓记的是受到了突厥人的帮忙，其实当时他们都在北周的领地，在埋葬的时候与突厥和嚈哒首领没有关系，但他们的历史记忆是很有价值的，他们要通过这样的方式记录这个场景。

一直到山东益都，已经很汉化的图中仍然有商队图。日本Miho美术馆藏石屏上的商队图中可以看到披发的突厥人给他们作护卫，骆驼身上高高的包裹是帐篷，他们到一个领地，就支帐篷，帐篷怎么支起来，怎么样摆正，他们都有一套办法（图7）。这些萨保带领商队，从粟特本土向外，经营贸易。在经行的丝路城镇中，建立自己的聚落，一批人留下来，另一批人继续前进，而且不断有粟特商队前来补给。于是在丝路沿线，逐渐形成一连串的粟特聚落，最远达今天的辽宁省朝阳地区，就是唐朝的营州，也就是安禄山的老巢。向南到达山东半岛，我们也可以在扬州、苏州这些地方见到粟

图5 ｜ 图6

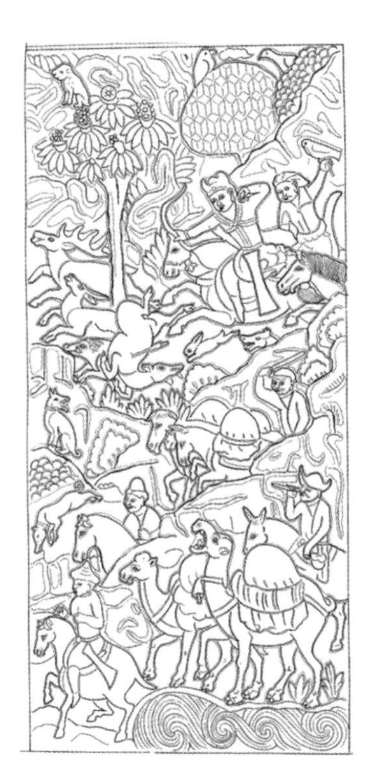

图5 凉州萨保史君墓石椁上的粟特商队图

图6 同州萨保安伽围屏图像上的粟特商人

图7 日本Miho美术馆藏石屏上的粟特商旅图

特人的踪迹，但都不是聚落形态的。有萨保就有聚落，因为萨保手下必定有几百号人。北朝末年，因为北齐北周要打仗，又要跟南朝打仗，正是最缺少兵力的时候，而粟特人可以随时打仗，是北朝末年最好的兵力，所以各个政权都在争夺他们，对此我曾写过一篇文章《从聚落到乡里》。而在北方游牧民族政权中，在这一过程中逐渐变成一个聚落，像安禄山其实就生活在突厥领地里的一个粟特部落里。

粟特人通过多年经营，在整个丝绸之路上建立了一个贸易网络，就是通过大大小小的聚落，把商品一站一站地往前传，从撒马尔罕一直到营州。从我开始做粟特相关研究时，就搜集粟特人的墓志，刚开始只有150方左右，现在因为有大量的墓志出土和发表，到现在我搜集到的真正的粟特人和粟特后裔的墓志大约有300多方，而在整个中国出土的波斯人的墓志只有四方，所以粟特人的到来是绝对不简单的。如果我们把丝织品的出土地、把萨珊波斯钱币的出土地、把金银器的出土地都在图中标出，就会发现跟这个图都是吻合的，因为这些都是粟特人使用或者倒卖的东西。

三、粟特商人的贸易

粟特人的经商贸易，是一种队商的形式，他们有出资者，有经营者，以一个大本营的形式四散出去。他们倒卖的商品也是有名堂的，在古信札里可以看到他们向外倒卖黄金、麝香、胡椒、樟脑、麻织物、小麦等粮食作物，往回倒卖丝绸。向外的大部分都是倒卖到中国，贵金属、香料、药材，都是又轻又值钱，这些是给中国的贵族阶级消费的，不是给老百姓消费的，所以古代丝绸之路对于中国古代的社会经济影响不是太大，因为它主要是针对贵族消费。

一个证明粟特商人经商的最好材料是吐鲁番出土的高昌国时期称价钱文书，所谓称价钱文书就是高昌王的小金库的商业税，当时市场的商业税进的是高昌王的小金库。如下图是一个称价钱文书，虽然被老太太剪了个鞋样，但还是留下了不少残卷，没全部剪掉，所以我们可以看到好几个半个月的统计账（图8）。

我列了一个表统计（图9），可以看到，买的和卖的基本都是粟特人，而且他们的名字都是从粟特语直接译过来的，表明没有入籍，这么判断是因为一般来说唐朝人或者高昌国的人都会给入籍的外族人选三个字的名字，这样的名字很像汉人，慢慢就融入汉人中。像表中所列的这些人就是行商，他们不入籍，把货卖给当地的粟特胡人就走，再由粟特胡人往前倒卖。粟特人的经商是整个贸易网的经商，一步一步最后到长安、洛阳那些市场里，在市场里也是胡人在卖。而且表中还有一个特征是物品数量都很大，因此可以推测他们是批发商，把大宗的货物卖给粟特商人后就离开。我觉得这个可以说是“一带一路”最好的材料，是中国古代经营丝绸之路最佳的史料。姜伯勤先生和英国的辛维廉先生在1992年都发表文章得出结论：粟特人是丝绸之路上的贸易担当者。这个贸易担当者的意思是说，他们不仅经营中亚和中国的商业，也经营中国和印度的商业，中国和北方草原游牧民的商业。

《周书》卷五十《吐谷浑传》记魏废帝二年（553年），“是岁，夸吕又通使于齐氏，凉州刺史史宁觇知其还，率轻骑袭之于州西赤泉，获其仆射乞伏触扳、将军翟潘密、商胡二百四十人、驼骡六百头、杂彩丝绢以万计。”其中“潘密”就是一个粟特名。内容就是吐谷浑人要跟北齐人做生意，粟特人帮着吐谷浑人跟北齐沟通，但从北齐回来的路上被北周的凉州刺史史宁打劫了。从数字来看，这是一个很大的商队。

粟特人是用萨珊银币来做生意，我前面说过，我们现在只见过四个波斯人的墓志，而真正出萨珊银币的地方都是粟特聚落。萨珊银币因为纯度非常好，一直是丝绸之路最好的钱币，经过粟特人的经营变成了丝绸之路上的统一货币。7世纪后半叶唐朝控制了中亚，当时萨珊也被阿拉伯占领，萨珊银币就此衰落了。这个时候中国的开元通宝逐渐流入丝绸之路，但是32个开元通宝才与一个萨珊银币等值，对于丝绸之路上的大宗贸易来说并不方便，所以开元通宝是无法成为丝绸之路的通用钱币的。因此，唐朝

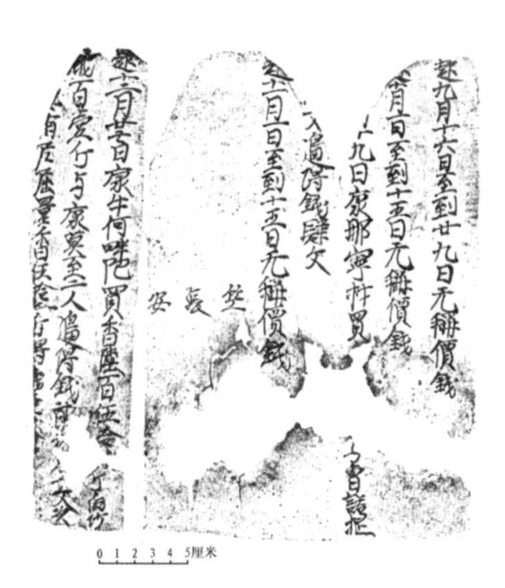

卖者	物品与数量	买者
曹迦鉢	銀2斤	何卑屍屈
曹易婆□	銀2.5斤	康炎毗
翟陁頭	金0.95斤	□顯祐
何阿陵遮	銀5.2斤	安婆□
翟薩畔	香572斤，鍮石30文	[某人]
康夜虔	藥144斤與	寧祐憙
[某人]	絲50斤、金2斤	康莫毗多
安□□	硇砂172斤	康炎
康不里昂	香252斤與康婆何畔陁	
曹破延	硇砂50斤，銅41斤	安那寧畔、何炎陁
翟陁頭	銀8.1斤	阿何倫遮
[何]倫遮	金0.85斤	供勤大官
[某人	……]	安破毗多
[某人	某物]71斤	何炎蜜畔陁
康烏提畔陁	郁 金 根87斤	□不呂多
曹遮信	金0.9斤	何刀
□射蜜畔陁	香362斤、硇砂240斤	康炎
白姝	硇砂 11 斤	康阿攬牛延

图8 | 图9

图8　麴氏高昌国称价钱文书（吐鲁番出土）

图9　买卖统计表

经营丝绸之路是钱帛并重，就是以丝绸为货币，而不是用钱作货币。

下图是莫高窟第45窟观世音经变中的“胡商遇盗图”（图10），这是佛经里的故事，原型应该是印度的萨保及其所率的印度商人。但无论是在敦煌壁画还是克孜尔壁画中，只要是画商人的形象，没有一个印度人，都是粟特人模样，这与安伽墓等墓葬中的图像相同。图中的萨保就是戴着翻沿高帽的老者，与史君墓中的相同，他穿着与众不同的袍子，把两件东西放在地上向强盗求饶，一样是钱袋子，另外一样就是一捆一捆的丝绸。所以中国的丝绸非常重要，实际上是丝绸之路上的一个象征物。

图10 莫高窟第45窟—胡商遇盗图

四、粟特人的物质文化——以安伽墓图像为例

琐罗亚斯德教真正进入中国是随着粟特人进来的，基督教、摩尼教进入中国，也都与粟特人有绝大的关系，这是后话。在唐朝初年以前，来华的粟特人基本上都是信琐罗亚斯德教的，从粟特人的名字就可以看出。在大概670～680年之前粟特人名字中没有“佛”这个字，名字中都是琐罗亚斯德教的神，但在此之后他们就有“佛的仆人”这样的名字了，这是因为他们已经信佛了。有人说安伽墓中很多图像是佛教的，当然，粟特人经过信仰佛教的中亚王国到中原，他们一定会受佛教的影响，在一些图像上，可能借用了佛教的图像，但是他们整个内涵、整个上下文的表达依旧是琐罗亚斯德教。

安伽墓墓门的上方有这么一幅图，最中间是三个骆驼驮的火坛，马尔沙克说这是最高等级的火坛，是神供的火坛，左右两边是人面鸟身（图11）。哈佛大学的一个教授说这是斯洛伽神，就是在祆教徒去世的第三天护送他的灵魂进入到天国的神。

下图是安伽墓的墓室的榻，三块石板，分成12个画面（图12）。这样的图案风格可

图11　安伽墓墓门上方的祆教圣火图案

图12　安伽墓的围屏石榻

图11

图12

以证明他们是有画样的，特别是史君墓中，一个图像中间有石缝，为什么不躲开这个石缝呢？说明一定是有画样的。粟特各个聚落掌握的图本有些相同，但又有些不一样，史君墓和安伽墓中都有商队图，基本构图是一样的，但是又不完全一样。安伽墓中图像基本上没有什么宗教内容，史君墓中图像的宗教内容就比较多。安伽墓的墓志是汉语的，史君墓是双语的，虽然是同一年入葬，但史君是凉州萨保，更靠西，所以史君墓的记忆也更早，是嚈哒时候的记忆，所以它的图像中保留的琐罗亚斯德教的分量更多，而安伽是同州萨保，是在今陕西大荔的粟特聚落，他们都埋在了长安城。关于这些图像的解读，我过去写过一篇文章，我认为这个图像应该是从中间往两边读。

其实安伽墓、史君墓这些图像出来以后，我们可以看到唐朝前期女孩子最时髦的服装就是胡人的男装。网上图片中的胡姬，其实都是唐朝的女孩，不是真正的胡姬，胡姬长什么模样，其实并没有太多材料。

五、中古胡人带来的胡风——以展子虔《北齐后主幸晋阳宫图》为例

我们现在受考古的牵引很大，出一个东西就跟着考古的说，但其实很多考古的东西在文献记载里面就有，不能只靠考古资料。另外，在做研究时，应当将传世的图像与画史并重，比如说我们提到展子虔，所有的绘画史都举《游春图》，但其实展子虔最擅长的是楼台亭阁、车马人物。他曾画过一幅《北齐后主幸晋阳宫图》，虽然我们今天看不到这幅图了，但搜索历史文献发现，其实还是有人看过的，而且做了非常详细的记录，这个人就是金朝的郝经，他代表金朝出使南宋，被南宋扣留了十几年。郝经的这首诗就非常详细地描述了《北齐后主幸晋阳宫图》。

《跋展子虔画〈北齐后主幸晋阳宫图〉》
盲人歌杀斛律光，无愁天子幸晋阳。
步摇高翘翥鸾皇，锦鞯玉勒罗妃嫱。
马后猎豹金琅珰，最前海青侧翅望。
龙旗参差不成行，旄头大纛悬天狼。
胡夷杂服异前王，况乃更比文宣狂。
眼中不觉邺城荒，行乐未足游幸忙。
君不见，宇文寝苦戈满霜，
黄河不冰便著一苇航。
痴儿正看新点妆，浪走更号无上皇。
狂童之狂真可伤，展生貌此示国亡。
图边好着普六茹，并寄江南陈后主，
门前便有韩擒虎。

其中“步摇高翘翥鸾皇，锦鞯玉勒罗妃嫱”一句中，“翥”是振翅高飞的意思，“鸾”是传说中凤凰一类的鸟，“皇”指凤凰，雄曰凤，雌曰凰。这里的上句是说随行宫女所带的首饰步摇，就像是高高奋飞的凤凰。诗中步摇的造型与现在的出土物以及文献记载都能够对应，可以参考孙机先生在《步摇·步摇冠·摇叶饰片》中绘制的《女史箴图》中的步摇（图13）。

我个人非常感兴趣的是“马后猎豹金琅珰，最前海青翘翅望”一句，用猎豹狩猎的方式其实就是胡人带来的。对于唐朝的贵族来说，带着猎豹打猎是最刺激的。但是无论是我的老师张广达先生，还是美国的阿尔森教授，在讲猎豹的时候都是追溯到唐朝初年，但其实根据展子虔的图可知，北齐就已经有了。永泰公主墓、金乡县主墓均有出土猎豹狩猎男俑，带着猎豹的就是胡人（图14、图15）。这都是唐朝的胡人带来的物质文化，但基本都流行在贵族的圈子里。

“龙旗参差不成行，旄头大纛悬天狼”，大纛也见于北齐高洋陵仪仗中。这两句是描述出行队仗和他们的旗帜，先头卫队高悬着绣有天狼的大旗，但帝王的龙旗下的队伍却不够

图13 《女史箴图》中的步摇（孙机绘）

图14 骑马胡俑及猎豹（永泰公主墓出土）

图15 彩绘骑马带猎豹狩猎男俑（金乡县主墓出土）

图13 | 图14 | 图15

整齐。仪仗本来是整齐划一的，这里说“参差不成行”，也是郝经对于齐后主的批评。

“胡夷杂服异前王，况乃更比文宣狂”，其中“杂服”是一个特别的概念，这是按照等级制度来讲的。诗中所云胡夷式样的“杂服”，可以从太原徐显秀墓壁画中看到，如徐显秀墓壁画宴饮图墓主夫妇身边两个捧盘侍女所着带联珠对兽图案的红裙、东壁备车图牛车后伞盖下戴卷发套的侍女所着菩萨联珠纹图案的白色长裙、西壁备马图马鞍上所披菩萨联珠纹图案的鞍袱等，应当就是使人眼花缭乱的杂服，是前所未见的（图16、图17）。

图中侍女穿的裙子或者衬裙还有马鞍子上的图案，基本构图是一样的，都是联珠纹图像，这完全是属于粟特系统的东西。联珠纹图案是从哪来的？其实就是撒马尔罕，下图是撒马尔罕康国宫廷西壁壁画中的波斯和中亚的高贵的使者，这些使者身上穿的

图16 徐显秀墓墓室东壁壁画——备车图中的侍女

图17　徐显秀墓墓室西壁壁画备马图—马鞍局部

图18　撒马尔罕康国宫廷西壁—使者图细部

图17 | 图18

都是联珠纹的衣服（图18）。

六、中古中国社会的胡化

在中古时期，也就是安史之乱之前，前辈学者都说“长安的胡化”，关于胡化的表现的研究，有向达先生的《唐代长安与西域文明》，其中讲了很多，实际上都是西胡，也就是粟特人或者是塔里木盆地的胡人，在文化上其实他们是一个系统的，但粟特人有琐罗亚斯德教的背景。

关于中古时期中国社会的胡化表现，可以举三个例子。一个是金银器。何家村出土的金银器分两类，一类是舶来品，另一类是唐朝人仿制的，都非常有粟特特色。对比汉代，汉代基本上都是陶器，高等级就用漆器。而用金银器作为承装食物的器具，是粟特人对中国贵族社会的影响。

一个是葡萄酒。中国人很早就开始喝葡萄酒，汉代、唐代、元代都流行过一阵子，这是因为葡萄酒主要流行于贵族圈子，随着贵族被消灭而消失。（图19、图20）。

还有一个例子就是人口。其实粟特胡人是人口贩子，把那些胡人的小孩倒卖到中原。唐朝的市场里有口马行，口是人口，马是牲口，小孩子被胡人倒卖来就变成了奴隶或者唱歌跳舞的胡姬。这是高昌吐鲁番墓葬里出土的一个完整的粟特文卖女婢的契约，因为汉人买了粟特的奴婢又怕粟特人来找他的麻烦，就把契约带到墓葬里（图21）。

这些粟特人带来的物质文化、精神文化，很大程度上丰富了中古时期的中国社会，但是一个安史之乱就影响了中国社会。不论是安禄山还是史思明，他们虽然都是杂种胡，但他们都是粟特聚落长大，都有一身的胡性。所以安史之乱以后，中唐就出现了以韩愈为代表的反胡人、反佛、原道思潮，就是什么都要回到中国的先秦时代，搞古文运动，思想要回到原来的天道。

我还列了一些可以继续阅读的书目，大家可以参考阅读（图22）。谢谢大家！

图19　粟特式银杯（何家村出土）

图20　虞弘墓石椁上的酿葡萄酒图

图21　粟特文买女婢契约（吐鲁番出土）

图22　有关粟特研究的主要论著

图19
图20
图21　图22

E. H. Schafer, *The Golden Peaches of Samarkand: a study of Tang exotics*, Berkerley, Los Angeles, 1963；吴玉贵汉译本题谢弗《唐代的外来文明》，北京：中国社会科学出版社，1995年；《撒马尔罕的金桃》，中国社科出版社，2016年。
蔡鸿生《唐代九姓胡与突厥文化》，北京：中华书局，1998年。
É. de la Vaissière, *Histoire des Marchands Sogdiens*, Paris: Collège de France et Institut des Hautes Études Chinoises, 2002.
Idem, *Sogdian Traders. A History*. Tr. by J. Ward, Leiden / Boston : Brill, 2005.
荣新江、张志清编《从撒马尔干到长安——粟特人在中国的文化遗迹》，北京：北京图书馆出版社，2004年。
荣新江等编《粟特人在中国——历史、考古、语言的新探索》，北京：中华书局，2005年。
Étienne de la Vaissière et Éric Trombert, *Les Sogdiens en Chine*, Paris: École française d'Exrême-Orient, Paris, 2005.
毕波《中古中国的粟特胡人——以长安为中心》，北京：中国人民大学出版社，2011年。
曾布川寬、吉田豊編《ソグド人の美術と言語》，京都：临川书店，2011年。
荣新江《中古中国与粟特文明》，北京：三联书店，2014年。

上原利丸 / Shangyuan Liwan

1979年毕业于东京艺术大学获学士学位；1981年，毕业于东京艺术大学获硕士学位。现为日本东京艺术大学美术学部工艺科染织研究室教授、日本现代工艺美术家协会会员、日本现代工艺美术作品展评审委员、日本美术作品展评审委员。

日本传统染色——友禅染的多样性与可能性

【日】上原利丸　　翻译：朱轶姝

今天有这么多人来听讲座，我非常高兴，谢谢大家。刚才刘元风老师也介绍过了，我是日本东京艺术大学染织专业的教授上原利丸。首先，我先简单介绍一下东京艺术大学的染织系。东京艺术大学分为美术学部和音乐学部，我属于美术学部。美术学部又分为八个系，有工艺系、设计系、绘画系，还有新成立的先端艺术表现系。整个美术学部一共有240名学生，我所在的工艺系一学年共有30名学生。整个工艺系又分为六个专业，有漆艺、陶瓷、染织和金属专业等，一个专业一年大约有五个学生。一年级的学生是不分专业的，从二年级开始进入到各个专业，所以从本科生到博士生一个专业共有20多名学生。作为东京唯一的国立艺术学校，在办学上主张少而精，所以学生数量很少，但都是精挑细选的。染织专业分为染与织两个方向，染与织的学生都要学习基础课，本科毕业作品是依据学生自己的个人爱好，选择染与织其中一个来制作作品。东京艺术大学作为日本唯一的国立艺术学校，对传统非常重视。但由于时代在发展，随着新的教育思想、教育方法的不断出现，也面临着教育改革的问题。在学校里，学生兴趣爱好十分广泛，有的学生偏向于传统，有的学生偏向于现代，教师会因材施教，根据不同学生制定个性化培养方案。在东京艺术大学，也有学生像北京服装学院这样设计制作时尚服装。不过，对于服装的具体裁剪与制作，我们没有专门的课程进行具体指导。在日本，专门服饰设计学校类似于中国的职业技术学校，如三宅一生等著名设计师都毕业于那样的学校。在日本大学也有服装专业，但没有充分的时间像北京服装学院这样专门教学生裁剪。总而言之，对于东京艺术大学的染织专业，大家可以理解为是一个偏重艺术，以艺术为中心的染织。因此，接下来我所讲的是日本传统友禅染的艺术性。

我来北京已经差不多一个星期了，其间去了故宫，看了中国很多的文化博物馆，也去西安看了兵马俑，今天上午又参观了北京服装学院的民族服饰博物馆，更加感受到日本文化受中国的影响非常大。比如，日本现在不少染织艺术应用的图案纹样都是从中国传入的。我作为日本人，对日本的传统文化十分重视并充分利用。下面，我从以下四个方面进行介绍：第一部分是日本传统服装民族服装特征。第二部分是“文乐”舞台服装，文乐是日本的一种传统木偶剧，此部分的舞台服装偏向于实用性。第三部分是我的创作过程，这一部分介绍的作品偏向艺术性，希望大家能体会到传统工艺、传统技法在艺术性创作中的重要性。第四部分是介绍一下日本的纹章，它有的用在家纹上，有的运用于时尚服装。希望这些内容能对大家有所启发和帮助。

首先我们从日本民族服饰开始。日本传统服装有三个特点：一是不浪费面料，一块面料不裁剪，全部使用上。二是可以重复利用，代代相传。三是有很高的艺术性。关于不浪费材料，日本和服面料一般幅宽约40厘米，长约12米，横平竖直裁剪（图1）。西式服装裁剪，通常都有多余的扔掉部分，但和服采用横平竖直裁剪方式，没有一点废料，非常环保。它还可以重复利用，和服穿脏后，我们会通过重新缝合，把脏的部分遮盖起来。比如，大家看到和服腰部有很多折进去的量，如果和服底边蹭毛了，可以将毛边卷一卷，将腰部多余的量放出来。如果衣服彻底不能穿了，还可以将其用作抹布，进行充分利用。

关于贯头衣，应该在世界各国都有，它也是日本和服的原型。这种服装形制很简单，在布料中间剪一个洞，套在头上后系腰带就可以了（图2）。我今天上午参观北京服装学院民族服饰博物馆，就看到了很多类似形制的民族服装，都是直线裁剪。

友禅染与日本和服关系非常密切，接下来就谈谈为什么两者之间有如此密切的联系。如果将和服从背面打开，能够看到衣服的全部图案纹样，是平面化的，但一旦穿在身上就变为立体的了。所以，它的图案不像其他服装多为连续纹样，而主要是单独纹样，很讲究留白，留白的地方也是一种纹样，有装饰的部分和没有装饰的部分区分明确。因此，和服纹样就像绘画一样，注重整体构图，这是日本和服在设计上的显著特征。

友禅染始于日本江户时期（1615～1868年）。创始人是宫崎友禅斋，当时宫崎友禅斋是一位画扇面的画家，他结合以前画扇面的技术，创立了友禅染技法。

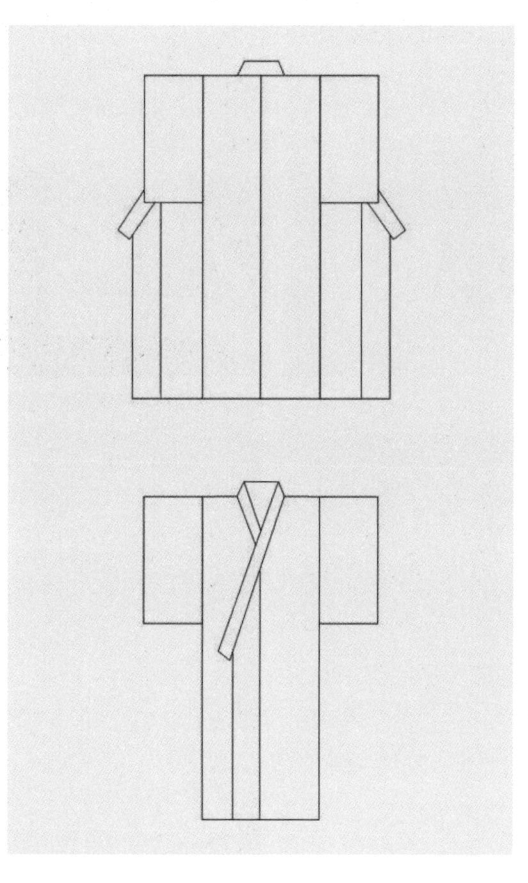

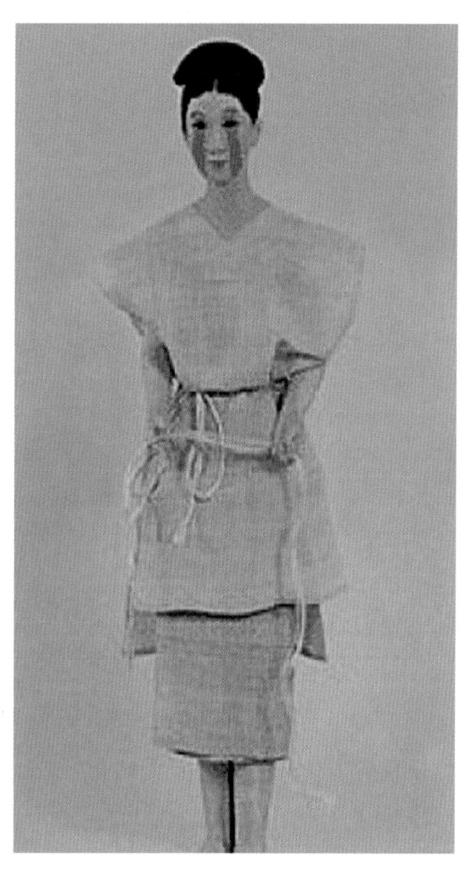

图1 ｜ 图2

图1　日本和裁

图2　日本贯头衣（日本京都风俗博物馆藏）

日本有一种习俗，就是把和服作为一种装饰品，通过平面展示体现其美感特征。所以，和服不仅具有穿着的实用性，还具有欣赏的艺术性。它的构图形式多样，比如抽象的格子、具象的植物等，都可以随意组合。其主题一般是春夏秋冬，因为这种题材比较多，一年四季都可以穿。但制作一件和服需要花费很长时间，准备工作就很多。不过，和服纹样也随时代变化而变化，不少器物、工具等就曾出现于和服图案中（图3）。现如今，大家可以运用生活中的场景进行设计，比如将自己使用的手机、吃的蛋糕等转化为图案形态。所以，对于创新设计来说，需要充分借鉴传统，比如同样的构图，换一个内容，就可以呈现全新面貌。

以上大家看了日本传统和服，接下来看看我的作品。

先请大家看看我给日本称为“文乐”的木偶人物制作的衣服（图4）。它是按原尺

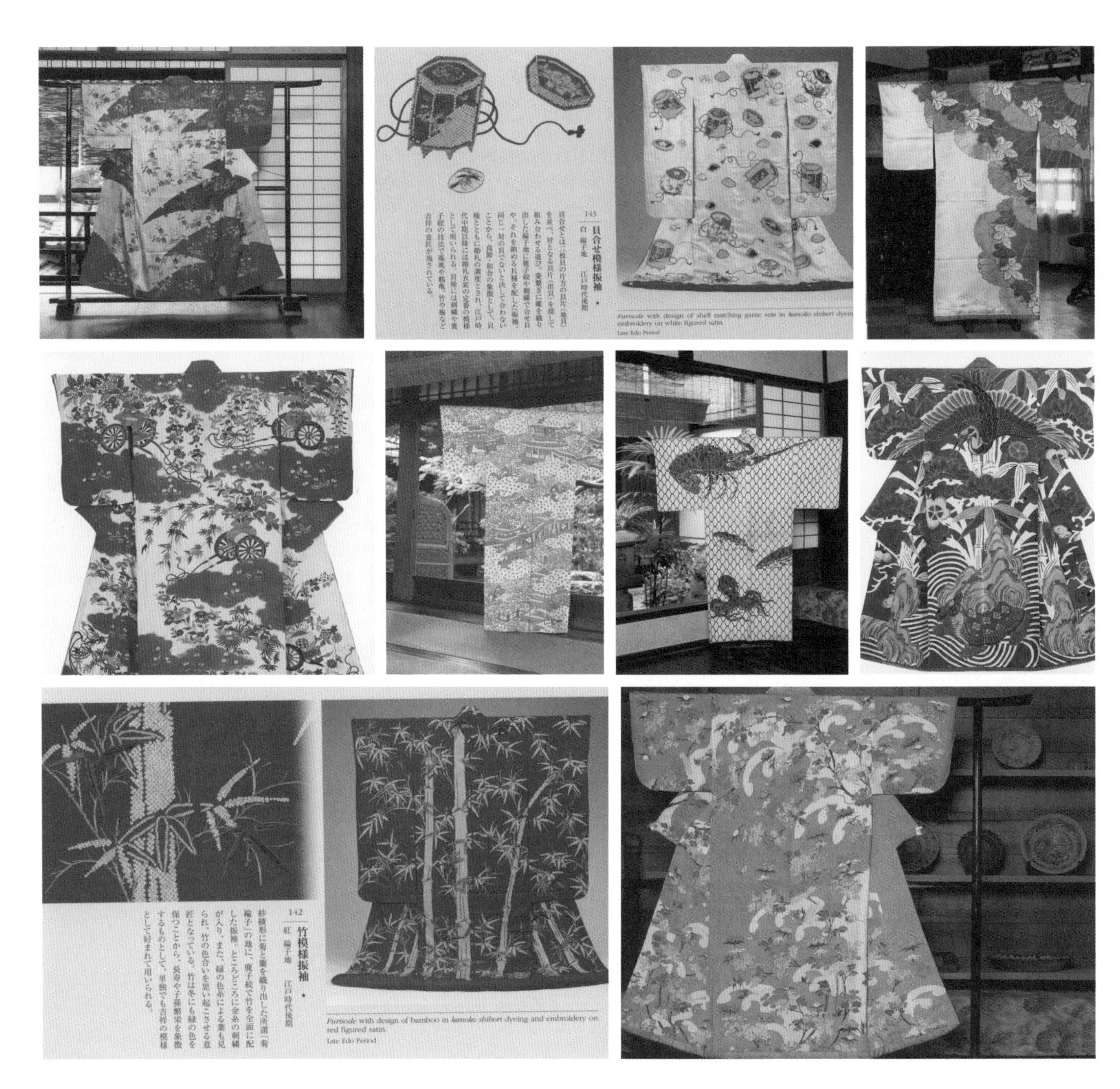

图3　日本和服展示

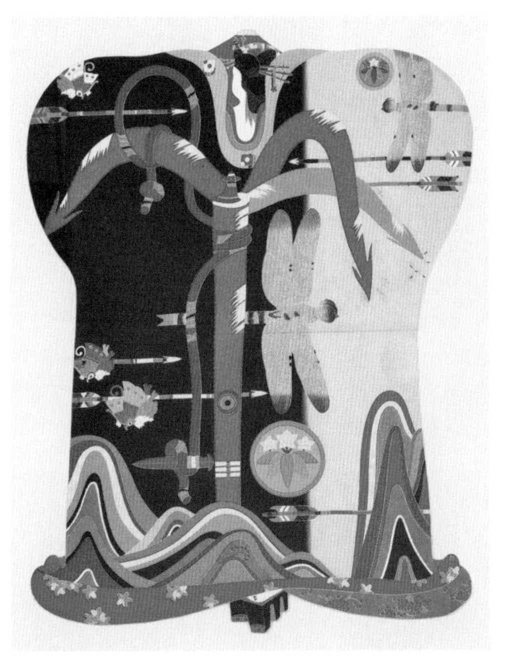
图4　阿古屋（上原利丸创作）

寸放大，该木偶比一般人矮一点，身高约1.4米，和服样式按照实际穿着的衣服进行制作。其纹样内容按主题需要，主要表现战争。依据传说中讲述的胜利者与战败者，各有其代表性纹样，圆形代表战争双方家纹。因这个战争发生在海上，所以表现了水纹。日本是以黑色代表失败，以白色代表胜利。我相信中国也有代表胜与败的专属色彩吧，应该有所不同。黑色里边运用了很多代表失败的纹样，白色里边运用了很多代表胜利的纹样。总之，一切根据具形设计的内容需要进行组合。

纹样设计好后，将画稿放在丝绸下面，用天然青花液过稿。然后，所有纹样轮廓都勾糊线。如果糊为原色，勾出的线就是白线；如果在糊中加颜色就会变成色糊，勾出的线就是色线。为了防止染料渗透，需要用大豆、鹿角菜液体进行上浆。

接下来是染色。友禅染其实就跟绘画一样，染色非常自由。友禅染与一般的染织品染色方法不一样，一般染织品染色通常多为浸染或印染，友禅染则使用小毛刷染色技术，应该算是日本的一种特色。用毛刷染色，可以自由进行多色染，纹样也灵活多变（图5）。

从世界染色历史来看，纹样绚丽多彩，我认为日本友禅染应该是最初的一种技法。现在有很多数码印等现代染色技术，不过我觉得数码印刷等虽然方便多彩印制，但它印色太浅，只附着于纤维表面，不像友禅染色彩显得厚重。且友禅染是面料正反两面一样，能达到浸染一样的染色效果。所以，用友禅染技法染出来的色彩要比数码印色彩牢度高。

关于色彩意象稿，通常按原作的四分之一来画。这几天我在清华大学美术学院上课，发现与东京艺术大学类似，学生经常用电脑来画稿子，几乎没有人用手画。根据我的体会，计算机屏幕一般都会有反射问题，且计算机显色与实际调出来的色彩会有很大差距，所以我认为在纸上画出的色彩更准确。当然，计算机也有很多便利之处，如换色会很容易。

再请大家看看我的艺术创作作品。

题为“信息”的友禅染作品（图6），由120块小布组成。在黄色部分有凸起，因为我本着不浪费资源的环保思想，把制作过程中的画稿都卷起放入作品中，产生立体感。一般大家都认为艺术是环保的，但在艺术创作过程中会产生大量垃圾，所以我将产生的垃圾作为艺术作品的一部分予以充分利用，应该是艺术家很好的一种创作思路。我认为环保应该是全世界的共同问题，以后在创作中都应该很好思考这个问题。其实，这个思想也受到日本传统文化影响，譬如制作和服的一块面料不浪费，充分利用。这件作品的小长筒上还写了字，一共写了220个字。看作品的人一般会注重这些小字，会想这到底是什么意思。我在创作这件作品时，根本没有任何意思，只是通过抽签决定的，抽出来哪个字写哪个字。所以这也跟作品主题非常贴切，名为“信息”，表现目前

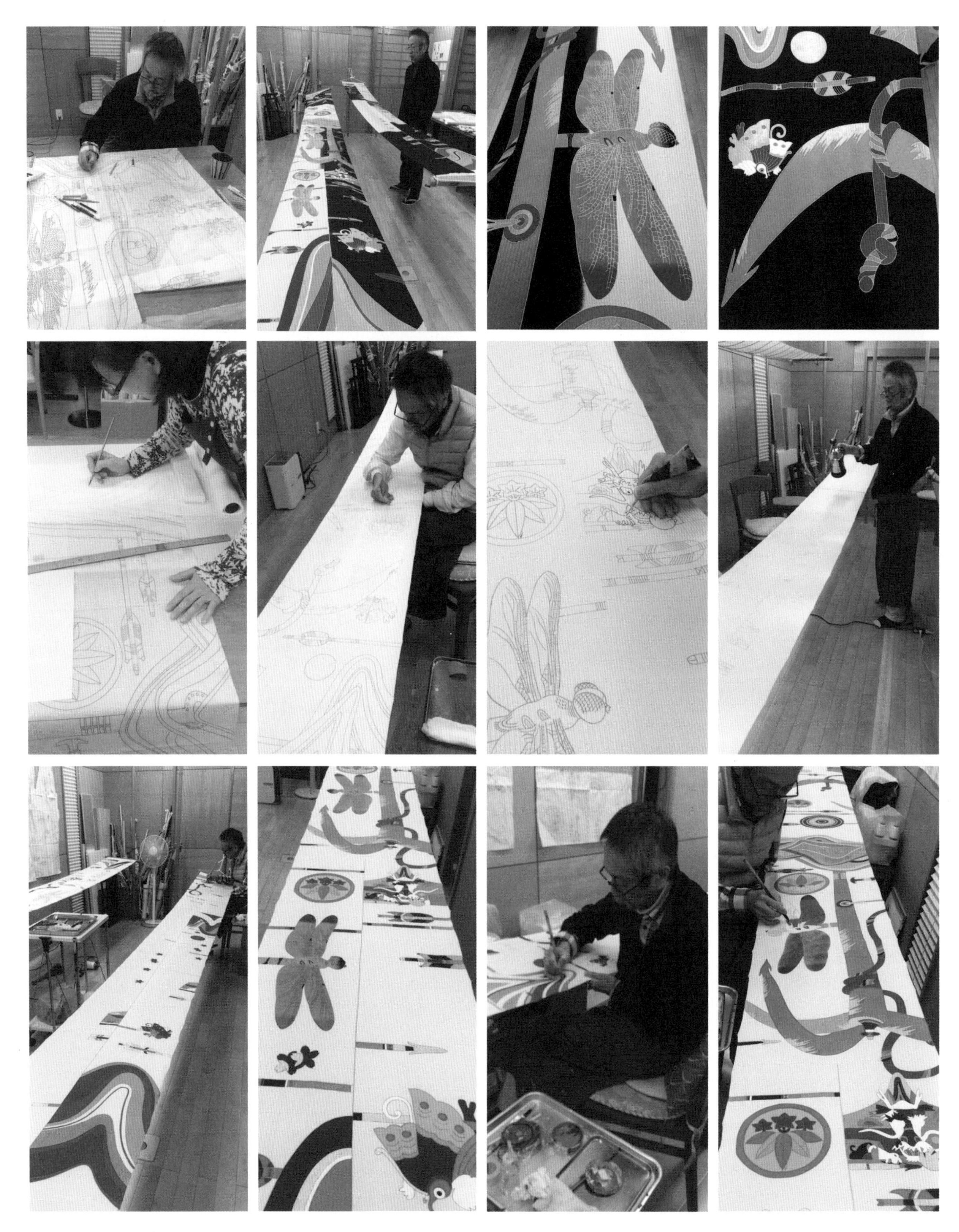

图5 友禅染工艺过程示范

图6 信息（上原利丸创作）

信息非常多，但不是所有信息我们都要接受，而是根据自己的需要，选择我们需要的信息。

在我的创作中，主要想通过不同作品传达思想。比如，画面上表现一个猫头鹰的眼睛，上面是羊头，意为猫头鹰盯着羊，将羊作为猎物（图7）。猫眼上有细的白线，正是友禅染工艺的特点。细线里的纹样是互相拥抱的样式，以及一个鬼脸和小孩结合在一起的形象，都是表现和平主题。

再给大家看看我其他的一些作品（图8～图12）。

除此之外，我还进行过生活实用品的艺术设计与制作。最初是女式包，在做包过程中发现包的提手到底是高一点好还是低一点好很难把握，而染出来的布只能制作一件，如果顾客不喜欢就不会买，余地太小。再加上也觉得市场上卖包的太多，后来就放弃了，改做男性西服里的马甲。期间还尝试用友禅染制作眼镜盒，以及装日本酒的酒袋等。日本人喜欢交换名片，这启发我用友禅染制作名片夹，虽然很薄，但装20张左右没问题。因为我是大学老师，很多外国老师来参观时都需要交换名片，我拿出自己的名片夹，他们都非常感兴趣。以此可以作为一种交流的手段，引起相关话题（图13、图14）。

通过实践感悟我认为，设计师要尊重客户要求，作为艺术创作偏重于强调自我。我创作了一件怀念我的老师中村光哉先生的友禅染作品。我所用的颜色、图形都是中

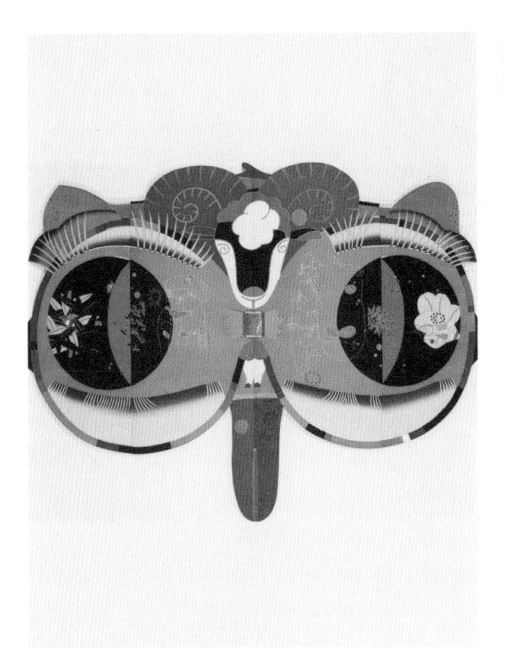

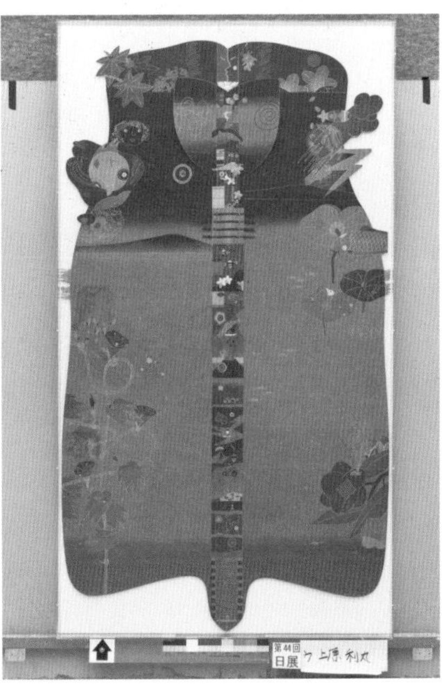

图7 ｜ 图8 ｜ 图9

图7 猫头鹰和羊（上原利丸创作）

图8 秋·被染光阴（上原利丸创作）

图9 染上新感觉（上原利丸创作）

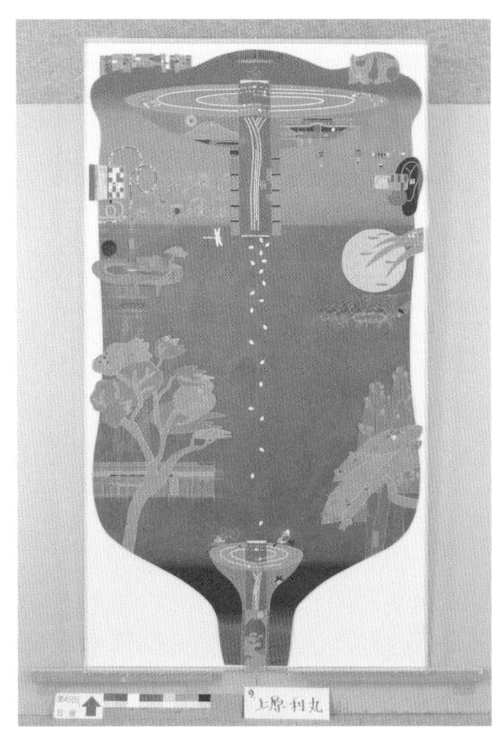

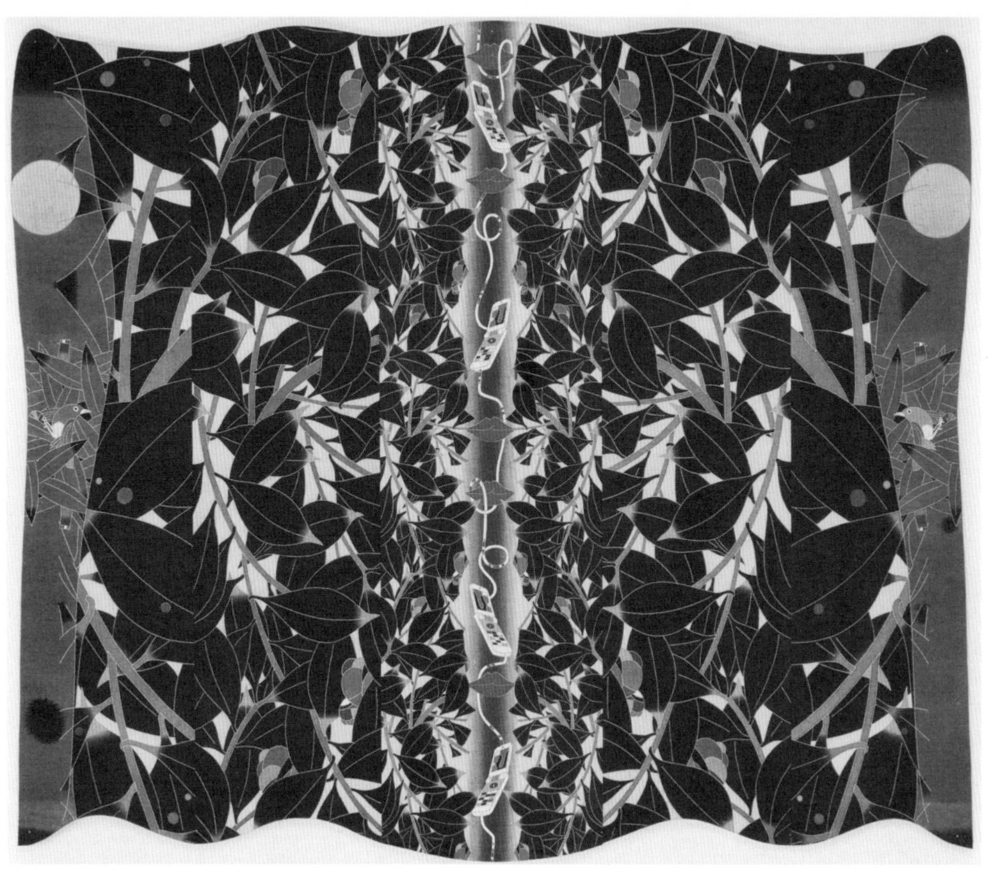

图10 光阴（上原利丸创作）

图11 轮回转生（上原利丸创作）

图12 遥远的回声（上原利丸创作）

图10 | 图11
图12

村先生生前喜爱的。不过，中村先生喜爱的橙色并不是我想要表达色彩，所以我在创作该件作品时也很痛苦。因此，通过这件作品，我发现作为一名设计师，必须掌握很多颜色的配色规律，但作为一名艺术家，必须坚定自己的色彩取向。

图13 友禅染名片夹（上原利丸创作）

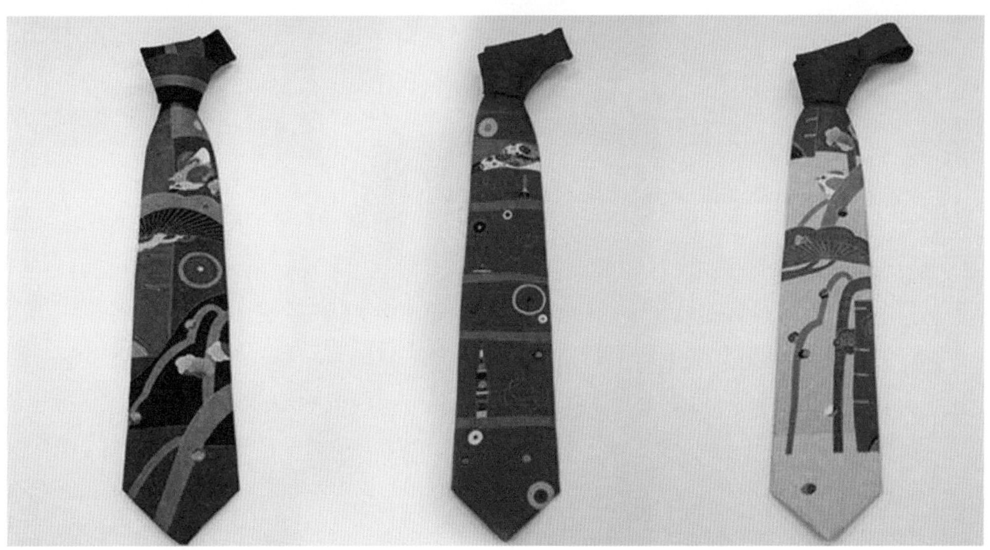

图14 友禅染领带（上原利丸创作）

最后，简单介绍一下日本的纹章。

纹章是日本传统文化的重要组成部分，非常重要。日本的每个家庭都有家纹，除了将家纹印在扇子上、画在和服上，还在不同场合使用。比如店面印在帘子上的鹤纹，神社装饰中的梅花纹，以及歌舞伎的樱花头饰、屋顶的牡丹装饰、艺伎所穿刺绣衣服上的菊花等。

在日本茶道里有包裹茶具的布袋，日本人很重视包裹，这也是从中国传过来的习俗。布袋也是表现日本纹章的重要载体，如今已经成为日本重要文化特征之一。

以上讲了这么多，我想总结一下。

我今天主要想让大家了解日本和服对于友禅染来说，是一种非常好的载体，友禅染具有很高的艺术性。友禅染在纹样的设计时，并不是连续性纹样，而是偏重于设计性、艺术性。不知道这次讲座能不能给大家带来一些启发，希望大家在自己作品设计上，要多考虑艺术构图方式。我还非常希望大家多挖掘自己国家的传统文化，将其很好地表现出来，发扬光大。只有这样，才能让世界更多的人了解中国，喜爱中国。

日本这个季节正是樱花盛开的时候。如果以后大家有机会来东京，欢迎各位到东京艺术大学来参观。

李静杰 / Li Jingjie

清华大学美术学院教授，文学博士。先后就读于吉林大学、北京大学、名古屋大学。主要从事佛教物质文化研究（含佛教考古学与美术史学），关于中国古代佛教图像及其反映的思想信仰，以及中古中外文化艺术交流的探索取得长足进展。

中古中印文化艺术交流面面观

李静杰

诸位老师、同学，下午好，非常感谢刘元风老师和谢静老师的盛情邀请，让我有机会到这里和大家交流。今天我介绍的话题是中古时期中国与印度文化艺术交流方面的内容。

请大家先看一下这张图片（图1）。这是一件唐代的金银器上的图案，表现为一只鸟雀和枝叶交互的设计，是设计艺术史上少见的独特造型形式，那么它的来源是什么呢？这就涉及我们今天的话题，亦即中古时期中国和印度的文化艺术联系。

高高隆起的青藏高原将东亚、南亚和西亚，分割成几个相对独立的地理和文化单元。在中古，也就是汉唐时期的中西文化交流，相对以前的草原丝绸之路变得繁荣起来，其中最重要的就是伴随着佛教的文化，从南亚次大陆而来的陆路和海路交流。下面我们一一进行介绍。

大家先了解一下南亚的情况。古代印度泛指喜马拉雅山脉、兴都库什山脉以南的南亚次大陆地区，在《史记》《汉书》中称为“身毒”，《后汉书》名为“天竺”，玄奘西行归来后在其《大唐西域记》中改称“印度”。1947年摆脱英国殖民统治后，独立为印度和巴基斯坦。印度本土、西北部的巴基斯坦、东部的孟加拉、北部的尼泊尔等地，以前都是古印度范围。

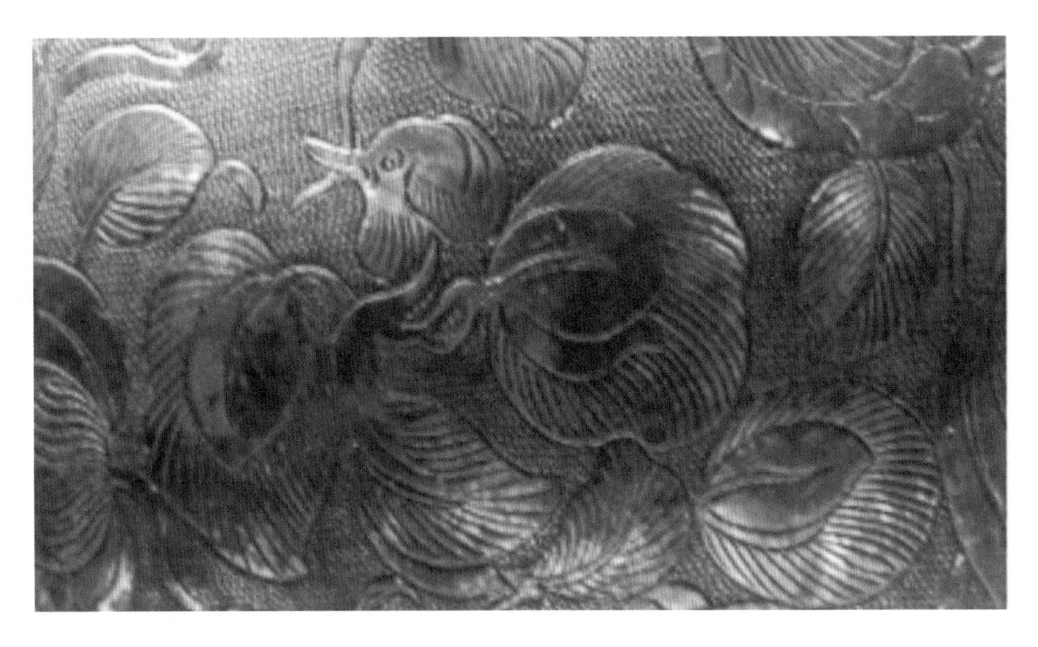

图1　鎏金银罐（盛唐前后，西安何家村窖藏出土）

引言：法显、玄奘游记

在讲述中印文化交流问题之前，首先介绍两位中印文化交流的先行者。自汉代以来，不断有来自印度的佛教徒造访汉文化地区，而从汉文化地区前往印度游行、取经的僧侣中最著名者，当数法显和玄奘。

首先来了解一下法显的行记。他是最早通过陆路从汉文化地区到达印度本土，又从海路回来的文化使者。他399年从长安出发，经过河西走廊、西域，跨过喀喇昆仑山，游历西北印度和印度本土，再从印度本土到达斯里兰卡，又经过马六甲海峡、印度尼西亚回到了中国，于412年在青岛崂山登陆，次年抵达东晋首都建康，首尾历时15年。法显九死一生，足迹遍及佛教流行地区，耳闻目睹异域的人情和风土，其游记（即《法显传》）让我们有机会真切地了解中古时期中国周边地域的文化。

法显从长安向西经过河西走廊，先到敦煌，再到鄯善。鄯善古国居住着来自西北印度的移民，他们在此地发展出独特的文化。从敦煌到鄯善路途艰险，《法显传》云：

“沙河中多有恶鬼、热风，遇则皆死，无一全者。上无飞鸟，下无走兽，遍望极目，欲求度处则莫知所拟，唯以死人枯骨为标识耳。”

此地生态环境如此恶劣，只能以死人的枯骨为标志而前行。

他到达北部焉耆后，穿越了塔克拉玛干沙漠，再继续走到了西域南道的于阗古国。在当时横贯塔克拉玛干沙漠是相当艰难的事情，一般只能在冬季穿行，因为冬季河水冰封，背负冰块可以解决沙漠中饮水问题。他走了一个月零五天才到达于阗，但在游记中只是非常简单地记载：

“路中无居民，涉行艰难，所经之苦，人理莫比。”

这种艰难几乎无法用语言形容。在于阗待了一段时间后，他继续西行，翻越喀喇昆仑山（即葱岭）：

“葱岭山冬夏有雪。又有毒龙，若失其意，则吐毒风、雨雪，飞沙砾石。遇此难者，万无一全。”

一旦在山中遇到极端恶劣天气，几乎难以保全性命。翻过了喀喇昆仑山之后，将渡印度河：

“其道艰岨，崖岸崄绝，其山唯石，壁立千仞，临之目眩，欲进则投足无所。下有水，名新头河。昔人有凿石通路施傍梯者，凡度七百，度梯已，蹑悬緪过河。”

喀喇昆仑山道路险峻，山峰与河谷落差极大，俯视山谷令人头晕目眩，想要前行却没有下脚的地方。下面的河水就是印度河。曾经有人在这里修建栈道，渡栈道之后还要过绳桥渡河。历尽艰险，他终于到达西北印度，也就是现在的巴基斯坦北部地区。

法显从东印度到达狮子国（今斯里兰卡），在那里有一段十分感人的经历。狮子国国都阿努罗达普罗当时有三大寺院，其中最大者名为无畏山寺，其中有一尊玉佛（此处图2引用佛像为11世纪前后遗物，用作示意图）。《法显传》记述：

图2 斯里兰卡波隆纳鲁瓦古城立佛像

“中有一青玉像，高二丈许，通身七宝焰光，威相严显，非言所载。右掌中有一无价宝珠。法显去汉地积年，所与交接悉异域人，山川草木，举目无旧，又同行分披，或流或亡，顾影唯己，心常怀悲。忽于此玉像边见商人以一晋地白绢扇供养，不觉凄然，泪下满目。”

此青玉像异常庄严，右掌握一颗无价宝珠。此时法显已经离开汉地十多年了，所目睹的都是异域山川，他感慨自己孤身一人行走在遥远的异域他方，内心伤悲不已，此时突然发现玉像旁边有一商人用晋地的白绢扇供养。那时中国北方为十六国，南方为东晋，白绢扇应是经由南海和印度洋的商贸而来，他见到自己家乡的物产，不觉潸然泪下。

法显又从狮子国渡海前往印度尼西亚，途中船漏水入。《法显传》云：

“东下三日，便值大风，舶漏水入。商人欲趣小舶，小舶上人恐人来多，即斫緪断，商人大怖，命在须臾，恐舶水满，即取粗财货掷着水中。法显亦以君墀及澡罐并余物弃掷海中，但恐商人掷去经像，唯一心念观世音及归命汉地众僧。我远行求法，愿威神归流，得到所止。”

当时商船为可载200人左右的大船，后面备一条小舟以防万一。此时突然船破水漏，为减轻载重，大家将粗笨物品扔到水里去，法显也将其水瓶和澡罐扔进大海，唯恐商人将他好不容易取来的佛经、佛像一并扔到海里，便祈求观世音菩萨保佑，好不容易到达耶婆提（今印度尼西亚的苏门答腊岛）。再后，启程渡海北行至广州，《法显传》云：

“一月余日，夜鼓二时，遇黑风暴雨，商人贾客皆悉惶怖，法显尔时亦一心念观世音及汉地众僧。蒙威神祐，得至天晓。晓已，诸婆罗门议言，‘坐载此沙门，使我不利，遭此大苦，当下比丘置海岛边，不可为一人令我等危崄。’法显檀越言，‘汝若下此比丘亦并下我，不尔，便当杀我。如其下此沙门，吾到汉地，当向国王言汝也。汉地王亦敬信佛法，重比丘僧。’诸商人踌躇，不敢便下。”

在船上一月有余，夜晚二更时，突遇狂风暴雨，商人皆悉惶恐，法显一心念观世音菩萨和汉地众僧的保佑，蒙神庇佑盼到天亮。这是一艘印度商船，信奉婆罗门教的商人说，因为我们的船上载了一个异教之佛教徒，才遇到这样的不幸，我们应该把这个沙门放到海岛上去，不能因为他一个人使我们这么多人遭遇危险。此时，法显的施主说，如果把他丢到海岛上，那么将我一并抛下，不然就杀掉我。否则，我到汉地之后会向国王告发你们，汉地国王也信奉佛教，尊重比丘僧。商人犹豫再三，没有轻易丢下法显。

“于时天多连阴，海师相望僻误，遂经七十余日。粮食、水浆欲尽，取海咸水作食。分好水，人可得二升，遂便欲尽。商人议言，‘常行时政可五十日便到广州，今已过期多日，将无僻耶。’即便西北行求岸，昼夜十二日，到长广郡界牢山南岸。”

其时天气连阴，舵手无法借助星象来判断他们的航向。航行了七十多天，粮食和淡水都将用尽，只能取海水做饭。将剩余淡水分每人两升，这两升水也快喝完了。商人议论说，通常行驶50天就到广州，现已超过多天，是不是偏离航向。于是向西北行驶寻觅海岸，航行12个昼夜，终于到达了长广郡界牢山南岸，也就是青岛崂山。登陆之后法显到达青州，次年从青州到达当时东晋的首都建康。这就是法显艰难的求法经历。

下面我们再了解一下玄奘的游历情况，大家比较熟悉一些。在中古中印文化交流史上，玄奘是一位非常重要的人物，他是中印文化交流的使者、佛教文化的建设者。玄奘在贞观三年（629年）从长安出发，历经甘肃、新疆，以及中亚诸国、阿富汗，游历西北印度（今巴基斯坦）和印度本土大部分地方，于贞观十九年（645年）回归长安。他前行的路程和法显不太一样，法显去的时候从西域南道的于阗向西越过喀喇昆仑山，这条路是非常艰难的。玄奘则从喀什翻越帕米尔高原，再穿过兴都库什山口，到达西北印度，这条路虽然相对较远，但道路相对平坦一些。玄奘在返回时，却踏上喀喇昆仑山之路，经于阗国返回汉地。

（唐）道宣撰《续高僧传》卷4：

“（玄奘）会贞观三年，时遭霜俭，下敕道俗，逐丰四出。幸因斯际，径往姑臧，渐至炖煌。路由天塞，裹粮吊影，前望悠然，但见平沙，绝无人径。回遑委命，任业而前，展转因循，达高昌境。”

贞观三年关中遭遇荒年，政府有令，百姓可以到年景好的地方逃荒。赶上这个机会，玄奘直接从长安出发途径凉州，直奔敦煌，敦煌关隘守卫严密，偷越边关时险些遇难，经过黄沙漫天的流沙河，差点被流沙吞没。此时，他想起自己身担重任，于是鼓足勇气继续前行，一直到达高昌（今吐鲁番）。

“高昌王麴文泰，特信佛经，复承奘告，将游西鄙，恒置邮驲，境次相迎。忽闻行达，通夕立候，王母妃属，执炬殿前。见奘苦辛，备言意故，合宫下泪，惊异希有。延留夏坐，长请开弘，王命为弟，母命为子。殊礼厚供，日时恒致。乃为讲仁王等经，及诸机教，道俗系恋，并愿长留。奘曰，本欲通开大化，远被家国，不辞贱命，忍死西奔。若如来语一滞此方，非唯自亏发足，亦恐都为法障，乃不食三日。佥见极意，无敢措言。王母曰，今与法师一遇，并是往业因缘，脱得果心东返，愿重垂诫诰。遂与奘手传香，信誓为母子。麴氏流泪，执足而别。仍敕殿中侍郎，赍绫帛五百匹，书二十四封，并给从骑六十人，送至突厥叶护牙所。”

高昌王麴文泰笃信佛教，热情欢迎玄奘的到来。看到玄奘那样辛苦，大家都非常难受，聘请他讲经说法。玄奘与高昌王麴文泰结为兄弟，与高昌王母亲结为义母子，受到非常优厚的待遇。高昌王等人再三请求玄奘留下来弘扬佛法，而玄奘本人怀着赴印求法的伟大志向，不愿违背自己的意愿。于是三天不吃饭，此举感动了高昌王母子，不得已答应玄奘的请求。高昌是北方游牧民族建立的国家，与当时从属于突厥的西域诸国关系密切，于是送给玄奘500匹丝绸用作沿途所经诸国礼品，又为他书写24封书信，还派了60个人护送他到突厥叶护可汗的衙帐。因此玄奘其后的行程非常顺畅。《续高僧传》卷4写道：

“以大雪山北六十余国，皆其部统故。重遗，达奘开前路也。初至牙所，信物倍多，异于恒度。谓是亲弟，具以情告，终所不信。可汗重其贿赂，遣骑前告所部诸国，但有名僧胜地，必令奘到。于是连骑数十，盛若皇华。中途经国，道次参候，供给顿具，倍胜于初。自高昌至于铁门，凡经一十六国。”

（玄奘）所经中亚地方都属于突厥管辖，每到一个地方都给他们丰厚的礼品，因此所到之处受到极好的待遇，当地派向导引领玄奘巡礼佛教圣地。就这样，一直到达当时中亚南端的铁门关，之后越过兴都库什山，便到达印度地界。玄奘游历印度在《续高僧传》（或称《唐高僧传》）卷4中记述：

“有顺世外道来求论难，书四十条义悬于寺门，若有屈者斩首相谢。彼计四大为人物因，旨理沈密，最难征核，如此阴阳谁穷其数，此道执计，必求捔决。彼土常法，论有负者，先令乘驴，屎瓶浇顶，公于众中。形心折伏，然后依投，永为皂隶。诸僧同疑，恐有殿负，默不陈对。奘停既久，究达论道，告众请对，何得同耻，各立旁证。往复数番，通解无路，神理俱丧，溘然潜伏。预是释门，一时腾踊，彼既屈已，请依先约。奘曰，‘我法弘恕，不在刑科，禀受我法，如奴事主’，因将向房，遵正法要。彼乌荼论，又别访得，寻择其中，便有谬滥。谓所伏外道曰，‘汝闻乌荼所立义不。’曰，‘彼义曾闻。’特解其趣，即令说之，备通其要。便指纤芥，申大乘义破之，名制恶见论，千六百颂，以呈戒贤等师。咸曰，‘斯论穷天下之勍寇也，何敌当之。’

（中略）王曰，此论虽好，然未广闻。欲于曲女城大会，命五印度能言之士对众显之，使邪从正，舍小就大，不亦可乎。是日发敕，普告天下。总集沙门、婆罗门一切异道，会曲女城。自冬初泝流，腊月方到，尔时四方翕集，乃有万数。能论义者数千人，各擅雄辩，咸称克敌。先立行殿，各容千人，安像陈供，香花音乐，请奘升座，即标举论宗，命众征核，竟十八日无敢问者。王大嗟赏，施银钱三万，金钱一万，上氎一百具。仍令大臣执奘袈裟，巡众唱言，支那法师论胜，十八日来无敢问者，并宜知之。”

玄奘在印度有一段非常难得的经历。当时，北印度有一个大国——羯若鞠羯国（当时戒日王统一了分裂的北印度，维持了半个世纪，戒日王逝世后国家解体），玄奘恰好赶上此国兴盛时期。当时印度各种哲学、宗教流派都非常活跃，不同哲学流派乃至佛教各派之间经常辩论。一个非常有名的哲学流派叫作顺世论派，向那烂陀寺发起论辩挑战，书写了40条论点请求辩论。顺世论派是世界上非常有名的唯物论派，认为世界由地、水、火、风这样的物质元素构成，逻辑非常严密。顺世论派誓言，如果输掉这场辩论，将舍弃生命以答谢对方。按印度常例，辩论失败者须乘驴游街，以屎尿浇灌其头，令其心服口服，永沦为奴隶。一时间，那烂陀寺众僧踌躇不前，担心自己不能胜任。此时玄奘在印度已经停留了十多年，已经通晓印度语言和哲学，于是奋然应战。经过激烈辩论，顺世论派神理俱丧，玄奘获胜。不过，玄奘以我法慈悲为由，没有按照誓约惩罚对方。此时，玄奘已经找出顺势论派义理的破绽，写了一部《制恶见论》一千六百颂，并且把这个论藏献给那烂陀寺的寺主（在当年印度的大型寺院相当于一座大学）戒贤等法师，众人皆说，此论藏可以所向披靡。

戒日王以为，此部论藏虽好，可是还没有广泛流行。于是在国都曲女城为玄奘设立论坛，让全印度的各种哲学、宗教人士到这里辩论，让邪说归于正道，使佛教徒舍弃小乘而心向大乘。此事传布开来，各地的哲学和宗教人士纷纷来到曲女城参加大会，约有万人之多。请玄奘为论主，为他摆了18天擂台，结果无人敢于迎战。于是，戒日王敕赠送他银钱三万、金钱一万，上等氎一百具。还命大臣提着玄奘的袈裟当众宣言，中国和尚论胜，这是中国知识人士在海外获得的莫大荣誉。《续高僧传》卷4继而叙述：

“便辞东归，王重请住观七十五日，大施场相，事讫辞还。王敕所部，递送出境，并施青象、金银钱各数万。戒日、拘摩罗等十八大国王，流泪执别。奘便辞而不受，以象形大，日常料草四十余围，饼食所须又三斛许。戒日又敕令诸属国随到供给，诸僧劝受象施。皆曰，斯胜相也，佛灭度来，王虽崇敬，种种布施，未闻以象用及释门。象为国宝，今既见惠，信之极矣。因即纳象而反钱宝。”

玄奘即将回国之时，王敕递送他出境，并赐给青象，以及金银钱各数万。戒日王与诸小国国王流泪送别。玄奘以青象每天需太多饲料为由，而推辞不接受，僧侣们劝说玄奘接受这头青象，它代表着胜利之相。自从佛陀去世以来，虽然王者崇敬佛教，又以种种方式布施僧侣，从来没听说把大象布施给佛教徒之事，这是极高的荣誉，因为在印度，大象是国宝。玄奘便接受了这头象，把其他各种钱财都归还原主。玄奘用这头象载着所取的经典和佛像踏上回国之途，结果越过喀喇昆仑山之后大象因劳累而死。于是他写信给唐太宗寻求帮助，才平安抵达长安。

下面进入讲座的正题。中古时期中国和印度文化交流的一些细节，主要是从两大方面进行介绍，一个方面是装饰图像，另外一个方面是人物的造型。

装饰元素之一：满瓶莲花图像——印度满瓶莲花图像及其在中国的新发展

学界将古印度瓶子中长出莲花的物像称为“满瓶”，满瓶在印度是一种吉祥图像。

这是江南地区南朝的满瓶莲花图像（图3），造型纤秀、洒脱，给人以清新、悦目的感觉，其源头就在印度。起源于印度的满瓶莲花图像，伴随着佛教文化的发展，在中印两国获得充裕发展空间。

印度满瓶莲花图像，在纪元前后四、五百年间形成中印度和东南印度两个中心，表现在窣堵波栏楯、塔门和嵌板上，突出丰饶多产的意涵，同时富有装饰意义。在笈多时代及其以后的几个世纪用作柱头与柱脚装饰，装饰功能超越丰饶多产意涵。

中国满瓶莲花图像吸收了中印度纪元前后的造型因素，在南北朝隋代出现成都系、建康系两个群体，两系分别用于佛像台座，以及南朝墓葬画像砖和北朝佛像背光，丰饶多产的意涵与装饰功能各有侧重。入唐以后四川满瓶莲花图像盛行一时，丰饶多产的意涵依然浓重。

一、印度满瓶莲花图像

印度是满瓶莲花的诞生地和第一故乡，其图像分作纪元前后、笈多时代及其以降两个发展阶段，两者具有不同的内涵和面貌。

1. 纪元前后的满瓶莲花图像

纪元前后，印度佛教文化进入一个繁盛发展时期。在中印度，相继产生巴尔胡特窣堵波（BharhutStupa）、桑齐窣堵波（SanchiStupa）两处佛教物质文化载体，以及秣菟罗佛教文化中心。在东南印度，先后建立阿玛拉巴提（Amaravati）、纳加尔朱纳康（Nagarjunakonda）两个佛教文化中心。中印度与东南印度满瓶莲花图像一脉相承，又呈现有别的地域风貌。

（1）中印度满瓶莲花图像

中印度巴尔胡特窣堵波周围的围栏（图4），文献称为“栏楯”，上面用圆形的区间表现了满瓶莲花图像。满瓶中长出莲叶和莲花，莲花上立者是代表丰饶多产的女神叫拉克希米，两侧还站立着大象，这是古印度颇有人气的造型。这种图像在印度获得很大发展。此满瓶两侧长出红莲花和白莲花（图5），古印度在造型时往往把相近的植物综合起来，就形成了红莲花和白莲花混合图像。莲蓬上面站立着鸟雀，此图像大体对称，同时还有一些细节变化，体现了印度造型设计的趣味。

图3　图4

图3　画像砖之一（出《中国画像砖全集全国其他地区画像砖》16页图7，南京王家洼村南朝墓出土）

图4　北方邦巴尔胡特窣堵波—栏楯

中印度桑齐第二窣堵波栏楯满瓶（图6），年代可能略早于巴尔胡特栏楯，两者反映了相近的造型风貌。

1世纪桑齐第一窣堵波的满瓶（图7、图8），相对巴尔胡特图像呈现新发展面貌。此桑齐满瓶两侧莲花形态变得丰富，一些莲叶卷曲，一些莲瓣包裹着莲蕊，还有含苞待放的莲蕾，出现拉克希米女神坐像。

（2）南印度满瓶莲花图像

南印度的满瓶莲花图像（图9、图10），满瓶像一个坛子，生出的莲花完全对称，已经趋于图案化，不像中印度满瓶莲花那样写实。这种满瓶莲花图像实际上没有对中国产生影响。那么，在纪元前后的四、五百年间，中印度、东南印度满瓶莲花图像表现意图何在？

其一，在满瓶中生长莲花，意味着满瓶是水的载体，承载水的满瓶成为生命的源泉，莲花则是旺盛生命力的表现，再加上莲花多籽、根系繁多的特性，使得满瓶莲花成为丰饶多产的象征表现，这一点已成为学界共识。

其二，满瓶莲花与丰饶女神拉克希米组合，进一步说明了其中生殖繁衍的内涵。

其三，这些满瓶莲花图像几乎与窣堵波关联，配置在窣堵波的栏楯、塔门或基坛位置，经常与富有生命力的植物、动物、夜叉和夜叉女组合表现，根本寓意在于佛教的繁荣。

2. 笈多时代及其以前的满瓶莲花图像

笈多时代（Gupta Dynasty，320年～6世纪中叶）与后笈多时代（6世纪中叶～8世纪中叶），印度佛教物质文化迎来另一个繁盛发展时期，分布地域涉及中印度和西印度广大地区，进入帕拉时代（Pala Dynasty，8世纪中叶～12世纪）分布地域大体局限在东印度范围。其满瓶莲花图像与佛教物质文化发展趋势大体一致，分布在除西北印度和

图5　北方邦巴尔胡特窣堵波——满瓶莲花

图6　中央邦桑齐第二窣堵波——栏楯——满瓶莲花

图7　中央邦桑齐大窣堵波东门外面——满瓶莲花之一

图8　桑齐大窣堵波东门里面——满瓶莲花

图9　阿玛拉巴提窣堵波——满瓶莲花

图10　纳加尔朱纳康达窣堵波——满瓶莲花

东南印度之外的大部分印度版图，连绵八、九个世纪。

这一时期满瓶莲花图像不再用作窣堵波的装饰，而是用于装饰柱脚或柱头。面貌也大为改观，莲花比重减少且多表现在瓶口上方，满瓶两侧增加垂下蔓草，整体仿佛一个大花篮（图11～图18）。

由上可见，笈多时代以来，印度满瓶莲花图像由窣堵波装饰转化为寺庙建筑石柱装饰，这种转变取决于印度佛教寺院建筑功能的变化。笈多时代及其以后，覆钵形窣堵波不再流行，地面寺院祠堂与石窟寺院祠堂成为主要礼拜场所，满瓶莲花图像随之转移到祠堂立柱上来，其内涵和功能也相应地发生某些变化。

在石柱上表现的满瓶莲花图像，装饰意味更加浓厚，制造丰富多彩的视觉效果似乎成为首要目的。但不可否认，之所以选择满瓶莲花装饰，就是看重其原有的丰饶多

图11	图12
图13	图14

图11　北方邦鹿野苑遗址石柱

图12　鹿野苑遗址石柱柱脚—满瓶莲花

图13　北方邦大菩提寺石柱柱脚—满瓶莲花

图14　奥利萨邦Ratnagiri寺址石柱柱脚—满瓶莲花

图15	图16	图17	图18
图19	图20	图21	

图15　马哈拉施特拉邦阿旃陀—第24窟列柱

图16　马哈拉施特拉邦阿旃陀—第24窟列柱柱头－满瓶莲花

图17　卡纳塔克邦帕塔达卡尔—印度教寺庙列柱柱头—满瓶莲花

图18　北方邦柱头满瓶莲花

图19　南梁太清三年（549年）—释迦佛双身像

图20　成都西安路出土南梁三佛像—（出《四川出土南朝佛教造像》164页图版58-1）

图21　成都万佛寺遗址出土—南梁双观音菩萨像碑（出《中国国宝展》图版119）

产内涵，这也是这种图像在新一轮发展中能够持续八、九个世纪的根本缘由。

二、中国满瓶莲花图像

印度满瓶莲花图像早在两晋时期已经传入中国，然数量稀少，也没有能够作为一个传统延续下来。其后，伴随着南北朝隋唐大规模佛教造像事业的发展，满瓶莲花图像再次传入并获得实质性发展。

中国系满瓶莲花的第二故乡，其满瓶莲花图像经历了南北朝隋代、唐代两个发展阶段，两者既有联系也有区别。值得注意的是，已知中国满瓶莲花实例，明确吸收了中印度纪元前后窣堵波同类图像造型因素，笈多时代及其以降立柱满瓶莲花的影响十分有限。

1．南北朝隋代的满瓶莲花图像

南北朝隋代，中国满瓶莲花图像获得第一个发展期，存在成都系、建康系两个各有特征的群体。

（1）成都系满瓶莲花图像

成都系满瓶是作为佛或者菩萨台座出现。下图是一个满瓶长出了莲蓬，其上有两尊或三尊佛，两侧为表现对称升起的荷叶、莲蓬和侧面观莲叶（图19～图21）。

在上述实例中，满瓶莲花之上分别承托二佛、三佛、二菩萨，与多佛或多菩萨的意念关联。多佛与多菩萨自身具有佛教繁荣和连绵不绝的内涵，承托佛、菩萨的满瓶莲花依然突出了丰饶多产的象征意义。

再者，多佛还具有象征佛国世界的意涵，因而承托多佛的满瓶莲花或许还带有清净国土的用意，少许实例同时刻画化生童子图像，在一定程度上证实了这种推测的可能性。

值得注意的是，印度本土笈多时代开始出现并流行莲蓬座佛像，上述实例莲蓬座造型除模仿印度满瓶莲花与拉克希米女神组合表现之外，似乎还受到笈多时代莲蓬座佛像造型影响，然满瓶莲花与莲蓬座佛像结合并非发生在印度，而是出现在成都地区。

（2）建康系满瓶莲花图像

在南京地区出现的满瓶莲花图像称为建康系，建康系满瓶莲花的花瓶不是作为佛的台座出现的，而是用作墓葬内装饰（图22）。

这是砌筑墓葬的印制花纹砖，满瓶中长出叶片和花卉，其中两叶垂下，依稀可见印度满瓶莲花的构图模式。

这种图像在当时直接影响了北魏的首都平城，在下图（图23）平城墓葬里也发现类似的造型，毫无疑问这是来自南朝的因素。

南京的满瓶莲花图像与印度莲花中丰饶富贵的风格不同，将从印度传入的满瓶莲花与本地文化相结合，清秀而洒脱，这与东晋南朝崇尚的审美观念密切关联。以下两图南京出土满瓶莲花（图24、图25），造型视角接近中印度纪元前后窣堵波同类图像。

长江中游和下游满瓶莲花属于同一个系列，但地处长江中游的汉水流域满瓶像尖细的花瓶，上面长出长茎莲花，都是在建康系基础之上变化而来的（图26、图27）。

图22 | 图23

图22 南京雨花台M84南朝墓出土—画像砖（出《考古》2008年第6期47页图5-1）

图23 大同南郊M112约北魏太和年间—石雕棺床侧面拓片（出《大同南郊北魏墓群》图147B）

图24　南京王家洼村南朝墓出土—画像砖之一（出《中国画像砖全集：全国其他地区画像砖》16页图7）

图25　南京王家洼村南朝墓出土—画像砖之二（出《中国画像砖全集：全国其他地区画像砖》17页图7）

图26　安康蕈安征集南朝画像砖（出《鹿島美術研究》年報第13号别冊116页图18）

图27　襄阳贾家冲南朝墓出土—画像砖之二（《江汉考古》1986年第1期25页图15）

图24		
图25	图26	图27

建康系满瓶莲花对北方产生了一些影响。在北方造像之中出现一些浮雕满瓶（图28～图31），满瓶里面长出莲花，两侧也有对应的叶片，上面的莲花像插花的造型。

就目前已知资料，建康系满瓶莲花图像约产生于6世纪初叶，成都系满瓶莲花图像约产生于6世纪中叶，二者各具特征并分别形成了自己的发展轨迹，这种情况暗示二者是从不同途径引进印度满瓶莲花图像。成都系满瓶莲花因素可能从南部沿海而来，建康系则可能从东部沿海而来。后期发展的面貌也大不一样，成都系基本是用于佛教造像，而建康系基本是用于墓葬的装饰。

建康系满瓶莲花图像不仅分布在南朝地域，还波及北朝地域，影响力明显大于成都系满瓶莲花图像，形成这种格局的原因，或许在于它起源于代表当时先进文化的南朝京畿地方，于是传播得更广更远。

图28　沁阳栖贤寺—东魏武定四年（546年）—佛像局部（出自日本松原三郎《中国仏教彫刻史論》图版288）

图29　广饶南赵村皆公寺—北魏晚期—造像碑局部之一

图30　洛阳龙门莲花洞南壁第41龛—北魏晚期—佛像背光拓本（出《莲花洞》162页拓片58）

图31　诸城出土—北齐—佛像局部

2. 唐代的满瓶莲花图像

在唐代，中国满瓶莲花图像迎来又一个发展期，四川一地集中了大部分实例，而北方地区仅见有零星实例，呈现不平衡发展状态。

唐代时期满瓶莲花在四川一带还是作为佛像的台座出现（图32、图33）。

四川广元佛像的满瓶莲花台座（图34），其满瓶出现一圈联珠纹带。四川南北朝满瓶都是素面的，没有这样的装饰。这种装饰带的满瓶也不是同时期印度所有的，印度这样的装饰都是纪元前后的流行因素，距离此时已经是五、六百年了，这应该是新一轮中印文化交流的结果。

西印度石窟千佛化现图像（图35），两个人形龙王变现一株大莲花，左右上方各有诸多相同莲花，每株莲花上各有佛陀趺坐。

图32　茂县点将台—唐贞观四年（630年）—第4龛

图33　剑阁横梁子—唐贞观二十一年（647年）—第6龛

图34　广元皇泽寺第15窟南壁—初唐—补刻小龛（出《广元石窟》26页图版24-2）

当这种图像传播到中国之后，由于中国当时不习惯人形龙王的形象，龙王就转化为满瓶，从满瓶里面长出了许多莲蓬，佛陀坐于其上。这就是适应不同文化环境的选择，其源头无疑来自于印度（图36）。

成都周围出现的一些满瓶莲花，上面也出现了联珠纹装饰带，这是在南北朝时候没有的。周围长出一些对称的莲叶，上面是一个大莲蓬，莲蓬之上坐着佛陀的整体造型，这都是吸收印度的基本因素之后，在中国发生微妙变化（图37、图38）。

处在满瓶莲花上的七佛图像（图39～图43），虽然造型多种多样，但是万变不离其宗。台座上满瓶中长出莲茎和莲蓬，分一层、两层乃至三层，七佛或坐或立。

阿弥陀经变与观无量寿经变（图44、图45），主尊阿弥陀佛与观世音、大势至菩萨，坐在满瓶中长出的莲蓬上，这完全是在中国的发展形式。

敦煌盛唐和晚唐时期的壁画（图46、图47），满瓶莲花在以前造型基础上发生一些变化，装饰意味愈加浓厚。

再往后发展，满瓶莲花逐渐向插花方向发展。到宋代之后，以前的满瓶形态基本就不见了，形成了中国式的插花，表现的物像也不限于莲花，而是各种各样的花卉，例如牡丹花等。花瓶里插牡丹花的造型后来成了主要内容，一直流行到明清时期（图48、图49）。

图35	图36
图37-1	图37-2

图35　马哈拉施特拉邦阿旃陀第7窟前廊左壁—千佛化现

图36　仁寿牛角寨—中唐前后—第26龛

图37-1　邛崃花置寺—唐贞元十四年（798年）—第6龛与中唐第5龛

图37-2　邛崃花置寺—唐贞元十四年（798年）—第6龛与中唐第5龛局部

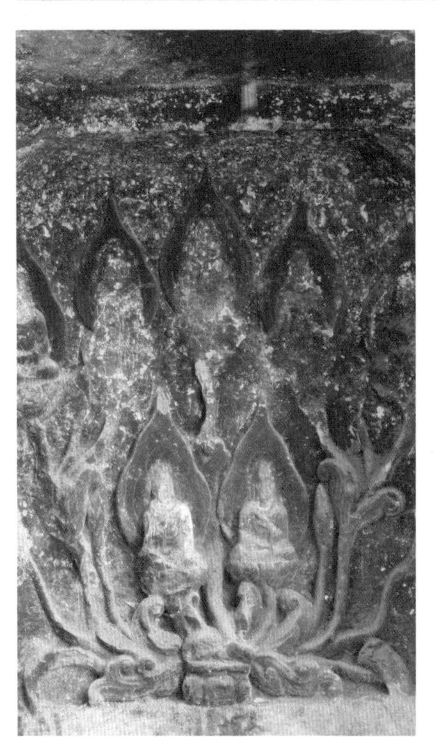

图38-1	图38-2
图39	图40
图41	图42

图38-1 邛崃花置寺—中唐前后—第3龛

图38-2 邛崃花置寺—中唐前后—第3龛局部

图39 潼南千佛崖—中唐前后—第76龛

图40 旺苍佛子崖—中唐前后—第29龛

图41 邛崃天宫寺—中唐前后—第57龛

图42 夹江千佛崖—中唐前后—B19龛（出《夹江千佛崖》65页图35）

图43　夹江千佛崖—晚唐前后—E区第125龛地藏观音合龛

图44　仁寿牛角寨—中唐前后—第3龛观无量寿经变

图45　仁寿牛角寨—中唐前后—第21龛阿弥陀经变

图46　莫高窟第384窟—盛唐—南壁龛外东侧壁画－不空羂索观音经变局部（出自《中国敦煌壁画全集6盛唐》143页图版139）

图47　莫高窟第9窟—晚唐—主室天井壁画佛像局部（出《敦煌石窟艺术：莫高窟第九、一二窟（晚唐）》48页图版17）

图43	图44
图45	
图46	图47

因此插花这一物像的源头实际就是印度的满瓶莲花，如果不追溯源头就不知道它是从哪里来的。

以上可知，唐代满瓶莲花图像在四川获得比较充分发展。就造型而言，一方面继承了当地南北朝隋代传统，另一方面再次吸收了印度因素；就功能而言，大多实例与

图48 仁寿白银罐—唐至德元载（756年）—龛像边框

图49 华蓥—南宋咸淳元年（1265年）—福国夫人李氏墓后室左龛图像（出自《华蓥安丙墓》图版15-1）

图48 | 图49

千佛、七佛、西方净土组合表现，亦即关联多佛和净土思想，不仅强调了满瓶莲花固有的丰饶多产意涵，还用来象征净土世界的存在。北方地区少许实例，则呈现吸收新输入印度造型因素的情况。

进入宋代以后，满瓶莲花转换为用于家居摆设的瓶花并日渐流行，原初的满瓶莲花图像走到历史尽头，同时在世俗文化中迎来新生。

装饰元素之二：花鸟嫁接式图像——印度花鸟嫁接式图像及其在中国的新发展

大家看下图（图50），一只鸟雀的头顶长出一枝花卉，尾巴像是一丛花束，动植物混合造型，超出一般思维模式，此图案来源于哪里呢？

这里称其为花鸟嫁接式图像，其源头也在印度。花鸟嫁接式图像，亦即鸟雀与花卉的混合造型，艺术创意近乎极致，在装饰纹样史上留下永恒的印记。这种图像创始于印度文化的黄金时代笈多时期（4世纪初叶～6世纪中叶），后笈多时代（6世纪中叶～8世

图50 日本正仓院藏—武周至盛唐—花鸟纹刺绣（出自《正倉院宝物·南倉》（增補改訂）图版167）

纪中叶），在帕拉时代延续发展，波及古印度大部版图。初唐时期印度花鸟嫁接式图像传入汉文化地区并迅速中国化，武周至盛唐时期风行一时，连绵至五代前后，唐两京所在中原地区始终是中心发展区域。中国花鸟嫁接式图像数量之众、发展程度之高，又非印度所能及。

一、印度花鸟嫁接式图像

在印度笈多时期有两个佛教雕刻流派，其中一个是在北方邦的秣菟罗。印度花鸟嫁接式图像伴随笈多系缠枝蔓草流行开来，基于细部造型差异，可以分为后身作浪花形花鸟嫁接式图像、后身作漩涡形花鸟嫁接式图像，以及口衔串珠花鸟嫁接式图像三种不同的表现形式。

（1）后身作浪花形花鸟嫁接式图像

秣菟罗笈多朝立佛的头光刻画一对鸟雀，鸟雀的头部比较写实，但其身躯、尾羽和翅膀表现都已经植物化了，形成既像缠枝、又像波浪的造型（图51）。

这种极具设计内涵的造型，是笈多文化给予亚洲的重要贡献。这样的物像在印度很流行，过去在学界没有注意到中国也受到它的影响，实际上此物像对中国的影响很大。

西印度石窟壁画（图52），鸟的翅膀、尾羽都作缠枝形态，像波浪一样。

这样的造型与中国传统文化完全不是一个体系。下图为出自新疆和田地区的建筑构件浮雕（图53）。这只鸟雀的头翎、尾羽和翅膀都用蔓草形式表现，与上述印度实例属于同一脉络。

（2）后身作漩涡形花鸟嫁接式图像

这样的造型在印度有很多实例。有的成对表现，尾羽完全植物化表现，造型近似缠枝蔓草（图54）。

西印度石窟此种图像数量众多，鸟的尾羽是缠枝式的，像波浪一般（图55～图57）。

图51-1　北方邦秣菟罗Jamalpur出土佛像—头光浮雕之一

图51-2　北方邦秣菟罗Jamalpur出土佛像

图52　马哈拉施特拉邦阿旃陀第1窟—天井壁画

图53　新疆和田地区—陶制建筑构件浮雕（日本东京国立博物馆提供）

图54　比哈尔邦菩提伽耶大塔——佛龛像座浮雕之一

图55　马哈拉施特拉邦阿旃陀第1窟——前廊浮雕

图56　马哈拉施特拉邦阿旃陀第22窟——立柱浮雕

图57　卡纳塔克邦巴达米第2窟——立柱之一柱头浮雕

图54	图55
图56	图57

（3）口衔串珠花鸟嫁接式图像

一对东印度花鸟嫁接式图像，鸟雀的尾羽和翅膀都用缠织蔓草形式表现出来，还衔珍珠项链。这种造型实际上是受到波斯艺术的影响（图58、图59）。

波斯萨珊的银盘，中间有一只鸟雀，衔着一条项链，这种造型对中亚、南亚都产生了影响（图60）。

阿富汗巴米扬石窟壁画，一对鸟雀衔着珍珠项链（图61）。在阿旃陀石窟壁画里可以发现波斯人的身影，是波斯艺术对印度产生影响的直接例证（图62）。

印度花鸟嫁接式图像产生于笈多时代，主要流行于笈多时代和后笈多时代，少许实例延续到帕拉时代或更晚。其鸟雀或为林鸟，或为水鸟，形状各异。

就已知实例而言，尾羽作浪花形表现者分布在中印度和西印度，还影响到中国新疆和田地区，尾羽作漩涡形表现者分布在东印度、西印度和南印度。在中印度、东印度和南印度还见有口衔项链的花鸟嫁接式图像，显然是波斯萨珊文化影响下的产物。各种表现形式的南印度实例又带有浓厚地域性特征。

图58　比哈尔邦菩提伽耶大塔—佛龛像座浮雕之二

图59　奥里萨邦拉特那吉利佛寺遗址—建筑构件浮雕

图60　波斯萨珊王朝—鎏金银盘

图61　阿富汗巴米扬第167窟壁画—联珠图像（出自《バーミヤーン—京都大学中央アジア学術調査報告—》第1卷图版43-1）

图62　阿旃陀第1窟—天井壁画

图58	图59	
图60	图61	图62

二、中国花鸟嫁接式图像

中国花鸟嫁接式图像亦与笈多系缠枝蔓草伴生，基于细部造型差异，可以分为后身作漩涡形或波浪形花鸟嫁接式图像、口衔绶带花鸟嫁接式图像、人与鸟花嫁接式图像、枝叶形花鸟嫁接式图像四种表现形式。其鸟雀形体基本采用中国传统的凤凰造型，头部类似公鸡，尾羽更换为缠枝蔓草。

（1）后身作漩涡形或波浪形花鸟嫁接式图像

我们见到最初出现的图像都集中在唐太宗昭陵。昭陵有许多陪葬冢，在陪葬冢的墓葬里发现了一些石质的葬具，比如石门、石椁，都表现了这样的图像。鸟雀头部写实，但尾羽已经植物化了。此种来自外域印度的特殊装饰图像，最初用在京城附近最高级墓葬之中合乎情理。至武则天时期造型成熟并普及开来（图63、图64）。

私人收藏的武则天前后铜镜。图像上的鸟首作凤凰头部，尾羽变成植物化的漩涡式，这是从印度传来之后在中国的新发展（图65）。

印度花鸟嫁接式图像鸟雀头部形式多样，传入中国后一概变成凤凰的头部。下图是南朝画像砖，王子乔吹笙引凤，被道士浮丘公引往嵩山修炼，尔后升仙的故事，图中就是传统的凤凰造型（图66）。

日本正仓院藏武周至盛唐花鸟纹刺绣丝织品，推测为唐朝传到日本的物品。鸟雀的头顶和尾羽都是植物化表现（图67）。

日本白凤时代（7世纪后半叶～8世纪初）的铺地砖，鸟雀的尾羽明显是受到中国的影响（图68）。

盛唐时期碑刻和铜镜图像，鸟雀尾羽宛如一团波浪，奔放自如（图69、图70）。

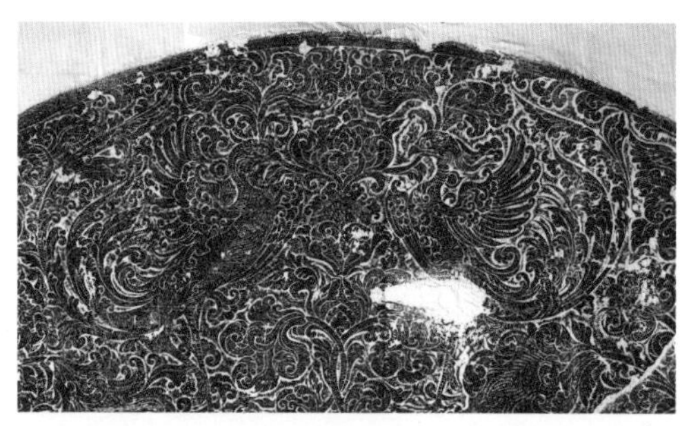

图63　礼泉昭陵—唐龙朔三年（663年）—新城县长公主墓石门楣拓本（出自《新城县长公主墓发掘报告》116页图94-1）

图64　咸阳杨陵区家和园—武周万岁登封元年（696年）—沙州刺史李无亏墓石门楣拓本

图65　私人收藏—唐代—铜镜之二（出自《古镜今照·中国铜镜研究会成员藏镜精粹》图版209）

图66　邓县画像砖墓出土—约6世纪上半叶—画像砖（出自《魏晋南北朝文化》97页图Ⅳ24）

图67　日本正仓院藏—武周至盛唐-花鸟纹刺绣［出自《正倉院宝物·南倉》（增補改訂）图版167］

图68　日本白凤时代—铺地方砖（出自《西遊記のシルクロード·三蔵法師の道》图版168）

图69　洛阳龙门奉先寺北岗—唐开元二十四年（736年）—大智禅师碑侧面图像（出自《西安碑林名碑精粹——大智禅师碑》6页图像）

图70　偃师杏园第2443号—唐会昌三年（843年）—贺州刺史李郃墓出土铜镜（出自《偃师杏园唐墓》215页图206）

图63 | 图64
图65 | 图66
图67 | 图68 | 图69 / 图70

（2）后身作连续长叶片形花鸟嫁接式图像

进入五代和辽初期（10世纪上半叶），鸟雀的尾羽变成植物长叶片状。如成都前蜀王建墓出土图像（图71）。

内蒙古科尔沁旗吐尔基山辽墓出土的图像（图72）。

这些是10世纪上半叶的图像。银壶上有一只鸟雀，尾羽也是叶片形状。这种情况表明，当时中国各地图像表现何其相似。

大家再看另外一件10世纪上半叶辽国的图像，图中凤凰尾都是叶片式的（图73）。引人注目的是图74柬埔寨吴哥巴戎寺列柱浮雕。因为吴哥遗迹属于印度文化系统，造型因素也受印度影响。但是，浮雕图像中两只凤凰相互追逐，尾巴也是细长叶片形状。这种图像应该不是柬埔寨自身的产物，也不是印度的，唯一可能就是来自中国。

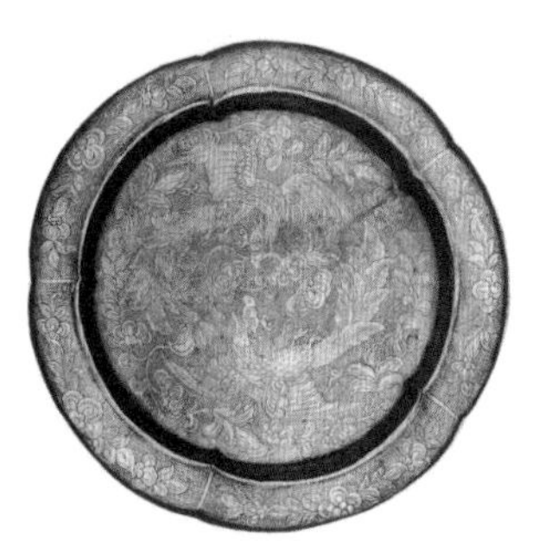
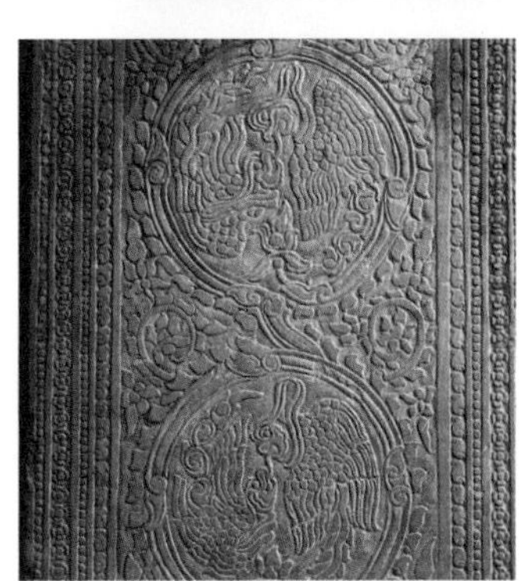

图71　成都—光天元年（918年）—前蜀高祖王建墓出土—外重宝盝盖银平脱图像（出自《前蜀王建墓发掘报告》73页图73）

图72-1　科尔沁左翼后旗吐尔基山辽墓出土—鎏金银壶（出自《内蒙古珍宝·金银器》图版155）

图72-2　科尔沁左翼后旗吐尔基山辽墓出土—鎏金银壶局部（出自《内蒙古珍宝·金银器》图版155）

图73　阿鲁科尔沁旗—辽会同四年（941年）—耶律羽之墓出土—錾刻鎏金银盘（出自《契丹风韵—内蒙古辽代文物珍品展》62页图像）

图74　柬埔寨吴哥巴戎寺列柱浮雕

如上所述，中国花鸟嫁接式图像发展有序，武则天前后鸟雀尾羽呈旋涡状，盛唐至晚唐时期鸟雀尾羽作浪花形，到辽代早期尾羽变成叶片，发展脉络十分清晰。

（3）口衔绶带花鸟嫁接式图像

这是花鸟嫁接式图像附加口衔绶带的表现，绶带通常和玺印等物结合，象征着吉祥富贵或高官厚禄（图75）。

在西安高楼林14号唐墓和新疆西部的图木舒克寺院遗址，建筑浮雕上出现鸟衔绶带图像，其鸟雀尾羽作漩涡形，应受到中原地区影响，印度没有这种造型，大概是唐朝设置都护府时期的遗物，周围一圈联珠纹应是来自波斯的元素（图76、图77）。

（4）人与花鸟嫁接式图像

长安盛唐时期武惠妃墓石椁，将人的上半身和鸟雀的后身结合起来，鸟雀尾羽变成植物形（图78）。

这是佛教的迦陵频伽鸟，经典记述迦陵频伽："出妙音声，如是美音若天若人"。迦陵频伽鸟创始于印度纪元前后，传到中国以后大约在武则天时期前后，开始出现与植物纹样结合在一起的造型。

敦煌中唐壁画迦陵频伽鸟（图79），尾羽作波浪形的植物纹样。

南京五代时期舍利银函（图80），迦陵频伽的尾羽呈叶片式。刚才我们介绍了五代时期的四川和辽国，这是同时期南京的图像，虽然出自不同的地域，造型几乎是一致的，可以看出当时文化交流的频繁性。

邓县墓出土的"千秋万岁"图像（图81），是人的头部和鸟雀的身子相结合的造型，属于传统神仙图像系统。而来自印度的迦陵频伽则是人的上半身与鸟雀身体结合的造型。

（晋）葛洪《抱朴子内篇》卷3"对俗"："千秋之鸟、万岁之禽，皆人面而鸟身，寿亦如其名。"

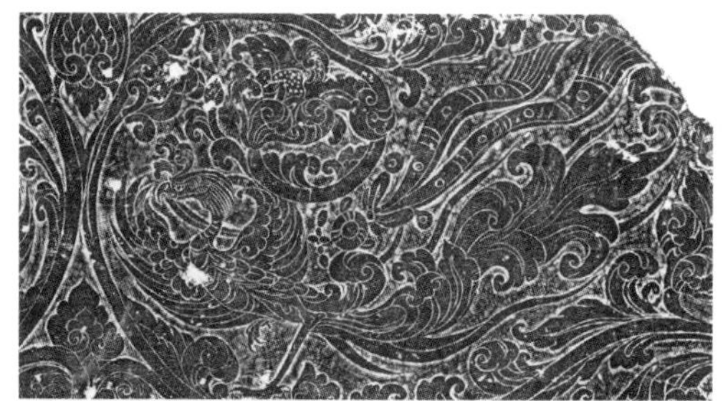

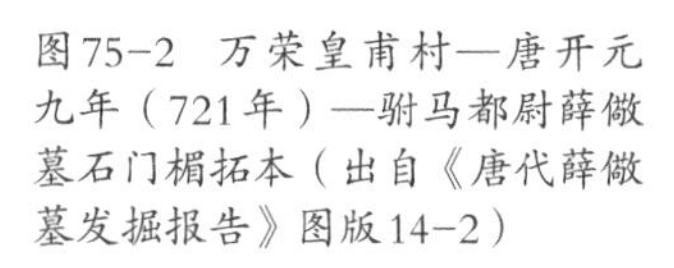

图75-1　万荣皇甫村—唐开元九年（721年）—驸马都尉薛儆墓石门楣线图（出自《唐代薛儆墓发掘报告》26页图23）

图75-2　万荣皇甫村—唐开元九年（721年）—驸马都尉薛儆墓石门楣拓本（出自《唐代薛儆墓发掘报告》图版14-2）

图76　西安高楼村14号唐墓出土铜镜

图77　图木舒克大寺院遗址B地点出土—柱子断片（出自《シルクロード大美術展》90页图版87）

图78　西安长安区庞留村—唐开元二十五年（737年）—武惠妃墓石椁线图（出自《四川文物》2013年3期69页图11）

图79　莫高窟第158窟—中唐—金光明经变局部（出自《敦煌石窟艺术：莫高窟第一五八窟（中唐）》图版183）

图80　南京禅众寺—五代前后—舍利银函（出自《中国纹样大系3　隋唐五代卷》521页图版201-4）

图81　邓县墓出土—约6世纪上半叶—画像砖（出自《魏晋南北朝文化》97页图Ⅳ23）

图75-1	图75-2
图76	图77
图78	图79
图80	图81

迦陵频伽从印度向中国传播，在敦煌石窟初唐壁画中，还不见植物纹样的尾羽，鸟雀身体显得很沉重，这是迦陵频伽刚传入中国，发展不成熟的表现（图82、图83）。

发展到盛唐、中唐时期，迦陵频伽的身躯变得轻盈，尾部完全植物化了（图84、图85）。

图82　莫高窟第321窟—初唐—主室后壁佛龛左侧迦陵频伽（出自《敦煌石窟艺术：莫高窟第三二一、三二九、三三五窟（初唐）》46页图版13）

图83　莫高窟第329窟—初唐—主室南壁阿弥陀经变中迦陵频伽（出自《敦煌石窟艺术：莫高窟第三二一、三二九、三三五窟（初唐）》132页图版100）

图84　莫高窟第45窟—盛唐—主室北壁观无量寿经变中迦陵频伽（出自《敦煌石窟艺术：莫高窟第四五窟附第四六窟（盛唐）》107页图版125）

图85　安西榆林窟第25窟—中唐—观无量寿经变局部（出自《敦煌石窟艺术：榆林窟第二五窟附一五窟（中唐）》图版112）

图82	图83
图84	图85

印度本土纪元前后的迦陵频伽（图86）。

类似这样物像还有来自波斯系统的。祆教祭司也是人的上半身，鸟的下半身，类似的人物造型在西亚新巴比伦王国已经流行开来（图87）。

在中国发展中还出现了一些新的变化。盛唐时期让皇帝李宪墓（其人将皇位让给唐玄宗）石椁，鸟雀身躯完全由枝叶构成，即使头部也趋向图案化。这种造型全印度都不能找到，是在中国的新发展（图88）。

一件盛唐鎏金银罐，这只鸟雀除头部以外，身躯全用枝叶构建，造型浑然一体，洒脱自如（图89）。

中国花鸟嫁接式图像，以印度同类图像为基础进行了中国化改造，并获得巨大发展。

后身作漩涡形花鸟嫁接式图像产生于初唐高宗时期，武则天前后获得高度发展，该图像最为接近印度祖形。后身作波浪形花鸟嫁接式图像从前者发展而来，出现于盛唐而主要流行于中晚唐时期。五代前后，花鸟嫁接式图像尾羽由从前的缠枝蔓草转变为连续长叶片形，并延续到辽宋早期。

口衔绶带花鸟嫁接式图像已知实例仅见于盛唐时期，在上述基本造型基础上形成。人与鸟花嫁接式图像产生于盛唐时期，一直延续到辽宋早期，其尾羽的时间变化一如上述基本造型，系典型的中国化花鸟嫁接式图像。

枝叶形花鸟嫁接式图像已知实例仅流行于盛唐时期，将印度笈多王朝以来花鸟嫁接式图像造型推向极致，再次见证了大唐文化的创造力和生命力。

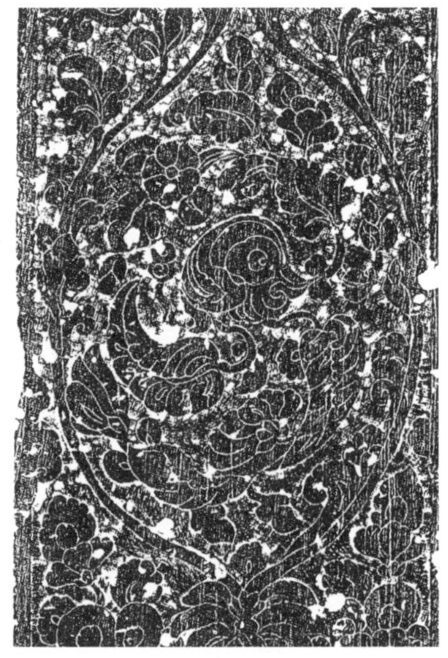

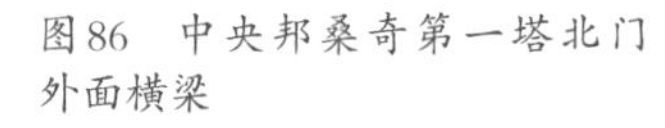

图86　中央邦桑奇第一塔北门外面横梁

图87　西安未央区井上村—北周大象二年（580年）—凉州萨保史君墓石椁

图88-1　蒲城三合村—唐开元二十九年（741年）—让皇帝李宪墓石椁立柱拓本（出自《唐李宪墓发掘报告》179页图186）

图88-2　蒲城三合村—唐开元二十九年（741年）—让皇帝李宪墓石椁立柱线图（出自《唐李宪墓发掘报告》178页图185）

图89-1　西安何家村窖藏出土—盛唐前后—鎏金银罐

图89-2　西安何家村窖藏出土—盛唐前后—鎏金银罐局部

图89-3　西安何家村窖藏出土—盛唐前后—鎏金银罐局部线图（出自《花舞大唐春——何家村遗宝精粹》274页图72）

图86	图88-1
图87	图88-2
图89-1	图89-2
	图89-3

综上所述，花鸟嫁接式图像创始于印度笈多时代，后笈多时代，在帕拉时代延续发展，波及西北印度之外的印度大部版图。印度先后出现并流行后身作浪花形、漩涡形花鸟嫁接式图像，以及口衔串珠花鸟嫁接式图像。

初唐高宗前后，印度花鸟嫁接式图像粉本传入中国，关中地区率先利用传统的凤凰图像将其改造为中国化形式，武周至盛唐时期最为流行，一直延续到五代前后，唐两京所在中原地区始终是中心发展区域。

中国花鸟嫁接式图像基本造型，尾羽缠枝蔓草表现经历漩涡形、浪花形、连续长叶片形，还流行变异造型的口衔绶带、人与鸟花嫁接，以及枝叶形花鸟嫁接式图像，极大地丰富了此类图像的艺术内涵，发展规模和造型多样性超越了印度花鸟嫁接式图像。

同源而不同流的花鸟嫁接式图像，已然形成中印文化史上的双璧。

人物造型元素之一：犍陀罗造型东传

在人体造型方面，印度文化对汉文化地区艺术的影响甚大。

隋朝是大一统的时代，在过去学界研究的时候，无论是政治史，还是文化史，通常将隋朝和唐朝放在一起，但是文化的发展基本是滞后于政治的，实际上隋朝的文化和南北朝是连在一起的。

南北朝、隋代，作为人物造型主要遗存的佛教造像，呈现一体化发展态势，期间经历三个发展阶段。其中，5世纪下半叶前后注重形体结构造型，6世纪上半叶前后造型重心转移到服饰刻画方面，6世纪下半叶前后肌体形态成为造型的主要着眼点。

公元5世纪，汉文化地区佛教造像明显地受到西北印度影响。印度河流经的西北印度，在公元1~5世纪的时候创造了著名的犍陀罗文化，由于以犍陀罗文化为核心的西域文化因素影响，汉文化地区人物造型获得第一次实质性大发展。佛、菩萨像注重形体结构刻画，头身比例关系比较合理，四肢与躯体之间形成自然的空间分离，在意量感性表现。

6世纪下半叶前后，造型吸收大量印度笈多文化因素，肌体形态成为主要着眼点。透过简洁贴体衣服，清晰地露出躯体轮廓和形态，四肢与躯体的空间分离日趋明显，形成圆润、优美、冥想风格。南北朝晚期、隋代佛教造像面貌的改变，不得不说笈多文化从中发挥了至关重要的作用。

中国先秦以来传统的人物造型，诸如大家比较熟悉的长沙出土的战国帛画人物龙凤图中的人物，穿着宽松的服装，人物的身躯轮廓、肌体形态几乎没有体现，只是大体的形似（图90）。

提起人物造型，大家都要说到秦始皇兵马俑，实际兵马俑写实性主要集中在头部，铠甲之类用模范泥塑而成。即使这样的造型也是昙花一现，在兵马俑之后再难见到来源于传统的写实性作品了（图91）。

东汉时期的乌获扛鼎（图92），大体的人物造型形似，四肢、比例和肌肉的表现都无从谈起，在当时中国艺术的表现重心本身就不在人体方面。

东汉时期的人物陶俑（图93），肌体的形态和轮廓与真人相比差距甚大。

图90　长沙子弹库出土—战国帛画人物龙凤图

图91　秦陵兵马俑

图92　江苏铜山吕梁出土—东汉—石刻画像—乌获扛鼎

图93　郫县宋家林出土—东汉—陶俑

图90	图91
图92	图93

曹魏时期的雕刻（图94），人体也只是大体的形似而已。

印度文化对中国的影响，在南北朝前期主要是西北印度的犍陀罗文化，通过陆路对汉文化地区产生了深刻影响。在南北朝后期和隋代，印度本土的文化通过海路对汉文化地区产生巨大影响。

巴基斯坦首都伊斯兰堡的西边，有一个著名的城市叫白沙瓦，南流的印度河，东流的喀布尔河，还有斯瓦特河都交汇于此，此地不仅是西北印度的中心，还可以从这里进入中亚，所以自古以来就是战略要地，在公元58年也是贵霜王朝的国都，并以此为中心创造了犍陀罗文化，后来犍陀罗文化就从这个地方向北、向东进入汉文化地区。

这是犍陀罗二、三世纪成熟时期的作品（图95），通过袈裟可以比较清晰地看到佛陀身体的轮廓，以及肩部、胸部和四肢的形态，着衣大体服从于躯体形态和动作，这就是犍陀罗人体造型的优胜之处。

下图是西晋前后金铜禅定佛像（图96），佛陀的造型比例结构基本合乎人体造型的

图94 洛阳西朱村曹魏大型墓葬出土—雕像

图95 犍陀罗Sikri出土贵霜朝趺坐佛

图96-1 西晋前后—金铜禅定佛像（美国哈佛大学福格美术馆藏）

图96-2 西晋前后—金铜佛像（美国哈佛大学福格美术馆藏，李静杰摄）

图94 | 图95 | 图96-1 | 图96-2

常规。头身比例关系合理，两臂和躯体之间有明显的空间分离，胸部隆起和腿部张力显著，袈裟的褶皱与走向，包括翻转的地方都十分写实。其焰肩表现可能受到阿富汗迦毕试地方佛像影响，佛陀面部显然汉化了，直发也是汉式的，不同于犍陀罗的波状发（图97）。

犍陀罗佛像所见右手从上衣中伸出表现，本源于地中海，为古希腊和古罗马流行的着衣形式（图98、图99）。

服装在犍陀罗基础上发展成为中土式样，我们称为右肩半披式袈裟，这种袈裟对汉地产生了很大的影响。

下图两件像也是右肩半披式的服装（图100、图101），这两件像都是身体造型放在首要位置，人物比例大体合乎雕塑的基本常规，内着僧祇支，外着右肩半披式袈裟。但是这两件像造型圆润，躯体形态不像犍陀罗佛像，而是受到中印度笈多艺术的影响。

对比上述二像可以明显看出承袭发展关系，两者造型基本一致，炳灵寺造像身躯还是强调立体感，但两腿量感和张力感大为减弱，四肢变得干瘪，趋于形式化了，但基本的形式还是继承下来。

图97 阿富汗迦毕试Shotorak寺址出土—贵霜朝禅定佛

图98 古希腊晚期—青铜立像（美国纽约大都会博物馆藏）

图99 阿富汗Hadda寺址出土—贵霜朝泥塑趺坐佛像（法国巴黎集美美术馆藏）

最著名的就是云冈昙曜五窟（图102），于460～470年开凿的一些大像，高17～19米。该像也是穿右肩半披式袈裟，头部和身躯之比为三头半高这样一个常规比例，两臂和躯体之间有明显的空间分离，量感性十分丰富，造型非常具有震撼力。

再看细部，头部耸起高高的肉髻，这是佛陀才拥有的特征，双耳垂肩则是佛陀32相之一。实际上犍陀罗造像基本是写实的，双耳垂肩的造型不多。因为犍陀罗地区直接吸收了来自古希腊、古罗马的雕刻技术，尽可能地让它接近于常人，所以在犍陀罗难以看到这种夸张的双耳垂肩造型，应是汉文化地区直接应用佛教典籍造型的结果。但整体写实的立体化表现显然受到犍陀罗的影响（图103）。

下图是天水麦积山石窟早期佛陀塑像（图104），面部造型显然受到平城方面影响，两臂和躯体之间有明显的空间分离关系。由石刻转化为泥塑之后发生了略微的变化，衣纹结构和云冈相比有一些差异。

下方左图犍陀罗菩萨下身着裙（图105），上身披络腋，有耳饰、项圈和项链，饰通身璎珞，菩萨头上束发，手提净水瓶，是典型的修行中的弥勒菩萨。下图西晋前后金铜菩萨像是中国最早的菩萨像之一（图106），头上束发，手里带着净水瓶，与犍陀罗弥勒菩萨像相仿，下身着裙，通身络腋，有项圈、项链，上面也有臂钏之类的装身

图100	图101	图102
图103		图104

图100　库车库木吐喇沟口区第20窟—5世纪前后—禅定佛

图101　永靖炳灵寺第169窟—西秦建弘元年（420年）—无量寿佛

图102　大同云冈石窟第20窟—北魏中期—禅定佛像禅定佛

图103　大同云冈石窟第20窟—主尊及其细部

图104　麦积山石窟第78窟—北魏中期—泥塑跌坐佛像

具。此像没有斜挂的璎珞，也不见八字胡，这是汉化的表现。早期的佛教徒传教设像传教，将供养佛、菩萨像作为一种传教的形式。但是，中国已知的这种犍陀罗式样菩萨像数量有限。

我们再看一般化菩萨像。下图是在犍陀罗出现的夜叉女（图107），两只脚交叉是典型的印度造型，帔帛顺着两肩垂下来。她的身躯线条和隆起的胸部、收缩的腰身，有些地中海造型特征，这是犍陀罗吸收不同文化元素的结果。其帔帛挎肩后顺着两臂垂下，影响了当时汉文化地区菩萨像（图108、图109）。

再看一些具有情节性的图像（图110）。佛传经典记述，释迦的母亲做了一个梦，一头白象进入她的右腋，预示着将诞生人类精神指导者、救护者。这头象后面有一个圆盘，这样的圆盘在印度本土是没有的，出现在犍陀罗地区。汉译佛经把它称为“日精”，代表太阳给人类带来光明。

图105	图106	图107
图108	图109	图110

图105　犍陀罗石刻立菩萨像（美国纽约大都会博物馆藏）

图106　出自陕西三原西晋前后金铜菩萨像（日本京都藤井有邻馆藏）

图107　巴基斯坦斯瓦特出土—药叉女像

图108　莫高窟第259窟—北魏中期—菩萨像

图109　麦积山石窟—北魏景明三年（502年）—菩萨像

图110　犍陀罗浮雕乘象入胎图像（美国旧金山亚洲艺术博物馆藏）

在龟兹石窟也出现了同样的故事画。一人乘着白象将要进入睡梦中的摩耶夫人的身躯，白象后面有一个圆盘，这样的造型直接传到了汉文化地区。

图111是471年陕西造像，浮雕画面中夫人寝于室内，菩萨乘着白象而来。在印度本土和西北印度的乘象入胎图像中都没有人形出现，东传之后，可能当地人不理解以动物形体投胎，为了适应当地的文化环境，就加入了这样的因素。因为印度轮回转世的世界观与汉文化固有观念不一样。

图112是印度1世纪桑齐第一窣堵波的夜叉。夜叉在印度是中性的，既有善神，也有恶神，汉译之后多了贬义内涵。下图所见为善神，作优美的裸体，攀着树枝，两腿相互交叉，是非常有印度特点的造型，在印度本土一直延续到15～16世纪。犍陀罗树下诞生图像也吸收了印度本土夜叉女造型。

这是释迦牟尼在树下诞生的场景。天神帝释天前来接生，预示着一个伟大的人物诞生了，他是人类的导师，将解救人类的圣人。

汉译经典（南朝·宋）求那跋陀罗译《过去现在因果经》卷1这样记述：

"于是夫人，即升宝舆，与诸官属并及婇女，前后导从，往蓝毘尼园。（中略）二月八日日初出时，夫人见彼园中，有一大树，名曰无忧，花色香鲜，枝叶分布，极为茂盛。即举右手，欲牵摘之，菩萨渐渐从右胁出。（中略）时四天王，即以天缯接太子身，置宝机上。"

佛母摩耶夫人在回娘家的途中，以右手握菩提树枝时，悉达多太子（即释迦）便从右腋诞生，这是和印度的种姓制度相关联的。印度种姓制度认为，梵天用嘴创造了最高种姓婆罗门，用两手创造了第二个阶层刹帝利，释迦牟尼属于第二阶层，与右腋诞生相符合。摩耶夫人后面有三个侍女，其中一人挽着夫人身体（图113）。这种造型传到中国后发生微妙变化，执化妆镜、抱孔雀羽扇的两个侍女消失了（图114）。

人物造型元素之二：笈多造型东传

刚才我们介绍了犍陀罗文化对中国南北朝前期的影响。在南北朝后期兴起的东魏、西魏、北齐、北周和隋朝，又发生了一些新的变化。图115是响堂山石窟菩萨立像，重心放在一条腿上，另一条腿微微翘起，身躯有很强的弹性，姿态优美。

东晋南朝的审美从顾恺之到陆探微，创造一种秀骨清像画风，又从南方弥漫北方。图116是南京出土的竹林七贤画像砖，人物清癯，褒衣博带。再看北魏晚期释迦多宝金铜佛像（图117），二佛十分消瘦，穿着宽松的袈裟，显然受到南朝审美的影响。

这种造型在6世纪中叶的时候突然变化了，秀骨清像造型衰退，躯体逐渐变得丰盈、圆润，这种变化的动因是从何而来？

笈多时代中印度出现了两个雕刻的中心，一个是恒河上游的秣菟罗，另一个是恒河中游的鹿野苑。秣菟罗基本特点是通身刻画具有韵律感的、匀称的衣纹，在中国称为曹衣出水。透过衣服可以清晰地看出人物躯体的轮廓和形态，着衣完全是服从于躯体自身的形态和动作，褶皱与人体形态和动作紧密关联在一起。但相对笈多造像，南

图111　兴平出土—北魏皇兴五年（471年）—石刻交脚坐佛像浮雕—乘象入胎图像

图112　中印度桑齐大塔—1世纪—东门石刻—夜叉女像

图113　西北印度犍陀罗—2、3世纪—石刻树下诞生

图114　北魏太安三年（457年）—宋德兴造石佛坐像后面图像

图115　响堂山石窟—北齐—菩萨立像

图116　南京西善桥南朝墓模印画像砖—竹林七贤像

图117　河北平山—北魏熙平三年（518年）—金铜释迦多宝佛像

图111	图112	
图113	图114	
图115	图116	图117

北朝隋代造像的人体造型还是不甚充分。

（1）笈多时代秣菟罗佛像式样的东传

我们将佛像按姿态、着衣进行类型划分。这组立佛像刻画对称的U字形衣褶，可以看作同一个系列。汉文化地区实例，躯体与两臂之间的空间界限逐渐变得模糊，还可以看到以往褒衣博带式袈裟的影响，造型重心则转移到肌体方面，可以说继承了秣菟罗佛像的模式（图118～图121）。

图118 印度秣菟罗出土—笈多时代—佛像

图119 成都万佛寺遗址出土—南梁—佛像

图120 博兴龙华寺出土—北齐—佛像

图121 印度秣菟罗Jamalpur出土—笈多时代—佛像

图118 | 图119 | 图120 | 图121

下个系列为着通肩右皱式袈裟佛像，汉文化地区在继承发展过程中，肌体造型依然有所退化，更多地沿袭了秣菟罗的形式因素（图122、图123）。

印度的鹿野苑流派艺术向东影响（图124～图126）。佛像通体磨光，袈裟轻薄贴体，就像贴在身上一样，着衣完全是为了形体造型。透过轻薄贴体的服装，可以清晰地看到躯体轮廓和形态。

这件柬埔寨佛像与印度佛像相比，主要差别在于面形不同，表明他们的国度有别，柬埔寨佛像的衣领刻画模糊。除此以外，这两件佛像几乎无法区别，继承关系一目了然。青州造像重点也放在躯体上，为了突出躯体的形态和轮廓，穿轻薄贴体的服装。

鹿野苑流派立佛（图127），躯体的重心放在一条腿上，另外一条腿微微翘起。从雕塑技术来说这是很重要的技法，看起来容易，能够想到这点并处理得恰到好处十分不易。此种形式始创于地中海的古希腊和古罗马，后来传到了犍陀罗，但是从犍陀罗只传到了中国新疆地区，没有再向东传。后来从犍陀罗传到中印度，南北朝后期又从中印度经海路传到汉文化地区。

青州隋代佛像（图128），身体重心放在一条腿上，另外一条腿微微翘起，通体磨光，袈裟显得宽松，多少有别于印度佛像。

图122 | 图123 | 图124 | 图125

图122 成都万佛寺—梁中大通元年（529年）—佛像

图123 青州龙兴寺遗址出土—北齐—佛像

图124 印度鹿野苑出土—笈多时代（473年）—佛像

图125 柬埔寨AngkorBorei出土—7世纪前后—佛像

图126　青州龙兴寺遗址出土—北齐—佛像

图127　印度鹿野苑出土—笈多时代—佛像

图128　青州龙兴寺遗址出土—隋代—佛像

图126 | 图127 | 图128

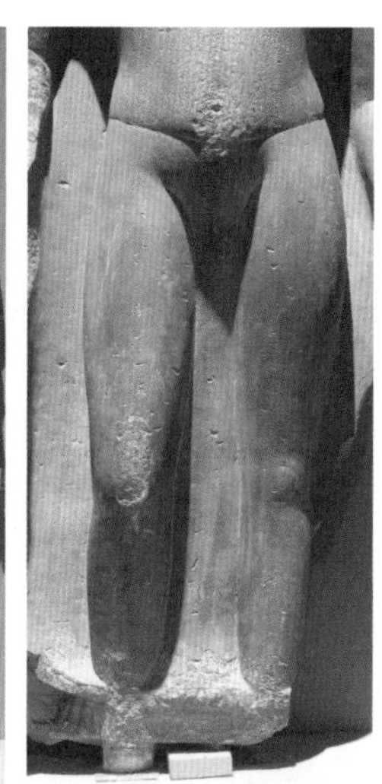
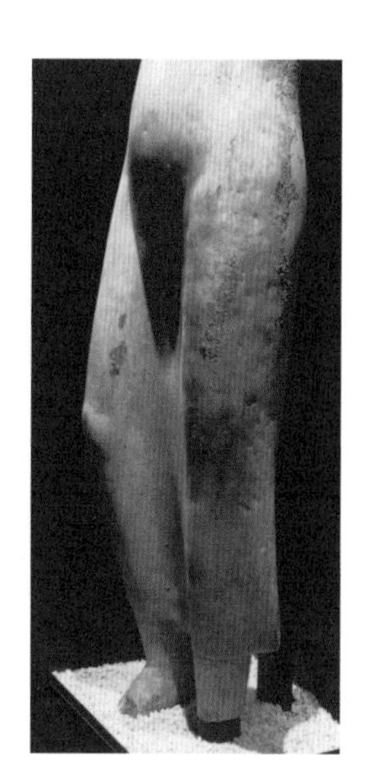

佛陀身穿右肩袒露式的袈裟（图129、图130），袈裟搭在左肩垂下，右臂完全露出来。此种造型在山东是少见的存在，能够准确地找到印度的来源。在西印度也有一样的造像，两层袈裟搭在左肩上垂下来。

（2）萨塔瓦哈纳王朝阿玛拉巴提佛像式样的东传

笈多时期印度文化向东传播的时候，将此前的文化因素也一并传播过去。2世纪，东南印度身穿袒露右肩袈裟的立佛，袈裟下摆从脚腕处挽上来搭在左臂上，通身显得非常健壮。此造型传到了东南亚的印度尼西亚和越南，继而传到中国山东地区，有一条清晰的传播发展路线（图131～图134）。

如图135所示的佛像是著名的中印度鹿野苑初转法轮雕像，通身磨光。佛陀神态安详自在，双眼默默注视众生，称为冥想风造型。我们在寺庙看到安详地坐着，两眼默默注视众生，这种冥想风佛像，其源头就在印度笈多时代。如图136所示是曲阳隋代造像，衣服轻薄，透过着衣可以清晰地看见身体的轮廓和形态，尤其是手臂、两足表现非常有弹性感，活灵活现，体现一种平实之美。

如图137所示的造像是来自泰国的盘腿坐佛像，身穿通身袈裟，如图138所示为青州隋代造像，袒露右肩。印度造像的头部有明确的肉髻，东南亚造像有些没有明确的

图129 | 图130 | 图131 | 图132

图129　印度阿旃陀石窟—佛像

图130　临朐出土—隋代—佛像

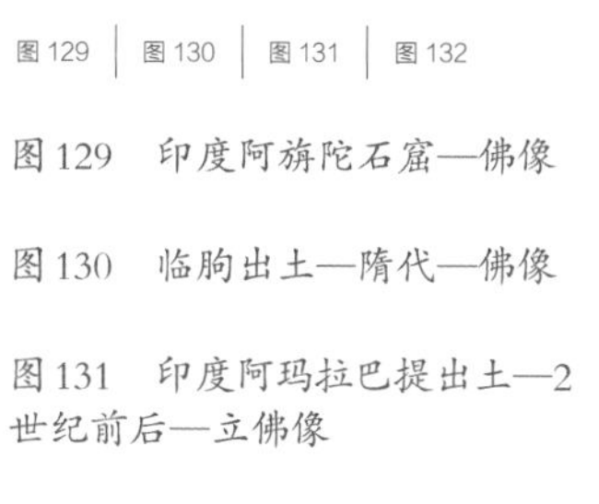
图131　印度阿玛拉巴提出土—2世纪前后—立佛像

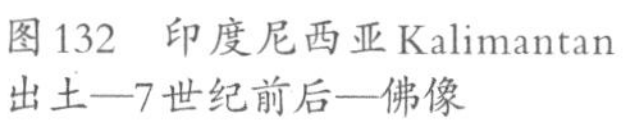
图132　印度尼西亚Kalimantan出土—7世纪前后—佛像

图133 越南ThangBinh县出土—5世纪前后－佛像

图134 青州龙兴寺遗址出土—隋代—佛像

图135 印度鹿野苑出土—笈多时代—说法佛像

图136 曲阳修德寺遗址出土—隋代—说法佛像

图137 泰国SuratThani县出土—6世纪前后—禅定佛像

图138 青州龙兴寺遗址出土—隋代—佛像

图133	图134	图135
图136	图137	图138

肉髻，头部非常平滑，这种造型在印度不存在，此时中国也出现了此种造像。这是在印度文化东传的时候，将东南亚的文化因素也带了过来。在印度几乎看不见这样盘腿跏趺坐的姿态，但是在东南亚和中国都很流行。

鹿野苑的菩萨像（图139），重心放在一条腿上，另外一条腿微微翘起。

这种造型传到成都，菩萨的重心也是放在一条腿上，另外一条腿微微翘起，身躯优美自然，而且非常有弹性感（图140）。

北齐首都邺城的菩萨像把重心放在一条腿上，另外一条腿微微翘起，通身有一种非常强的弹性感，这就是来自笈多的影响，与上述成都菩萨像非常接近（图141）。

中国隋代的一尊菩萨像，头冠的圆环上垂下璎珞，此种造型的源头也在中印度，此像所见羽翼则来自西域地区，这是将西域和印度两种文化因素混在一起的造型（图142、图143）。

南北朝流行法华经系统观世音菩萨像，观世音头冠一般不表现化佛。隋代观世音菩萨像纷纷出现了化佛，应该也和印度相关联（图144、图145）。

图 139-1	图 139-2	图 140	图 141
图 142	图 143	图 144	图 145

图 139-1　印度鹿野苑出土—笈多时代—观世音菩萨及细部—副本

图 139-2　躯体重心放置单腿表现

图 140　成都万佛寺遗址出土—南梁—造像碑及细部

图 141　响堂山石窟—菩萨立像

图 142　西安出土—隋代—菩萨头像

图 143　印度秣菟罗出土—笈多时代—毗尸奴像

图 144　西安出土—隋代—观音菩萨头像

图 145　印度鹿野苑出土—笈多时代—观音头像

笈多时代鹿野苑的菩萨像平实优美（图146），北齐和隋代菩萨像继承了这种风范（图147）。唐代之后菩萨像腹部、胸部都有艺术夸张的表现，与北朝隋代形成对比，同初唐新一轮中印文化交流活动关联（图148）。

那么，为什么印度这么多的文化因素都影响了中国，而中国反向因素的影响又那么稀少呢？

（东魏）杨衒之《洛阳伽蓝记》记述，北魏晚期（494～534年）洛阳城，富庶繁华，天下罕有。于是乎：

“自葱岭已西，至于大秦，百国千城，莫不欢附，商胡贩客，日奔塞下，所谓尽天地之区已。乐中国土风，因而宅者，不可胜数，是以附化之民，万有余家。门巷修整，阊阖填列，青槐荫陌，绿树垂庭。天下难得之货，咸悉在焉。”

北魏晚期（494～534年）都城洛阳城非常富庶，西域各城邦国家都十分羡慕那里，域外许多商人纷纷奔向洛阳，人们说这里是天下最好的地方。他们喜欢中国的风土，迁居而来的人不可胜数，移民有万余家。天下难得的物品都聚集在洛阳，外域人经商、移居的同时，他们将故乡的文化也一并带了进来。

谨以《法显传》跋语作为结束语：

“晋义熙十二年，岁在寿星，夏安居末，慧远迎法显道人。既至，留共冬斋。因讲集之余，重问游历。其人恭顺，言辄依实。由是先所略者，劝令详载。显复具叙始末。自云，顾寻所经，不觉心动汗流。

所以乘危履险，不惜此形者，盖是志有所存，专其愚直，故投命于必死之地，以

图146 ｜ 图147 ｜ 图148

图146 印度鹿野苑出土—笈多时—代观世音菩萨及细部

图147 河北曲阳修德寺遗址出土—隋代—观世音菩萨像

图148 河北曲阳修德寺遗址出土—唐代—观世音菩萨像

达万一之冀。于是感叹斯人，以为古今罕有。自大教东流，未有忘身求法如显之比。然后知诚之所感，无穷否（路？）而不通，志之所将，无功业而不成。成夫功业者，岂不由忘夫所重，重夫所忘者哉。”

在法显讲经说法之余，人们问他当时游历的情景。法显为人厚道，说话很实诚，将所述事情又说了一遍，他回忆往事的时候说，想起当年那段经历，至今还心有余悸。

法显之所以奋不顾身地踏上险途，是因为他怀有坚定的志向，坚守自己的信念，所以他任凭艰难险阻，只求万分之一的希望。佛教东传以来，没有哪一个求法者能够和法显相比。如果带着伟大的志向，那么没有什么事情做不成，那些成就事业的人们，难道不是因为他们忘记常人所看重的（种种欲望乃至生命），而重视一般人所忘记的东西（生命的价值）吗？

生命的价值，这是法显所追求的，也是我们所努力的方向。谢谢大家。

黄　征 / Huang Zheng

又名黄徵，现任南京师范大学美术学院教授，兼任南师大敦煌学研究中心主任、九三学社江苏省委常委、江苏省政协委员、九三学社南师大书画院院长、敦煌研究院研究员、中国敦煌吐鲁番学会常务理事、杭州佛学院院长助理、浙江飞来峰艺术研究中心（筹）主任、南京金陵博物馆馆长。有《敦煌俗字典》《敦煌变文校注》《敦煌愿文集》《敦煌语言文字学研究》《敦煌语文丛说》《劫尘遗珠》《敦煌书法精品集》《陕西神德寺塔出土文献》《浙藏敦煌文献校录整理》等专著或合著。雅好诗词，兼喜书法，逍遥散澹，行李多在江浙之间，故以“江浙散人”自号。

敦煌书法研究——敦煌书法的欣赏、临习与研究价值

黄 征

非常荣幸来到北京服装学院，这是我第一次在服装学院做讲座，因为我本人是中文出身，后来又转到美术学院任教，对美术方面还没有太多的研究，但是个人自幼爱好书法，所以把以前研究中文文字学的一些基础，结合后来书法研究的方向，做了敦煌书法研究的一个专题。

我今天讲的主要是敦煌书法的欣赏、临习与研究价值。这个题目以前我没有讲过，后来敦煌研究院前院长王旭东先生在微信群里说特别邀请我去敦煌讲一次，我才做了这个PPT。所以在敦煌莫高窟的那个大讲堂做过一次讲演，后来好像听说反映还可以，所以就接着讲了几次。

首先我简单介绍一下"敦煌"。班固在《汉书·地理志》对"敦煌"有解释，说："敦者，大也；煌者，盛也。"后来有学者认为"敦煌"两个字很可能是从甘肃的某一个少数民族语言里面的一个语音记录下来，并有过一番争论。可是我们现在回过头再看"敦煌"两个字就是汉字上的意思，"敦"就是大，"煌"就是盛，这是很准确的。为什么这样讲呢？我们说张骞开通西域后汉武帝在那里建了核心四郡，有酒泉、敦煌、张掖和武威。每一个郡的名字都有很深的含义在里面，其中酒泉是取庆功的意思，因为成功以后要用酒来庆祝，而那个地方的泉水冒出来甘甜如酒（古代米酒是甘甜的），因而命名为"酒泉"。

武威是汉武帝用武力平定了西域，名称非常明确。而"张掖"两个字正好反映了汉武帝开拓西域的这种思想，"张"是扩张，"掖"是两掖，古代那个地方有很多的部族，汉武帝通过开拓西域，把这个地方打通成了丝绸之路。

所以这四个名称，每一个都很有意义，"敦煌"两个字就是字面上我们传统的"敦者大也，煌者盛也"，其实这个定义在敦煌研究期刊上曾有过争论，但实际上是非常明确的。敦煌是丝绸之路上的第一大重镇，而丝绸之路则是古代东方文化与西方文化交流的大动脉，这条大动脉就像一条粗劲的红线把龟兹、于阗、楼兰以及我国境外的许多地名牢牢地串在一起。因而，敦煌是揭开丝绸之路千古之谜的关键。敦煌也是中国、印度、希腊、伊斯兰四大文化体系的汇聚地，四大文化体系在这里留下了灿烂的篇章和深厚的历史沉淀，敦煌书法就是其中之一。中国敦煌吐鲁番学会的原会长季羡林老先生在红旗杂志上发表的那篇文章上讲到："四大文明在敦煌这个地方汇聚"，这一观点对我们中国敦煌学地位的奠定有很重要的意义。

敦煌书法是敦煌艺术中唯一能与壁画相媲美的门类。敦煌壁画有5万多平方米，敦煌许多其他的艺术门类与之相比都显得很小，可是敦煌藏经洞出土的这些经卷文书的数量是可以与其媲美的，我们现在看到的敦煌藏经洞出土的写本，还有少量的刻本，它的编号已经达到6万个了。因为早期说是5万多卷，现在民间收藏的东西也都陆续列入了统计，以英国为例，最早说是8000，现在是16000。很多小碎片上面也有字，以前没有给它编号，现在这些小碎片都编上号，它的号码就多了，多了6000。

敦煌这些写在纸上的古代的文书也好，书法家的作品也好，哪怕小学生的作业都是很珍贵的书法文献。我们要研究中国传统的书法，研究中国书法史，如果脱离了对于敦煌写本、敦煌书法的研究，就一定是跛脚的，不完善的。

一、敦煌书法作品的划分

敦煌书法作品从它的产生时间来看，大致上可以分两段，汉魏六朝时期和隋唐、五代宋初时期。前一时期是汉魏六朝时期，这个时候书法的特点就是隶书，现在隶书的概念是有蚕头、雁尾的典型特征，但实际上我们看敦煌书法文献，汉简也好，敦煌藏经洞出土的纸本也好，它有雁尾，但是没有蚕头，所以我们看古代实际运用的隶书跟我们现在书法家写的隶书是不一样的。现代书法家写隶书，要形成蚕头和雁尾；如果没有蚕头燕尾，写字的老师就会说，你这个字写的不对。但古人真正写字的时候有雁尾，但没有蚕头。因而敦煌的这些书法文献有利于我们了解当时古人书法的真实情况。

后一时期是隋唐五代宋初，为什么从隋开始呢？因为隋代开始有标准楷书，隋代之前，宋齐梁陈也有楷书，但是那时的楷书是带有隶书的肥厚笔翼，我们称为“隶翼”。有隶书笔翼的那种楷书还不是真正的标准楷书，标准楷书是比较瘦劲的。隋代开始，大家写字基本上不写隶书，都写楷书了，这时候楷书的标准已经出来了。到了唐代，这种楷书的规范基本得到了延续。唐代的楷书比隋代会瘦劲一些，之前隶书的弯曲线条都变成了直线条，当然跟毛笔也有关系，写隶书的时候用的毛笔是比较柔软的，用的是兔毫或羊毫，写出的笔画就比较粗、比较浓。而写楷书时就要用又粗又短又硬的毫，这个字才能写的瘦劲，所以那个时候的楷书以瘦劲为美。

敦煌书法从字体来分有篆书、隶书、楷书、行书、章草、狂章和介于隶、楷之间的隶楷、介于行书与楷书之间的行楷、介于行书与草书之间的行草等变体，可谓众体兼备，不拘一格。篆书在敦煌文献中很少，已经不是实用性的了。章草、狂草本来在生活中实用性不大，但敦煌写本的许多随听记（听讲时作的快速笔记）之类都用了这两种字体，充分显示了它们的实用价值。最值得注意的是隶书，它处在敦煌书法的前期，无论是汉简还是写本，都已不是我们在传统碑帖中所见的隶书，而是极具书法味的变隶，对今天高度发达和高度普及的书法艺术仍有极大的借鉴、临摹的价值。

隶书数量很多，敦煌研究院藏的敦煌写本基本上是北朝时期的隶书，非常有特征。我们一般认为隶书是扁扁的，然后线条是一波三折的，可是敦煌藏经洞出土的这些隶书，笔画是很浪漫的那种书写方式，粗细长短的变化特别大。因为这些敦煌的隶书，不是出自一人之手，也不是同一个时代，每个人的个性都是不一样的。它的字形有的是方、有的是长、有的是扁，起伏很大。从书法学、美学的角度来说，它具有特殊的价值。这跟我们传统的八分书隶书是不一样的，敦煌写本里面的隶书都很粗野，从美学的角度来说，它很浪漫，具有跳跃性，富有变化，但是从文人的角度来说它不够细腻，因而八分隶书作为传统书法家推崇的一种隶书，一直延续到现在。但是我们从敦煌出土的实际的运用情况可以看出古代很少有人写这种隶书，多是文人墨客或是教小孩子写书法玩玩的，真正社会应用的交际工具是另外一种字体。

我们楷书的数量非常大，一般来说楷书就是正书，抄经是其最主要的功能，古代写经僧，不论是超佛经、儒家经还是道家经都要毕恭毕敬，一丝不苟，这是楷书的特殊功用。楷书之所以成为延续至今的一种书体，是因为它的区分度大，只要有细微的变化，都能看得一清二楚。像士兵的“士”和土地的“土”就是两横一竖，两横中写的长短稍微有一点不一样，楷书就分辨出来了，底下一横短的就是“士”，底下一横长的就是“土”。相反，草书不仅区分度小而且强调规范，规定这个字写成这个样子是草书，就不能随自己想法所改变。这也是草书从汉代以来没能够成为主导的原因。

在敦煌写本里，草书基本上是属于章草类型的，章草的特点是每个字独立，笔笔独立。而我们现在写的草书，大多是两三个字一笔连起来，如果分开写，反而被认为不是草书。古代敦煌的草书是一种应用字体，只不过它的应用范围比较小，实际上它在敦煌地区也是一个很小的圈子，可能十个八个人能够认识这些草书，能够互相交流写这个草书。现在很多敦煌的草书没有人能够认出来，因为它跟张旭、怀素的草书字形结构都不一样，所以敦煌的这种章草也是很特殊的。敦煌文献里面还有很多的碑拓，像《温泉铭》，还有《金刚经》，甚至王羲之的临本等。唐太宗的《温泉铭》，行草书都有，所以内容很丰富。

从写字工具来说，我们不仅有毛笔书法，还有硬笔书法，大量的吐蕃文字、回鹘文字、于阗文字等字母文字全是用硬笔写的。硬笔书写则是将树枝或芦苇削一下，蘸着墨写，所以硬笔书法不是从现代开始的，而是自古以来就有的。

二、敦煌书法的审美欣赏价值

首先敦煌的书法具有一定的审美欣赏价值。我们的汉字不仅是让人家认字知内容，光看这个字就是一种欣赏。王道士发现藏经洞之后，捧出经卷去献给县长，县长说这个书法还不错，你留几卷给我，其他就拿回去吧。可以看出人们最早是从书法的角度来认定这批经卷的价值的。可是当时只注重了书法的欣赏价值，却没有考虑到实际上文献内容的价值。

1998年在杭州，我邀请了一些著名的学者、著名的书法家、图书馆的馆长和出版社领导等一起在杭州观赏写经。这批经长度大概有七米三，是一个北魏人的写经。当时北魏时期皇帝的一个兄弟被贬到敦煌这个地区去，他去了以后一心想回到中原，于是就写经发愿，抄经祈祷，做功德期望能早点回去。

这卷经书是《庄严智慧光明经》(图1)，是1952年南京师范大学中文系主任、古典文学专家孙望先生，在北京琉璃厂与常任侠夫妇挑选的，但是拿回来以后，没有人能够鉴定它是否为真品，就一直收藏于南京师范大学文学院。后来我们就调查这件文物，发现全世界只有两个地方有《庄严智慧光明经》，一个就是南师大文学院，还有一个在大英博物馆。之后我将大英博物馆的那卷经书调来后发现两者正好拼上了，字体、字形、行款都对上了，那就证明南师大文学院的这卷《庄严智慧光明经》是真品。

因为这卷经书的纸张很新、墨色很新，还画着铅笔格子，所以多年来一直被质疑其真伪。但我们回头来看，画铅笔格子其实是唐人写经的标准，没有格子反而麻烦了。然后纸张和墨色新是因为这个经是敦煌藏经洞出土的唯一一个经，说明其是冷门的经，没有人天天捧着看。抄完以后，做完功德就卷在那里了，放起来再也没有人打开过。如果一件东西写完以后卷起来再也没有打开，后来就直接进入了这个藏经洞，过了一千年拿出来，仍然是墨色很新、纸张很新，那就刚好合理了。如果这是一个《金刚经》或者是《心经》，或者是《妙法莲华经》，如果还是很新，从来没有人动过，那是有问题的。《庄严智慧光明经》，它的全名很长，这是一个简称。这卷经书的字非常漂亮，是标准的唐朝人写的楷书，笔画很瘦劲，但是也带有一点个性。下图的三个经卷，一个是《妙法莲华经》和六朝人写的《妙法莲华经》，另一个则是《庄严智慧光明经》（图2）。

浙江省博物馆收藏的经卷，这个轴是敦煌藏经洞出土时就有的一个轴，轴用宝石等镶嵌成莲花形，我们现在看到敦煌藏经洞出土的带轴经卷数量也不少，但没有一个是做得那么精致的，这是当时比较重要的经卷，是从上级或者从京城里面带来的经，做得非常讲究（图3）。这一件也是属于高档的经卷。

这幅图的经字是楷书，写得非常漂亮，前面画了一个佛像。其实到了明代，这种佛经前面刻一个佛在讲经的说法图是非常常见的，而唐朝一般没有那么大的说法图，因为版刻画好一个说法图以后印就可以了，可是唐朝是写本时代，每个写经僧现场要画一幅很好的说法图，难度很大，但是画一个佛菩萨，水平高的人还是可以做到的（图4）。

此图为国家图书馆收藏的李陵变文，因为它是变文，写字就可以写得随意一点，而且它是行书，笔画不是那么讲究，可以有一些偏移（图5）。国家图书馆还藏有梵夹

下不縛不脫不知非不知无煩惱非无煩惱
非實非不實不在此岸不在彼岸不在陸地
不在水中不在兩岸不在中流无覺離覺无
色非无色文殊師利依於大地有高下中曰
光隨地有高下中文殊師利如來應正遍知
亦復如是不分別无分別不思惟文殊師利
何以故如來應正遍知離心意意識不生不
滅无相離相无念離念无戲論離戲論无熱

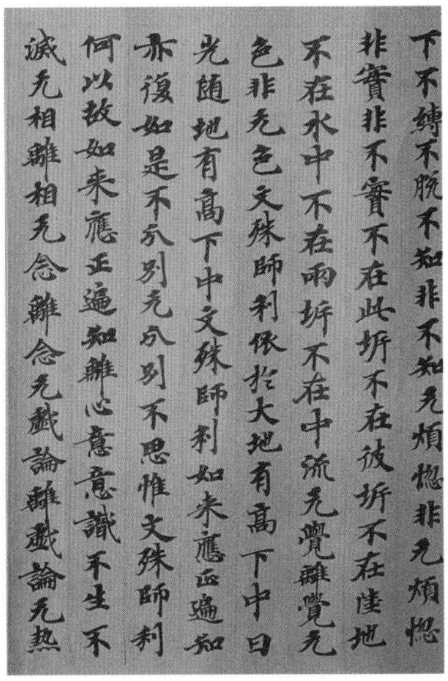

图1 | 图2 | 图3

图1 《庄严智慧光明经》经文

图2 南京师范大学文学院藏经卷

图3 敦煌写经—唐代原装镶嵌莲花轴头（浙江省博物馆藏）

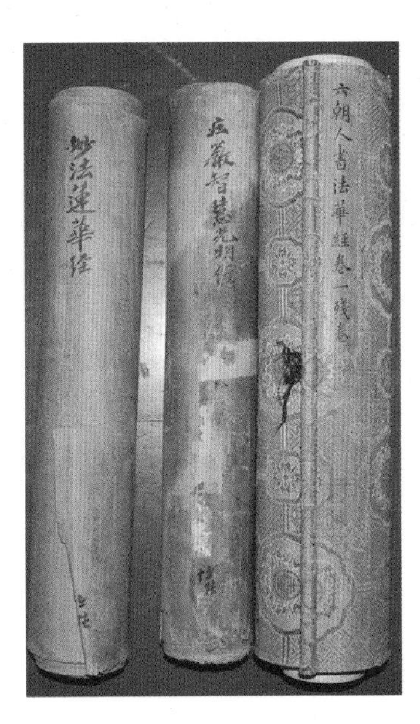

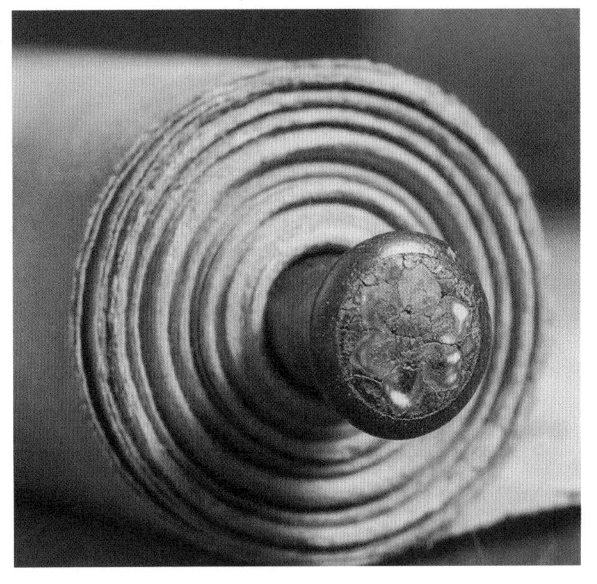

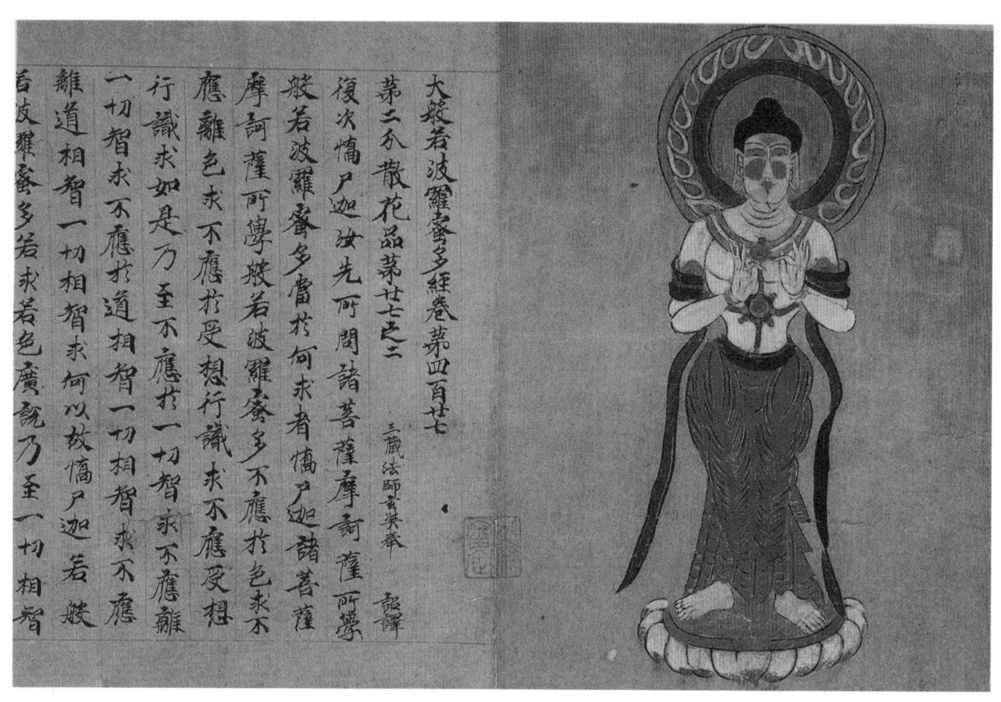
大般若波羅蜜多經卷第四百廿七
三藏法師玄奘奉　詔譯
第二分散花品第廿七之二
復次憍尸迦汝先所問諸菩薩摩訶薩所學
般若波羅蜜多當於何求者憍尸迦諸菩薩
摩訶薩所學般若波羅蜜多不應於色求不
應離色求不應於受想行識求不應受想
行識求如是乃至不應於一切智求不應離
一切智求不應於道相智一切相智求不應
離道相智一切相智求何以故憍尸迦若般
若波羅蜜多若求若色廣說乃至一切相智

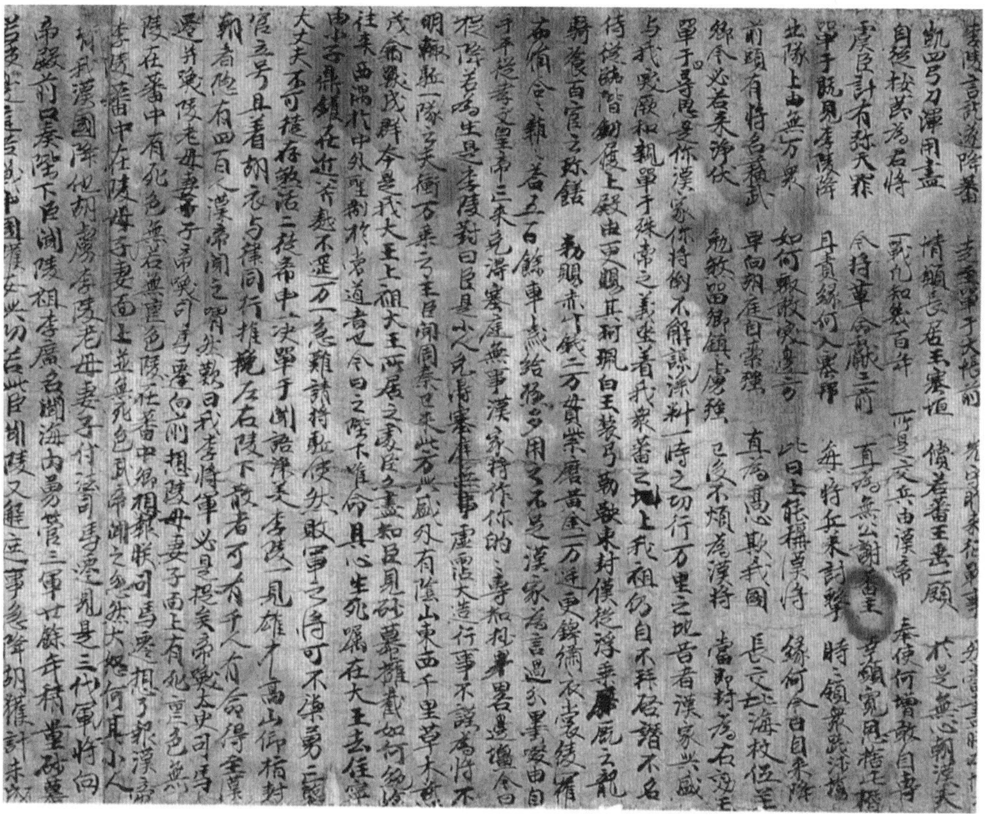

图4　敦煌写经—唐写本大般若波罗蜜多经卷首（浙江省博物馆藏）

图5　李陵变文（国家图书馆BD14666）

图4

图5

装，它装帧的形式是一个小册页，两边由小板子夹住，中间穿个绳子，因而我们称为“梵夹装”（图6）。

这幅图的佛经后面有一些杂写，是用朱笔写的，左边只画了半个人物表示这个经卷可能已经报废了，所以在后面空白的纸上顺起草稿（图7）。

而另一幅像连环画的图，有金刚武士这样的形象（图8）。后面有“佛说父母恩重

图6 梵夹装（国家图书馆BD15001）

图7 杂写及僧像

图8 勘经题记

图6

图7

图8

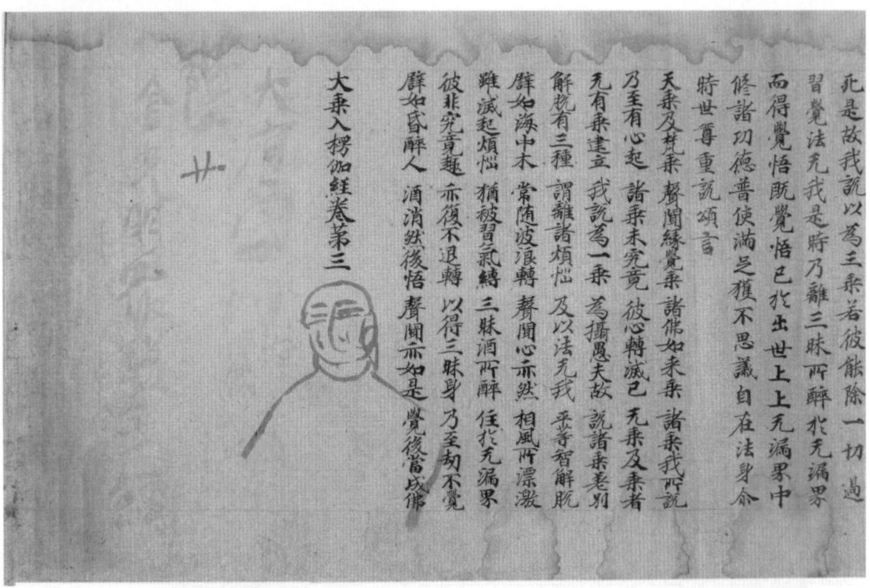

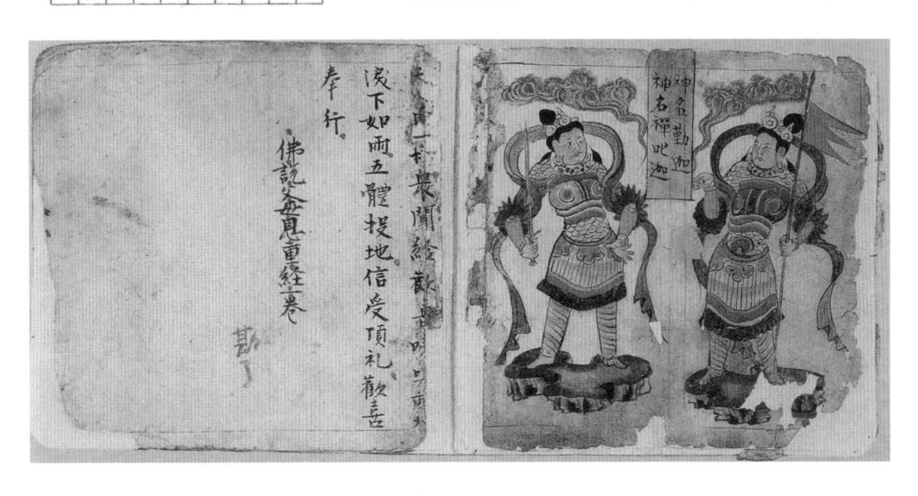

经一卷”这样的题目，最后还用朱笔写的“勘了”，勘就是对勘，我们现在叫校对，校对结束就是“勘了”。古代写经以后还要校对，校对没问题才可以使用。

《老子化胡经》经文末处有一个净土寺藏经印章，净土寺就是藏经洞所在的那个地方的寺庙。左面有像小手指粗的木轴，其两头涂上颜色，一般是用漆涂的，用红的、黑的、蓝的、绿的等不同颜色来方便区分，就像四库全书用不同颜色是一个原理（图9）。

如图10所示是《沙州都督府图经》，古人到哪个地方去旅游想要看古迹，就在图经上查看。

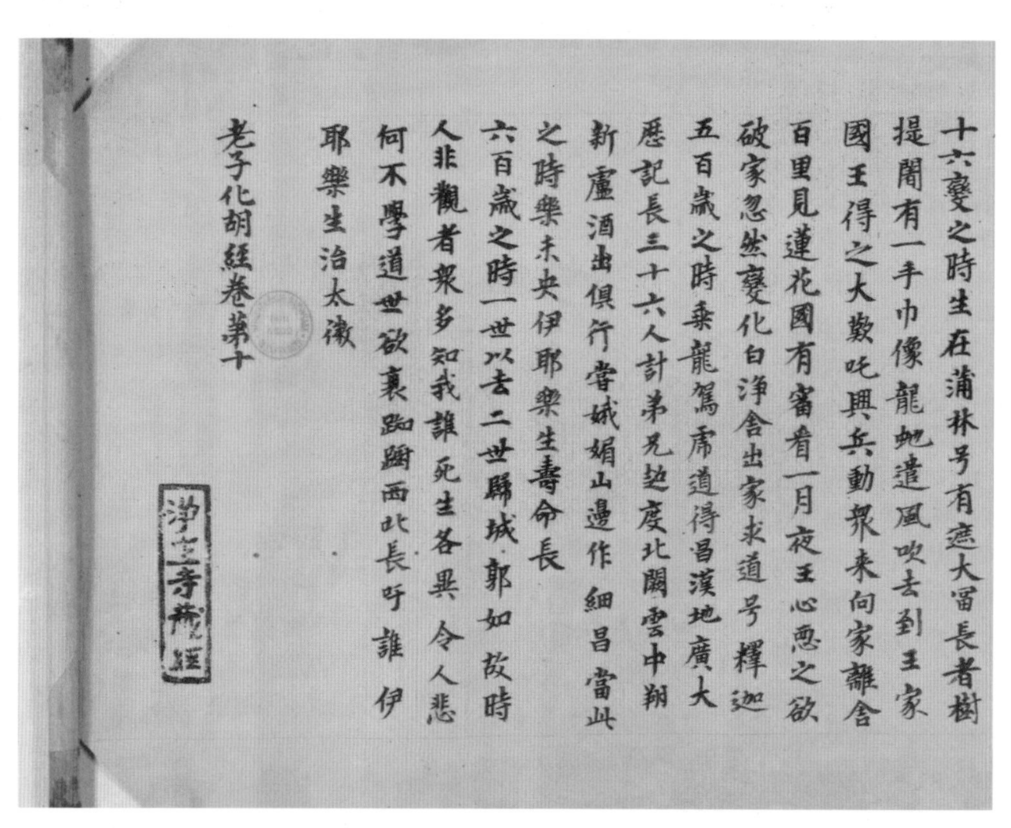

十六變之時生在蒲林号有遮大留長者樹
提閣有一手巾像龍虵遣風吹去到王家
國王得之大歎吒興兵動衆來向家離舍
百里見蓮花國有富看一月夜王心悪之欲
破家忽然變化白淨舍出家求道号釋迦
五百歳之時乘龍駕雨道得昌漢地廣大
歷記長三十六人計弟兄迦度北闕雲中翔
新盧酒出俱行嘗娀娟山邊作細昌當此
之時樂未央伊耶樂生壽命長
六百歳之時一世以去二世歸城郭如故時
人非觀者衆多知我誰死生各異令人悲
何不學道世欲裏踟躕西北長吁誰伊
耶樂生治太微
老子化胡經卷第十

淨土寺藏經

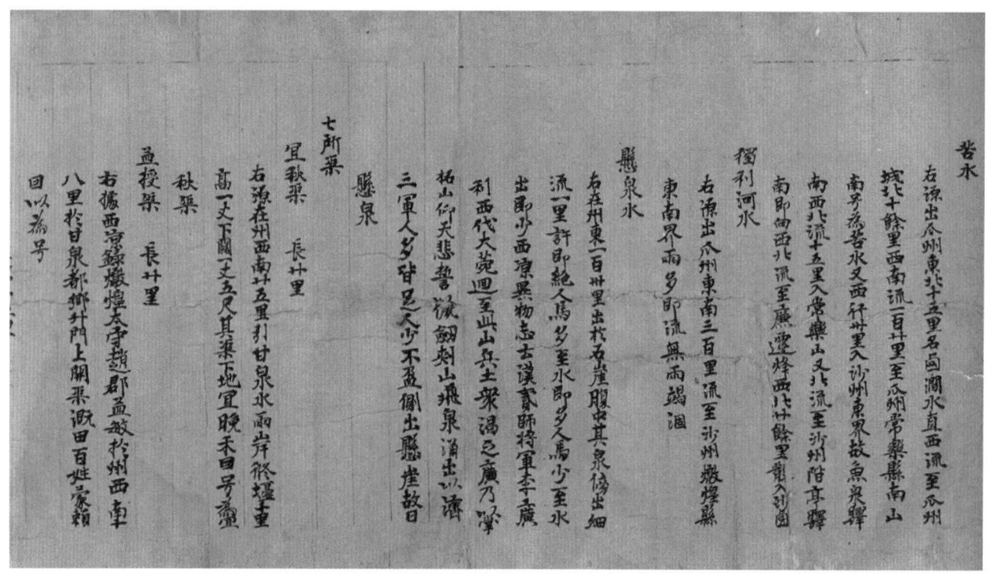

苦水
右源出瓜州東北十五里名卤澗水直西流至瓜州
城北十餘里西南流一百廿里至瓜州常樂縣南山
南号為苦水又西行卌里入沙州東界故魚泉驛
南西北流十五里入常樂山又北流至沙州階亭驛
南即向西北流至廉遷烽西北廿餘里散入沙鹵
獨利河水
右源出瓜州東南三百里流至沙州燉煌縣
東南界雨多即流無雨竭涸
懸泉水
右在州東一百卅里出於石崖腹中其泉傍出細
流一里許即絶人馬多至水即多人馬少至水
出即少西涼異物志云漢貳師將軍李廣
利西伐大宛迴至此山兵士衆渴乏廣乃以掌
拓山仰天悲誓以佩劍刺山飛泉湧出以濟
三軍人多皆足人少不盈側出懸崖故曰
懸泉
七所渠
宜秋渠 長廿里
右源在州西南廿五里引甘泉水兩岸修堰十里
高一丈下闊一丈五尺其渠下地宜晚禾因号為
秋渠
孟授渠 長廿里
右據西涼錄燉煌太守趙郡孟敏於州西南十
八里於甘泉都鄉斗門上開渠溉田百姓蒙賴
因以為号

图9 老子化胡经

图10 沙州都督府图经

观音经具有连环画的特征，观音菩萨进行讲经，上面是图，底下是文，图文对照（图11）

这件刻本是木板刻了以后印刷出来的，中间有一个佛，两边写了“四十八愿阿弥陀佛，普劝供养受持”，底下是一篇短小的经文（图12）。

复杂的古代天文历法书，天上、土地、星座在不同的方位，其中每个角也代表一个方位，图中的文字也展现了较好的书法功底（图13）。

古代中央政府下达的敕令，文末有一个较大的“敕”字，古代的一些字形跟我们现在不一样，像我们现在“敕”字左边是荆棘的棘半边，右边是一个反文旁，古代则是右边为力（图14）。

我们看这件文书，首先它是楷书，抄经（图15），文子也属于经，虽然是属于纸书，但是它的地位跟经相似（图16）。再者我们看到上面有水印，敦煌的写本为什么有水印？这是因为在书写之前会将黄柏树泡在水里面浸出汁液，然后将纸张浸到水里染黄并晾干，就留下这个痕迹了。而这张纸张泡完以后就不会被虫蛀掉，因为树枝苦味

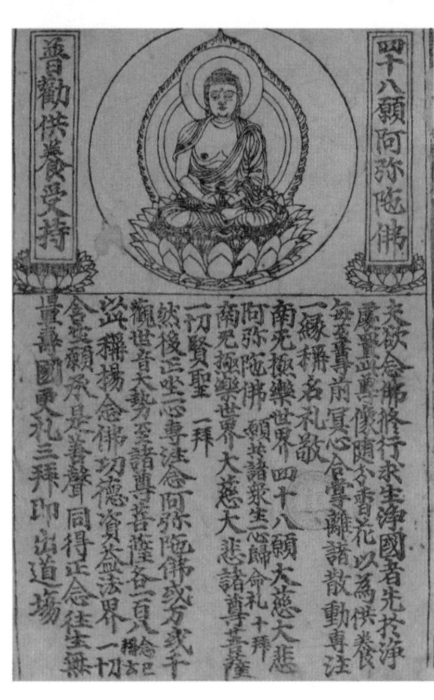

图11

图12　图13

图11　绘图本观音经一卷

图12　刻本书法

图13　天文历法书

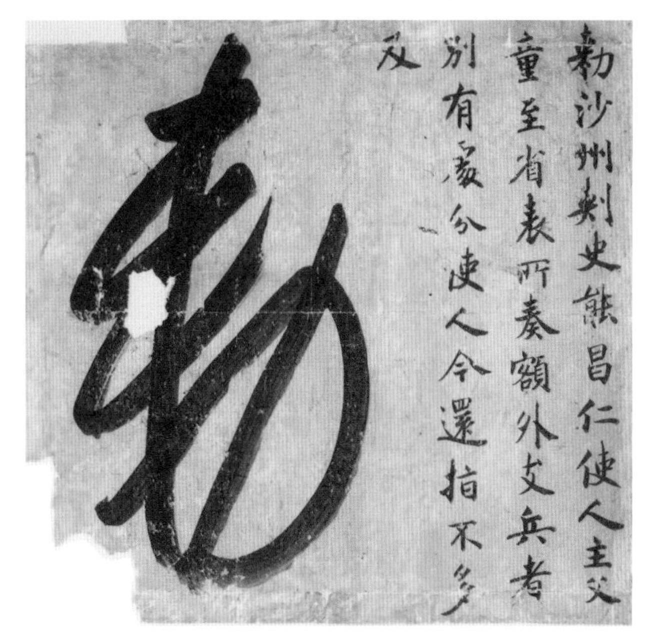

勅
勅沙州刺史能昌仁使人主父
童至省表所奏額外支兵者
別有處分使人今還指不多
及

心有日則眩夫權衡規矩一定而不易常一
而不邪方行而不負一日形之萬世傳之無
爲爲之也
人之言曰國有亡主世無亡道人有窮而理
無不通故無爲者道之宗也得道之宗並應
無窮故不因道理之數而傳己之能其窮不
遠矣君人者不出戶以知天下者因物以識
是者因其所有而並用之也
末世之法高爲量而罪不及重爲任而罰不
勝危爲難而誅不敢民困於三責則飾知而
詐上犯禁而行免推峻法嚴刑不能禁止奸
獸窮則觸鳥窮則啄人窮則詐此之謂也
老子曰雷霆之聲可以鍾鼓象也風雨之變
可以音律知也大可睹者可得而量也明可

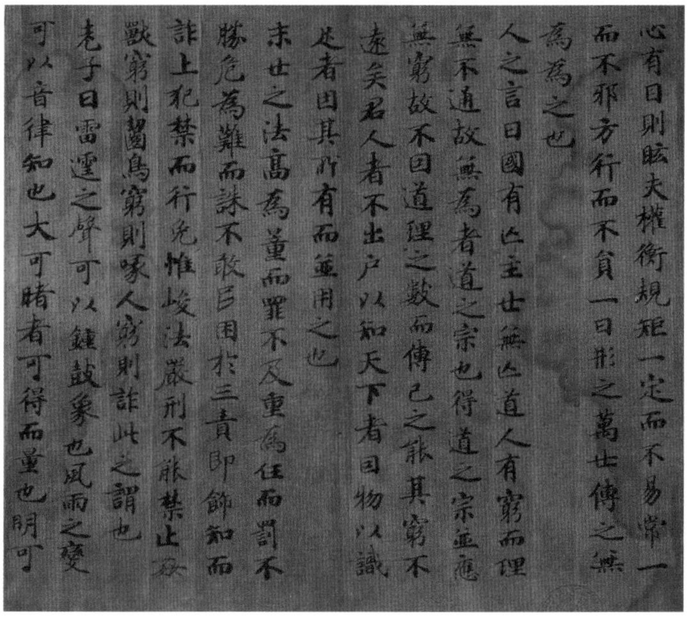

图14 景云二年（711年）七月九日赐沙州刺史能昌仁敕

图15 敦煌降魔变图卷

图14 | 图15

有毒。所以说这个纸有水纹，实际上就是染黄后留下的自然痕迹。

这个字在抄写中还有避讳，例如“民”（倒数第五行的位置），“民困于三责”，人民的“民”，就是李世民的“民”，“民”在整个唐代是要避讳的，“世”和“民”都要避讳，虽然唐太宗很开放、很开明，说天下抄写文书等，只要“世”和“民”两个字没连在一块，就随便写。但是皇帝越是谦虚，老百姓越是尊敬，你不在乎，老百姓在乎，所以人民的“民”缺笔，最后一笔竖弯钩没有，表示尊敬。李世民的“民”这里缺一笔，这是唐代发明的一种避讳的方法，碰到这个民一种办法就是改成“人”，士农工商，古人称为“世民”，可以改成“世人”，人就是民，民就是人，所以一种避讳的方法，就把这个字改了。

但是如果要抄古书、抄佛经再改的话就面目全非了，因为要改的字太多了，因而想出一种办法就是缺笔。敦煌文献书法里面很多的缺笔字，比如说唐高宗李治，治理国家的“治”，底下有一个“口”，“口”的最下面一横不写，这也是缺笔。这些字在那个时代是一种特征。我为陕西的博物馆考证了一批文献，他们本认为是明清的东西，不太在乎，过了好多年陕西省都没有登记入册。我去帮助整理，一考证是唐代的，为什么断定是唐代的？李世民的“民”缺笔，宋代不会有这种字，后面的朝代更不会把人民的“民”少一笔，所以我为他们鉴定出这批东西是唐五代宋初的东西。

这幅图是孙王经里面的，跟服饰关系比较大（图17）。地狱里的一个罪人有49根长钉钉在身上，底下火烧，在铁板上烤火。一个牛头穿着裙子手里拿一个三叉戟，旁边是一个有身份的贵妇人，贵妇人身穿裙子戴枷锁。右下角有一个僧人的形象，穿着袈裟。敦煌文献里面除了大量的文字记载，也有这样精彩的图画。

这个写本是古代节度使下的一道命令，文中的故寿仓督头，就是寿仓这个地方的督头。公文完了以后有一个签名，签名上的“使”就是这个节度使，底下的签名是一个走之旁底下画一个鸟，是这位节度使的一个特殊签名，我们叫作“花押”，这个是一个鸟形的花押。敦煌写经里面我们看到一个账本有很多花押，通常不认字的人名字都

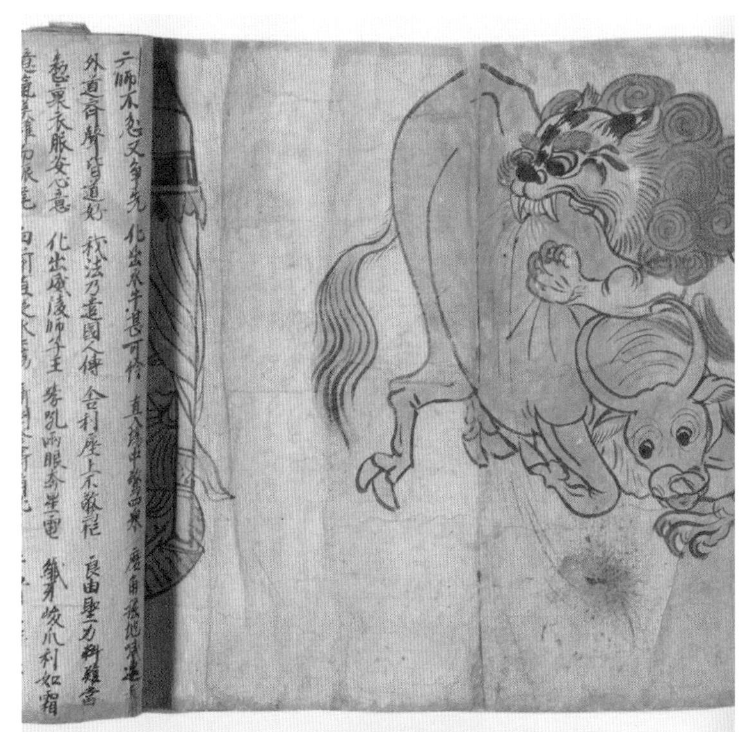

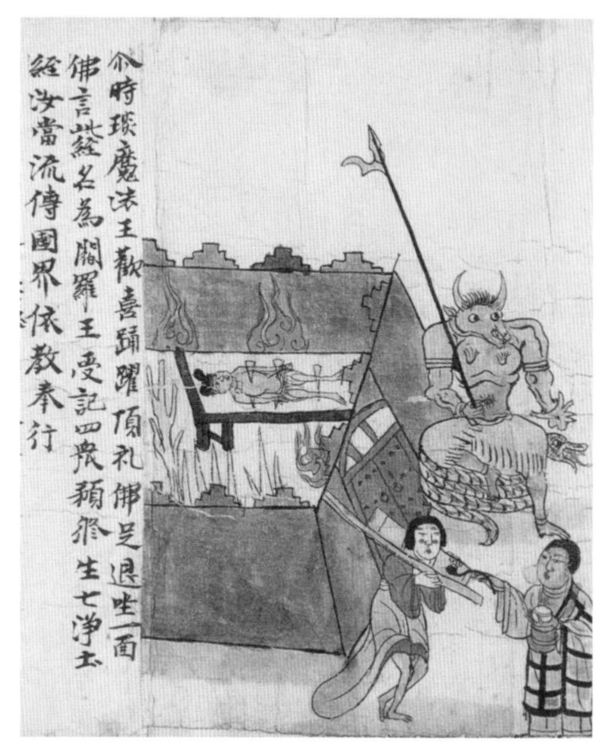

图16　敦煌文子

图17　敦煌牛头图

图16 ｜ 图17

不写，就是拿一个笔在那画一笔，横着一笔，或者画两笔，一横一竖画个十字，这种也是花押，表示这个东西我领了，或者这个账我认了。而这个地方的节度使为了防止别人伪造，所以写出这个字形，一般的人写不出来也伪造不出来，这其实是一个挺有趣的书法资料（图18）。

如图是一个有年款做功德的经文，“天宝十五载八月二十日扈十娘为亡父亡母写经”，父母去世了，头七、二七、三七、四七,一直到七七，然后一个月、一百天、三年，按照程序到了这个时间就要纪念父母，其中一种纪念方式就写经，起到一种超度的作用（图19）。这个经刚开始还是抄得很好，后来越来越马虎，就是用板子印一块经，再用质量很差的纸张印刷出来，要来做功德的请一份，在后面写三行字，某年某月某某人为某某亡魂写经或者是抄经等，越来越简单。就像有一些壁画上的东西，本

图18 ｜ 图19

图18　敦煌节度使写本

图19　扈十娘写经文

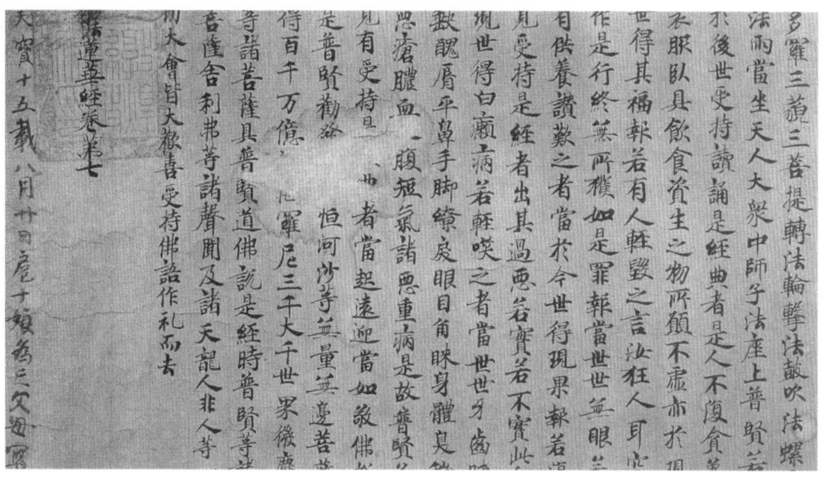

来火焰纹像火的形象，后来就变成了一个凉帽，我们看明代以后的佛像背后有一个圆圈，像背后戴了一个斗笠，凉帽的那种形象，越弄越简单。

这幅是于阗文，文末有一个汉字——敕，这是楷书的敕，但是此人楷书功底不太好，我推断是于阗人写的中文，他写字母很在行，写汉字却不在行，但是能够按照字形把它写出来（图20）。

另一幅是希伯来文，上面也有汉文写的内容，底下有一些兽类，但是又不像中国的十二生肖，显然是从中亚那边传过来的，可能是属于神话一类的形象（图21）。

所以从欣赏的角度来说，敦煌藏经洞这些文献随便拿一个东西出来都很值得欣赏，不论字写得好还是差，但是从欣赏的角度来看都很有趣。

图20　于阗文勅

图21　来自中亚的神话形象

图20 | 图21

三、敦煌书法的学习临摹价值

敦煌写本文献中不乏精品，而且往往与传世书法家的书风、结体不同，足以用来作为字帖供今人临摹学习。像是唐太宗《温泉铭》拓片，这块碑已经不存在了，但是拓片保存了下来，拓片是从碑上拓下来的一个复制品，现在这个复制品也很珍贵，因为拓片就只有这一份，物以稀为贵。还有临摹王羲之的《瞻近帖》和《龙保帖》，王羲之的字帖因为是纸张难以保存那么多年，所以到了唐代就开始用临摹的方法来延续它的寿命。

下图是唐贞观年间一个叫蒋善进的人临摹的智永千字文，右边是楷书，左边是草书，草书楷书对着看，既是学书法，也是认字（图22）。目前千字文虽然也有传世的本子，但是是从碑刻上拓下来的，那个碑时间久了以后都慢慢地模糊了，有些字迹也已经不清晰了，而蒋善进的千字文拓片拓得早，所以笔画都非常清晰。

柳公权的传世碑刻《金刚经刻石》，将整个《金刚经》刻在碑上，唐代的时候就直接拓下来保存了，所以这是原拓非常珍贵（图23）。现在也有很多拓片，但是那种拓片都属于翻拓，现在有人做生意，根据拓片再去做一个碑，然后用石膏把它做出来，弄张纸蒙上去拓，拓一张卖一张，一张千八百块钱，虽然他可能卖得便宜，但是数量大，容易赚很多钱。可是金刚经的原拓全世界就这么一份。

我们看敦煌的草书，每一个字是独立的，没有哪个字是连起来的，而且像一、二、三这些字都是一笔一笔写的，二就写两横，三就写三横。所以说古人的草书是来应用的，他要让人认得出来，要是两横连起来，别人就认不清楚妨碍交流。而笔画很多的字可以一笔写，草书的特点就是可以一笔写成。这本《因明入正理论略抄》是敦煌写本里面最漂亮的一份草书，我花了好几年才把这个文字抄录出来，一字一字地辨认（图24）。

如图25所示是《佛说生经》的拓本，于南朝陈宣帝太建八年，由南京白马寺禅僧释慧湛所作。我曾研究这个佛经并在研究生期间发表过一篇关于详细考证内容的论文，他的书法很有特点，有颜体肥厚的特征。

我根据《佛说生经》做了一本字帖，就叫《佛说生经》。另一张图是我们现在做的这一套《佛说生经》拓本的彩页。做这个字帖的好处是不仅可以把它折起拉开，有一

图22	图23
图24	图25

图22 唐贞观蒋善进临摹千字文

图23 唐柳公权书《金刚般若波罗蜜经》拓本

图24 《因明入正理论略抄》

图25 《佛说生经》拓本

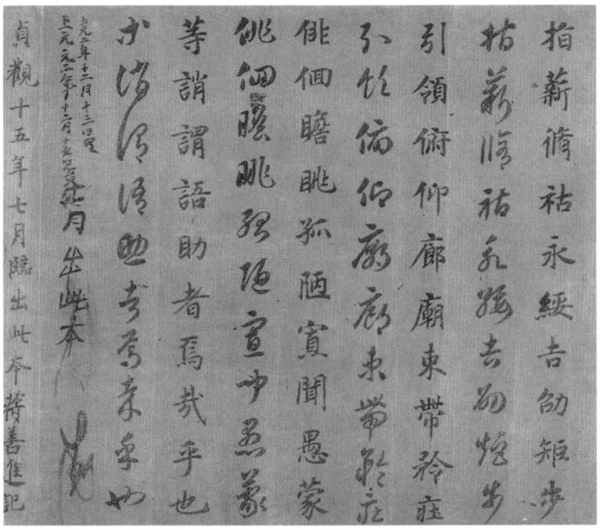

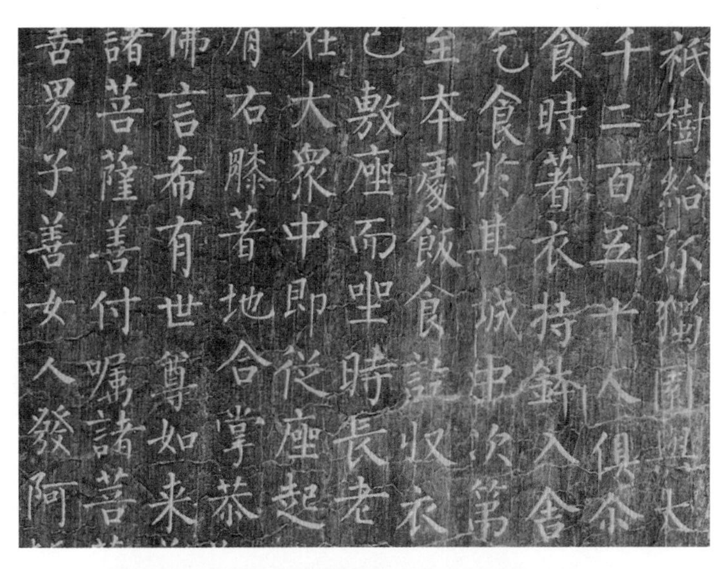

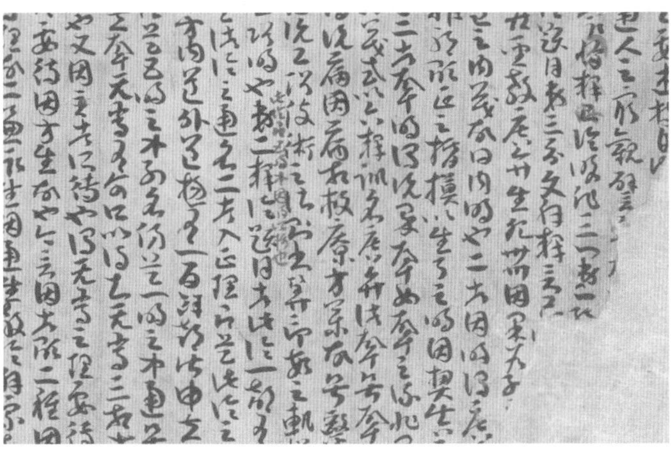

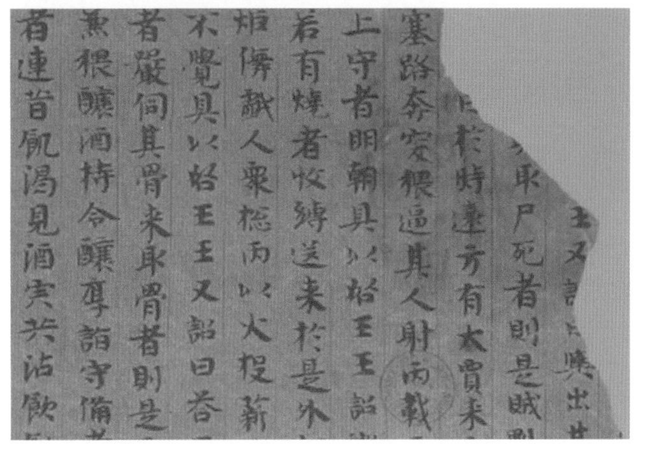

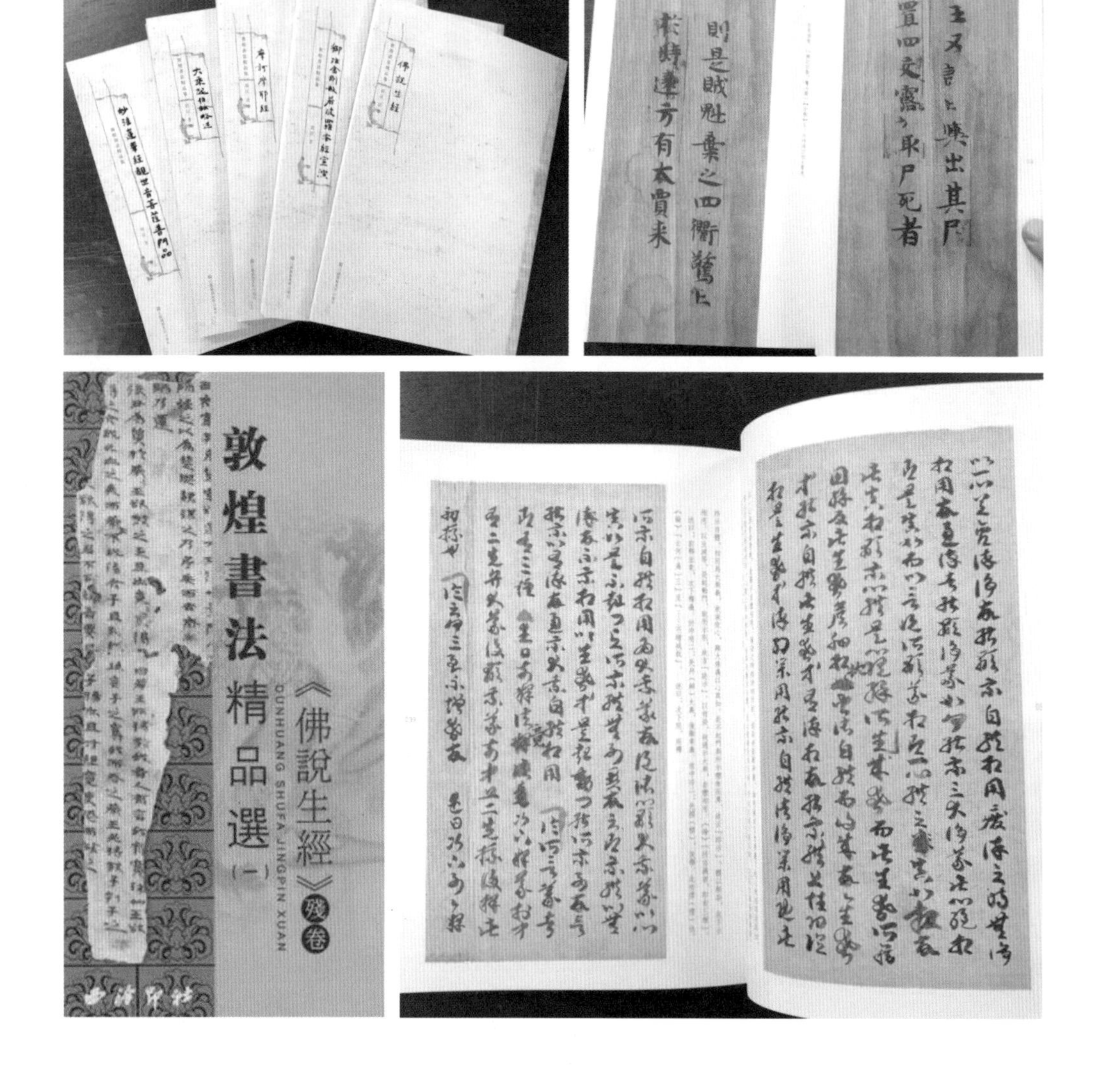

图26 《佛说生经》拓板的彩页

个完整的拓板，而且有全文抄录，全文抄录下来加标点和注解，同时具有书法阅读和文献阅读的作用（图26）。

四、敦煌书法的断代坐标系价值

由于敦煌写本数量众多，其中不乏题记，其年代写得非常清楚，所以可供建立敦煌写本断代的坐标系。比如，按照宋齐梁陈隋唐五代宋初的年代顺序排下来，有的是写着年款的，排下来就可以成为一个坐标系。如果碰到一个写本是没有年款的，你可以拿过来跟有年款的字体比对，大致这个时代就测定了。

所以我们做这个工作也是很有意义的。我之前带过一个博士后，专门让他把敦煌写本所有有年款的全部罗列出来，排出顺序。日本学者编著的《中国古代写本识语集录》也排了顺序。北京大学有一个研究生做的研究毕业论文也是排这个顺序。这看似简单的工作，其实非常重要。

下图的《佛说生经》是有年款的（图27），“陈太建八年岁次丙申，白马寺禅房沙门

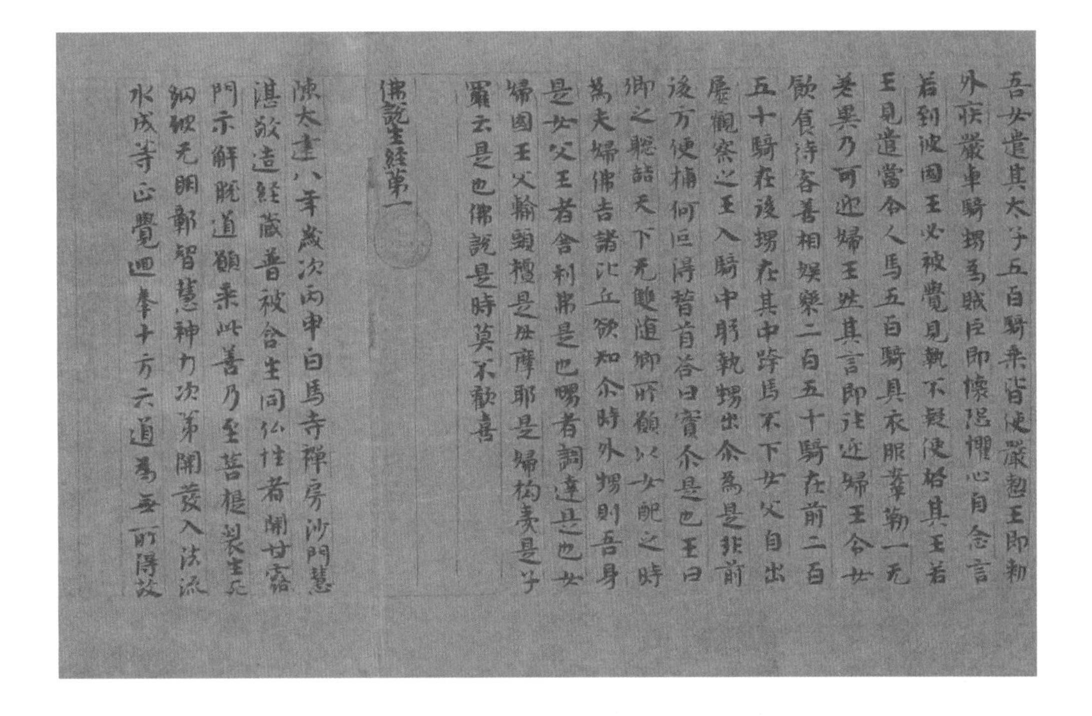

图27《佛说生经》拓本写本

慧湛”。经考察，此写本是南京本土的东西。为什么说是南京的？因为文中提到的白马寺不是洛阳的白马寺，他写的是陈太建八年的年号，如果写北朝的年号就是洛阳的白马寺了，而他写的是南朝的年号。并且我们一查访，历史上在南京也有白马寺，所以我判断是南朝写的。后来实际调查，敦煌写本里面南朝人的写本至少有几百件，有的可能是敦煌来的僧人带过去的，有的是南朝的僧人跑到那里送过去的，因而南北文化交流从来没有断过，因而在敦煌莫高窟藏经洞里面有南朝的东西。

所以我把丝绸之路的东端算到南京，甚至到扬州。我们在网络上看到各种文章在争论丝绸之路最东端在哪里，有的人说在西安，有的人说在洛阳，我说既不是西安，也不是洛阳，而是在南京、扬州这一带。东西方向应该是一直延伸到海边然后向南北辐射，可以辐射到浙江以及福建。在敦煌藏经洞的一篇讲经文里就提到有两浙的丝绸、茶叶这些贡品送到洛阳，也就是说丝绸之路是有延伸到浙江。

敦煌书法有各种各样的价值，因为时间所限，不详细给大家介绍了。谢谢大家。

张春佳 / 刘元风 / Zhang Chunjia　Liu Yuanfeng

张春佳，女，1981年出生，现为北京服装学院服装艺术与工程学院副教授，敦煌服饰文化研究暨创新设计中心研究人员，中国敦煌吐鲁番学会理事，敦煌研究院美术研究所客座研究员。1998～2005年于清华大学美术学院服装艺术设计专业本硕连读，毕业后取得硕士学位，2018年于北京服装学院中国传统服饰文化创新设计研究博士项目取得博士学位，2018年至今敦煌研究院美术史在站博士后。

刘元风，男，1956年出生，河北沧州人，毕业于原中央工艺美术学院（现清华大学美术学院）。北京服装学院二级教授，博士生导师。中国服装设计师协会副主席，敦煌服饰文化研究暨创新设计中心主任。发表学术论文70余篇，出版著作（教材）9部，主持国家社会科学基金艺术学重点项目、国家艺术基金人才培养项目等10余项国家级和省部级科研项目。主编教材《服装艺术设计》2009年被教育部推荐为国家精品教材。2010年，获“国家级教学团队奖”。2014年，教学成果“服装创新教育——基于‘艺工融合’的人才培养模式改革”荣获“国家级教学成果二等奖”。2012年，主持申报并获批服务国家特殊需求博士人才培养项目“中国传统服饰抢救传承与设计创新”。担任北京服装学院学报艺术版《艺术设计研究》（CSSCI）主编。主持完成2008年北京奥运会残奥会系列服装、新中国成立60周年和70周年国庆群众游行方队及志愿者服装、2014年亚太经合组织会议（APEC）国家领导人服装等多项国家重大服装研发设计项目。

莫高窟唐代洞窟壁画与服饰中团花的造型特征探究

张春佳／刘元风

摘要：敦煌地处中国西北，是古丝绸之路上的重镇，为西域乃至欧洲文化与中原汉文化交流的要冲。本文以敦煌莫高窟唐代的团花纹样为研究对象，选取88个唐代洞窟中的1600余个团花纹样局部案例，将其分成两大类：壁画类与服饰类，进行初唐、盛唐、中唐、晚唐四个时期的形式语言特征流变比较和研究。

关键词：莫高窟；唐代；团花；纹样；演变

敦煌自366年开凿第一个洞窟开始，历经千年发展，其所保留下来的佛教艺术成果具有极强的代表性和史料价值。唐代洞窟因其成熟的艺术风范具有很强的代表性和极高的艺术价值，其中洞窟装饰纹样中的团花纹样是唐代的代表纹样。本文将唐代洞窟中出现的团花纹样大体分为壁画类纹样和服饰类纹样。前者偏指建筑类也就是洞窟壁画上出现的除了人物以外的装饰团花，无论是藻井或龛楣、四壁边饰等均包含在内；后者偏指壁画中人物服饰和彩塑人物服饰纹样。相对于壁画的团花纹样而言，莫高窟众多唐代洞窟中的服饰团花纹样较为简单，其造型和结构特点的时代性变化不是特别明确。尽管彩塑造像的服饰部分目前仍可见比较复杂的团花和半团花纹样，但是大部分的壁画服饰团花纹样，尤其是单层的小团花，样式从初唐到晚唐呈现出相对恒定的发展脉络。本文收集的团花纹案例共1688个，其中壁画类团花纹样935个，服饰类团花纹样753个，图像资料来自88个莫高窟唐代洞窟，虽然只占莫高窟唐代洞窟总数约三分之一，但是由于莫高窟现存唐代洞窟中，有相当一部分洞窟的内部已经被大面积毁坏，其壁画很难见到清晰内容，很多甚至已经没有壁画、彩塑等任何图像遗迹了。即使在有图像留存的洞窟中，含有有效信息的洞窟数量也并不占优，其中相当一部分洞窟的壁画或彩塑中已经看不到明确含有团花纹样的图像片段了。而保留有完整团花纹样的壁画或塑像的洞窟中，能够合理收集到图像案例的只占其中一部分。

本文通过比对唐代四个时期壁画类和服饰类团花纹样的造型特征来阐述莫高窟团花装饰纹样的流变路线。在全部88个洞窟中初唐洞窟为18个，盛唐为44个，中唐为12个，晚唐为14个，分别占总数的20%、50%、14%、16%。这与莫高窟现存洞窟数量中唐代各个时期洞窟比例相适应。莫高窟现存269个唐代洞窟中，初唐洞窟为46个，盛唐为97个，中唐为55个，晚唐为71个，分别占总数的17%、36%、20%、26%。由于本文的研究会纵观莫高窟团花纹样发展历史，而唐代前期的纹样变化会起到承上启下的作用，对于前朝的影响有消化吸收的转变之态，而唐代后期以继承发展的顺延为主，因此本文研究会更加侧重初唐和盛唐的团花纹样，所以取样量相对较大。

一、唐代壁画类团花代际统计

图1显示了本研究所收集的各个初唐洞窟中，壁画团花纹样的分类以及各类数量情况，并横向比对了所收集的17个初唐洞窟中不同类型的团花所占的比例，其中明显是四瓣结构占优，同时，八瓣团花已经开始不均衡地显露出发展态势。

图2显示了本研究所收集的盛唐洞窟壁画团花纹样的分布及数量，相对于其他三个时期，这部分的基数最大，也是与莫高窟唐代四个时期洞窟数量比值匹配的。在图2中可以看到，虽然各洞窟中各类团花比例有所变化，但仍然是四瓣结构占优，同时八瓣团花已经普遍显现于绝大部分洞窟，成为另一个普及的特征。但是需要说明的是，各个洞窟的壁画保存状况以及团花装饰数量不同，加之由于合理渠道限制，因而图中显示各洞窟的状态会有一定的差异。

图3显示了本研究所收集的各个中唐洞窟中，壁画团花纹样的分布以及各类数量情况，其中的优势从柱形图中可以比较清晰地看到。

从图5可以看到采样洞窟中初唐团花的类型倾向——以十字结构的四瓣为主，四瓣花型占到总体案例的74%；八瓣花型占到13%，六瓣花型占到总体7%，这在图4中可以看到比较细节化的各洞窟具体数据比例。

及至盛唐时期，莫高窟的壁画团花纹样的类型又发生了转变（图6），其中四瓣团花的比例仍然占优，为总量的41%；而变化更明显的是六瓣团花的比例，由初唐的7%上升到19%；更一个比例上升明显的类别是八瓣团花，由初唐的13%上升到20%。初唐

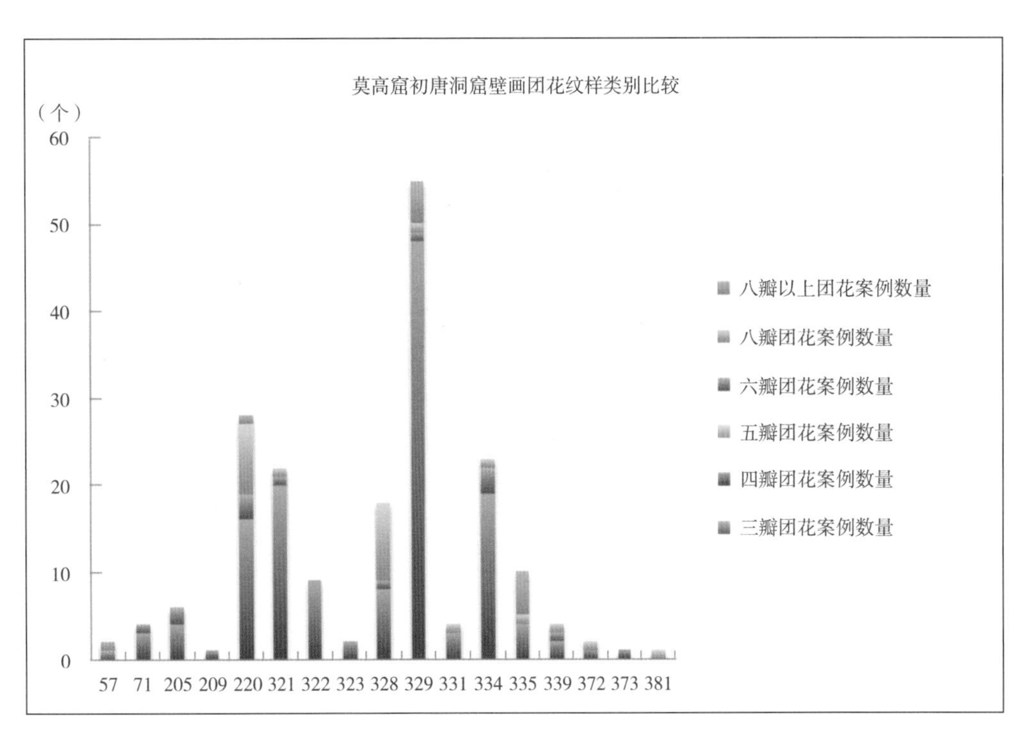

图1　本研究采集莫高窟初唐各洞窟壁画团花案例类别比例分布

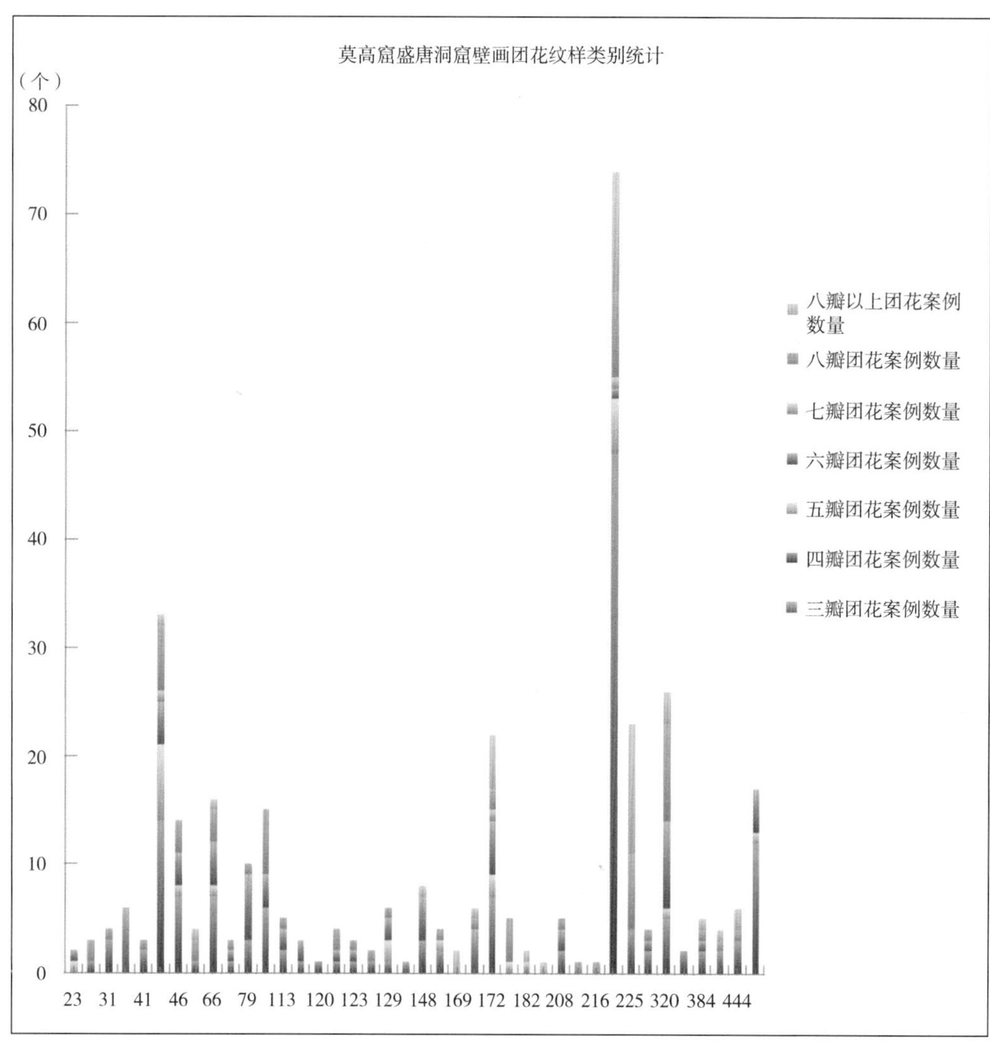

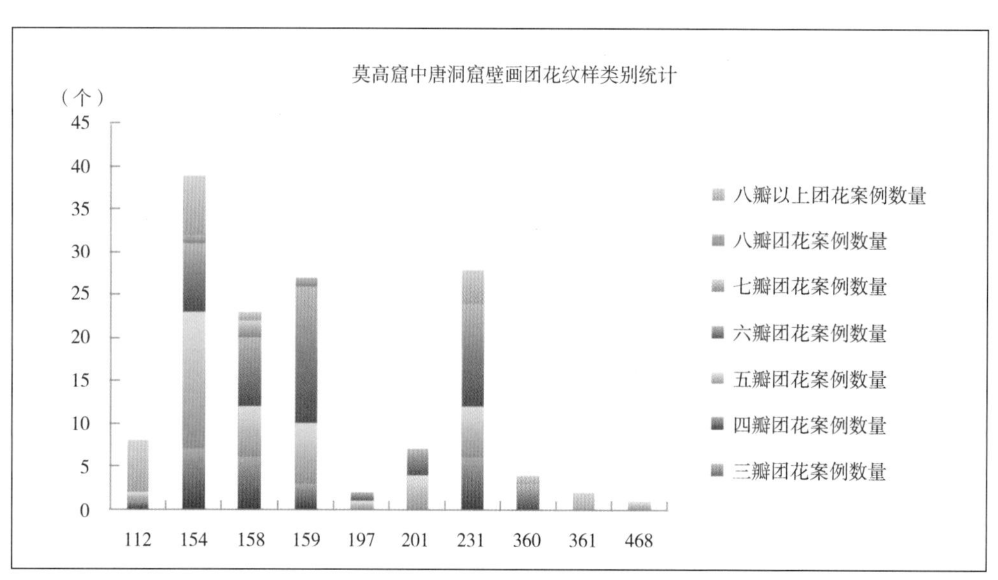

图2 本研究采集莫高窟盛唐各洞窟壁画团花案例类别比例分布

图3 本研究采集莫高窟中唐各洞窟壁画团花案例类别比例分布

时期几乎没有五瓣团花，但是盛唐时期，这一类型的比例已经为6%。

如果说初唐到盛唐时期的团花类别已经发生了较大的变化，那么到了中唐时期（图7），这样的格局又发生了一定的偏移——初唐、盛唐时期一直占统治地位的四瓣团

图4　本研究采集莫高窟晚唐各洞窟壁画团花案例类别比例分布

图5　本研究采集莫高窟初唐壁画团花案例类型比例图

图6　本研究采集莫高窟盛唐壁画团花案例类型比例图

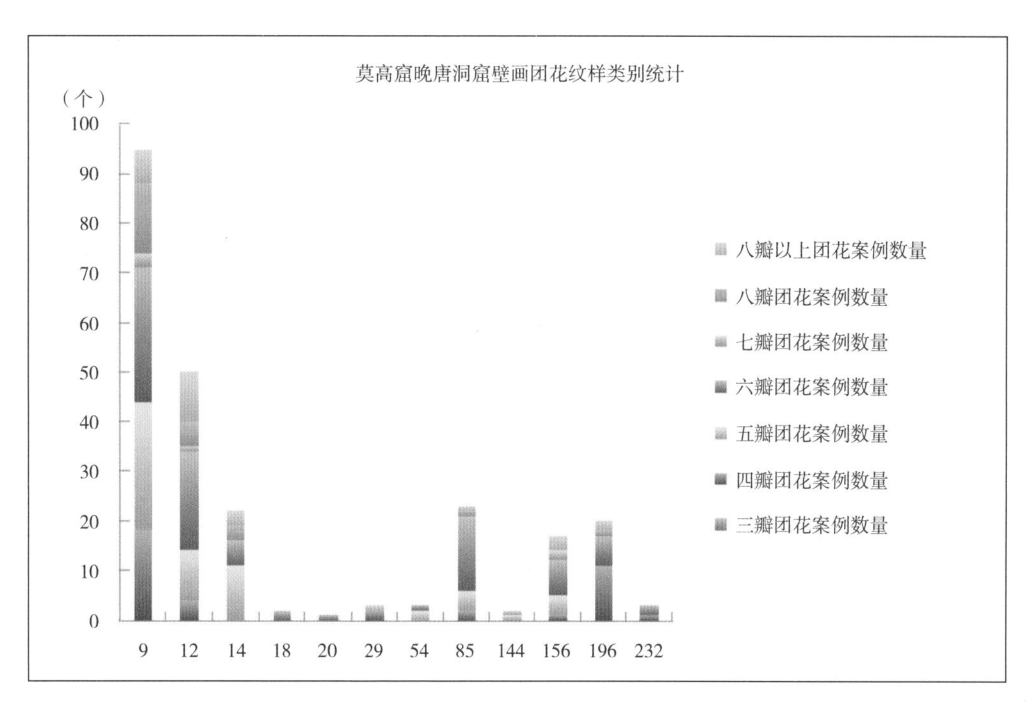

图4

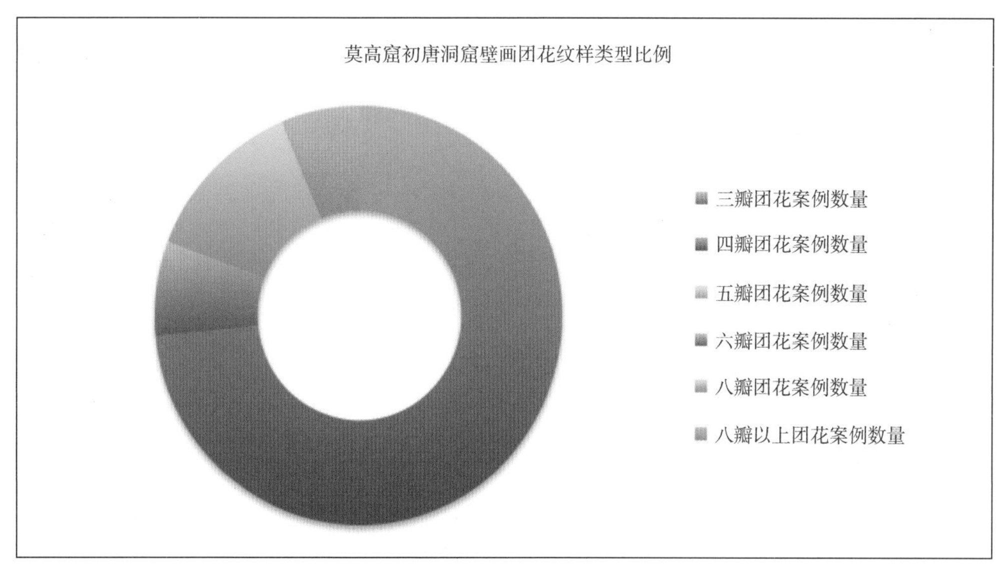

图5

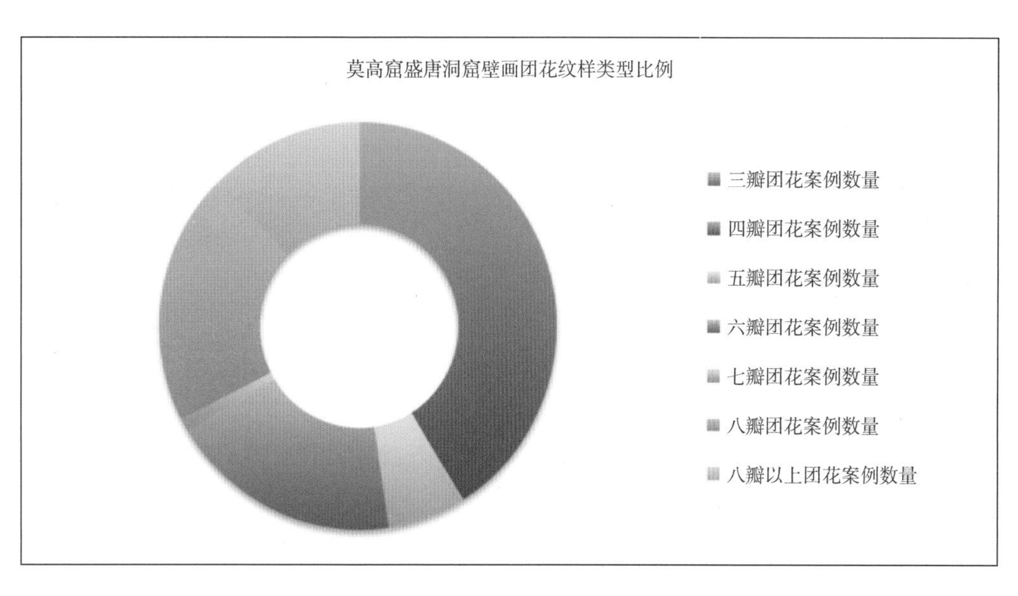

图6

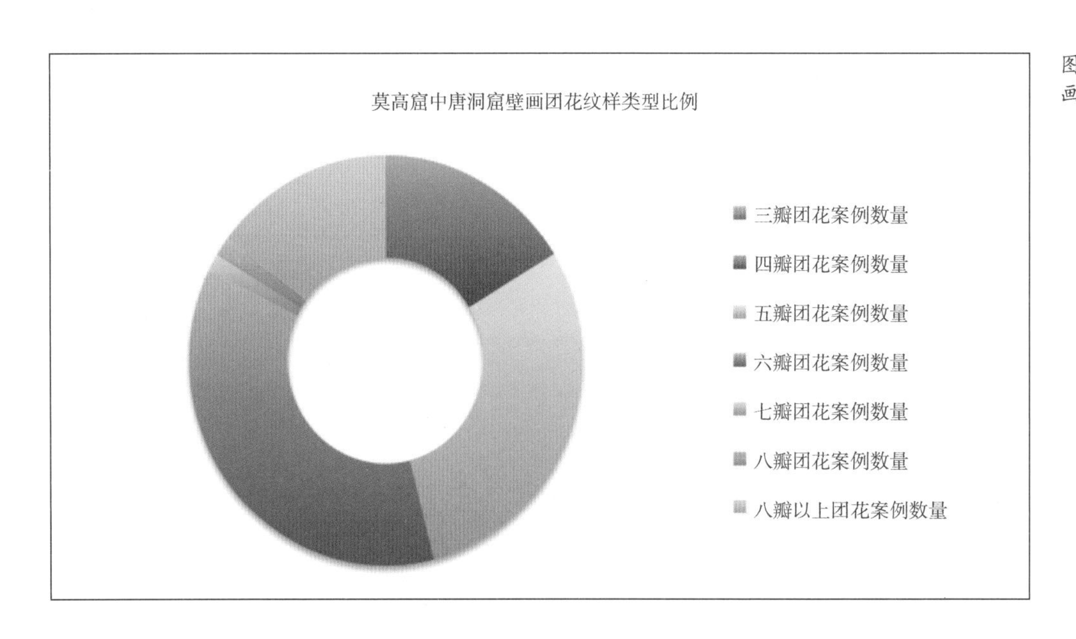

图7　本研究采集莫高窟中唐壁画团花案例类型比例图

花纹样在中唐时期不再占有最大的优势，而是退到较为次要的地位，而比例最大的是六瓣团花，占总量的36%；五瓣团花份量相当，占总体30%。

就本文研究过程中收集的案例而言，到了晚唐时期（图8），其总体状态较中唐没有非常大幅度的变化，只是稍许调整，譬如五瓣团花和六瓣团花占整体案例的比例，大体上呈延续状态。

在有关归类的内容里，需要说明的是，唐代前期有相当一部分团花的纹样并没有直接呈中心对称的放射状分布，而只是将各类组成元素纳入圆形或环状的区域内，如盛唐第225窟的百花草纹尊像头光，它们的组成形制从总体上来看是团状的适合纹样。第二类总体来讲是团花状对称分布的结构，但是每个单元花瓣的组成都是各自成组的复杂的小集合，又遵循整体的中心对称。第三类是组成的花瓣超过八瓣，但是其他的结构都与六瓣、八瓣团花相同，只是花瓣的数量较多。本文在进行案例归纳整理的时

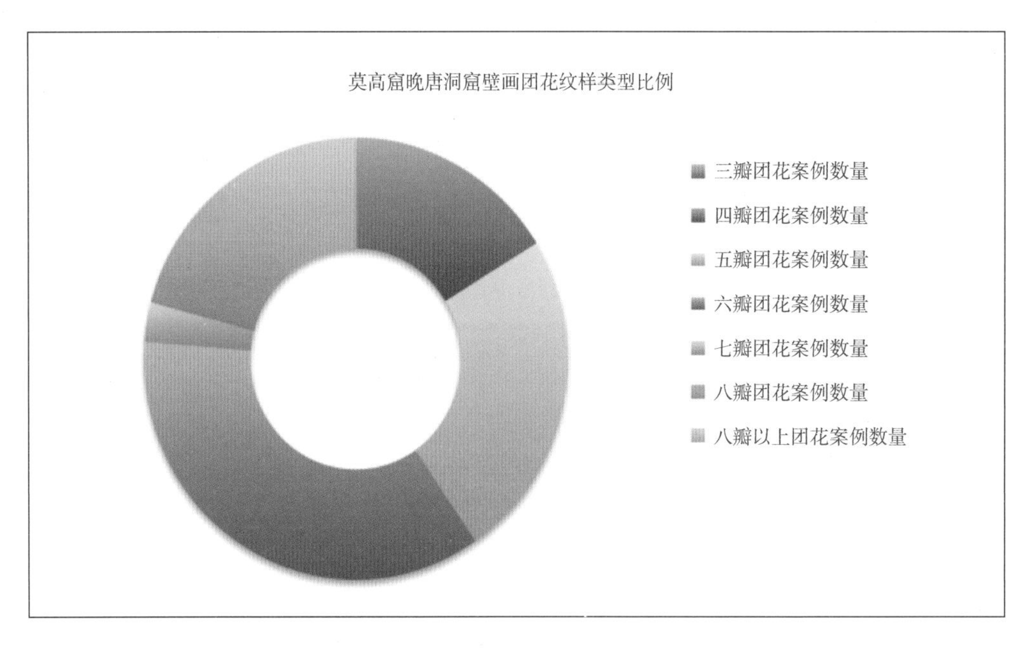

图8　本研究采集莫高窟晚唐壁画团花案例类型比例图

候是将这三类纹样归类到“八瓣以上”的类别里面。因此，各个时期所归类的八瓣以上团花的类别里面并不是单一指向某一种花型类型。

从本文收集的案例的比例关系来尝试进行下面的分析：初唐的案例类型从总体上来讲比较偏重于一类，即四瓣团花，第二大类就是八瓣团花，因而可以说初唐洞窟的团花装饰纹样中以十字结构为主的四瓣和八瓣团花占绝对优势。然而，从饼图上看到的分布态势是极不均衡的，某一类纹样结构占绝对优的状况是本文收集案例中初唐壁画团花装饰纹样的特点；盛唐时期洞窟的团花装饰图案的分布状态是更为均衡的，四瓣结构团花占优的优势面积缩小了，但是仍然是最大比例的一类，八瓣团花比例增加到唐代最高峰时期，并且同初唐一样，四瓣团花和八瓣团花一起构成了最大的比例面积。中唐的类型格局一下子发生了重大的变化，其中的五瓣和六瓣团花的比例急剧扩大，其他退让到少于三分之一的面积比例；这种格局一直持续到晚唐，没有发生太大的变化。前面的柱形图显示，各个时期的采样洞窟数量有一定差别，其中盛唐数量最大，这与其中涉及的典型纹样分布较广有一定关系，中晚唐时期的团花纹样从分布上来讲相比于盛唐和初唐洞窟有一定的格局变化。

二、唐代服饰团花纹样代际变化统计

唐代服饰团花纹样从初唐到晚唐的变化曲线与壁画纹样有所差别，虽然二者联系紧密，但服饰纹样在绘制的过程中需要参照纺织品实物，因而与壁画相比具有一定的独立性。对于洞窟整体规划而言，人物彩塑表面可以绘制纹样的面积较小，而且有多重的结构分割，壁画中的人物服饰纹样就更不具有可进行大面积装饰的部位。相比之下，由于莫高窟洞窟壁画纹样的绘制面积较大，而且很多大的建筑面，譬如窟顶和藻井部分，是洞窟艺术表现的重点之一，在营造洞窟整体视觉氛围方面具有非常重要的作用，因此其表现的细节极为华丽，层次丰富。而服饰上的团花纹样最为华丽的绘制就要推彩塑了，于不同时期的彩塑上看到的团花纹样可以成为洞窟内所有载体上服饰纹样的代表。壁画中的服饰纹样，由于单位面积和在洞窟整体艺术创造层次中的限制，绘画细节上不会特别加以强调，总体花型较为简单，大多为单层的花瓣结构，而且单层花瓣内部并无更多细节装饰，只是以小型团花的造型整体显现。从唐代早期到末期，都有类似的模板式的小型单层团花纹样出现。联系同时期的纺织品纹样，可以看到类似造型，也会发现对这种纺织品纹样的写生性描绘一直持续着，这类小团花的造型特点与纺织品纹样的工艺手段等因素息息相关。

（1）初、盛唐服饰团花纹样结构特征

初唐和盛唐时期莫高窟服饰团花纹样的统计分析如图9～图12所示，本研究所收集的初唐服饰团花纹样是以四瓣团花为主，四瓣团花约占案例整体的43%，这一状况在本研究收集的盛唐洞窟服饰团花案例中表现的数值也得到优势性延续，盛唐时期的四瓣团花比例为53%，占团花纹样案例整体的半数以上，这里面需要说明的一点是，所有的团花类别都是按照单层花瓣的数量来进行划分的。无论整朵团花有几个层次，或者相互穿插开来以后的丰富程度如何，只要单层花瓣为四瓣，那么就会认定其为四瓣团花，这样可以有效地与八瓣团花进行区分。因为八瓣团花的单层花瓣数量是八，这样的情

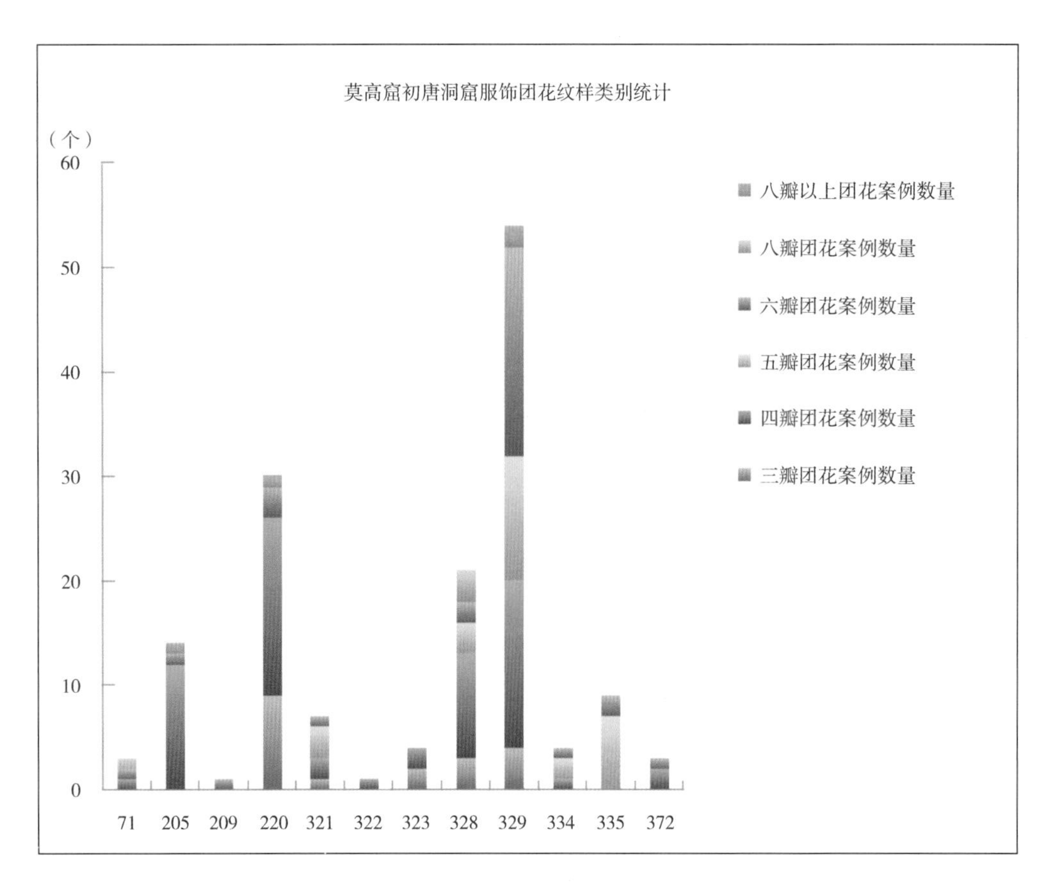

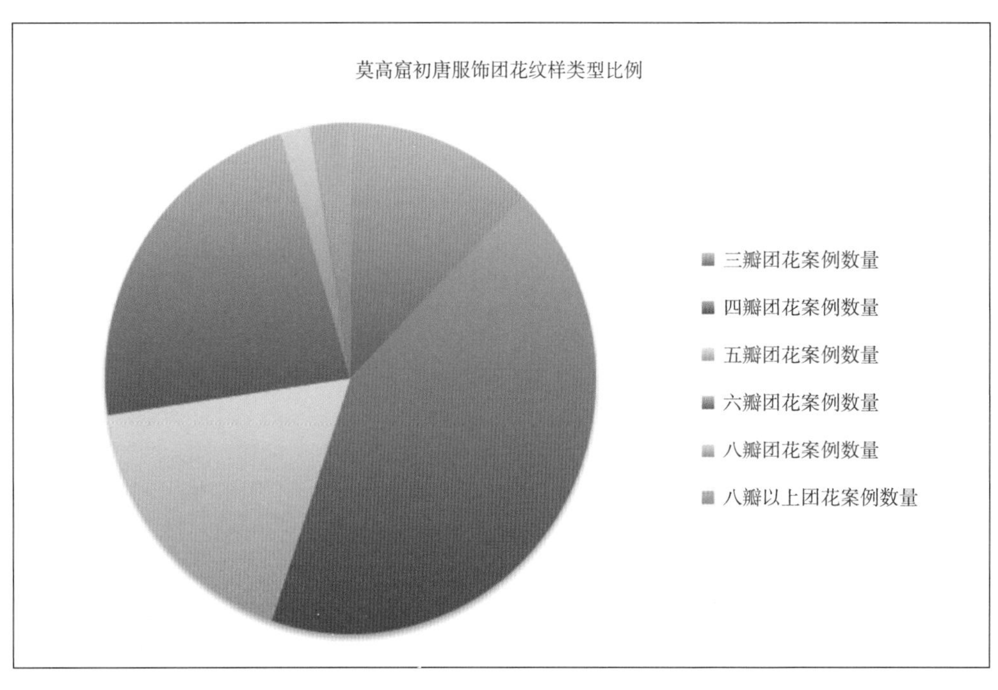

图9 本研究采集莫高窟初唐各洞窟服饰团花案例类别比例分布

图10 本研究采集莫高窟初唐服饰团花案例类型比例图

图9
图10

况在只有一两个层次的团花纹样中可以更清晰地观察到，反而是在层次较多，结构复杂的团花中不容易清楚识别。此处谈及的唐代早期团花的四瓣花，有相当一部分是十字结构的花朵，但是整体结构非常复杂。然而，由于类别划分有不同角度，在本小节的论述中，只论及花瓣单层的数量并以此来进行纵向的发展比对。

图11　本研究采集莫高窟盛唐各洞窟服饰团花案例类别比例分布

图12　本研究采集莫高窟盛唐服饰团花案例类型比例图

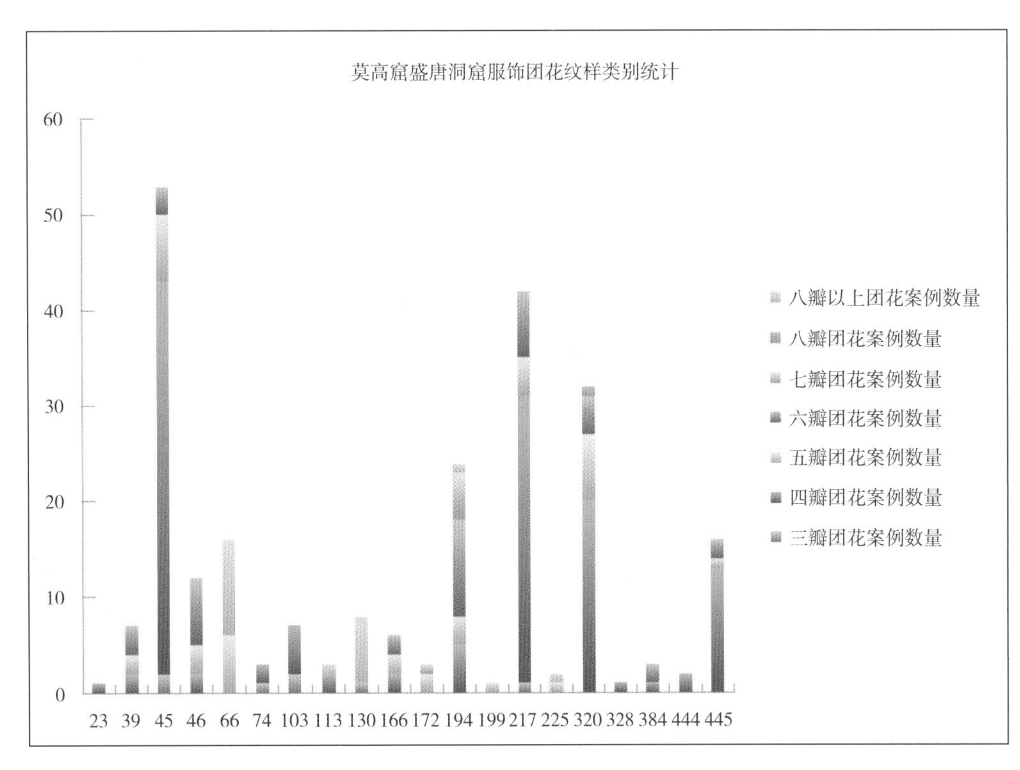

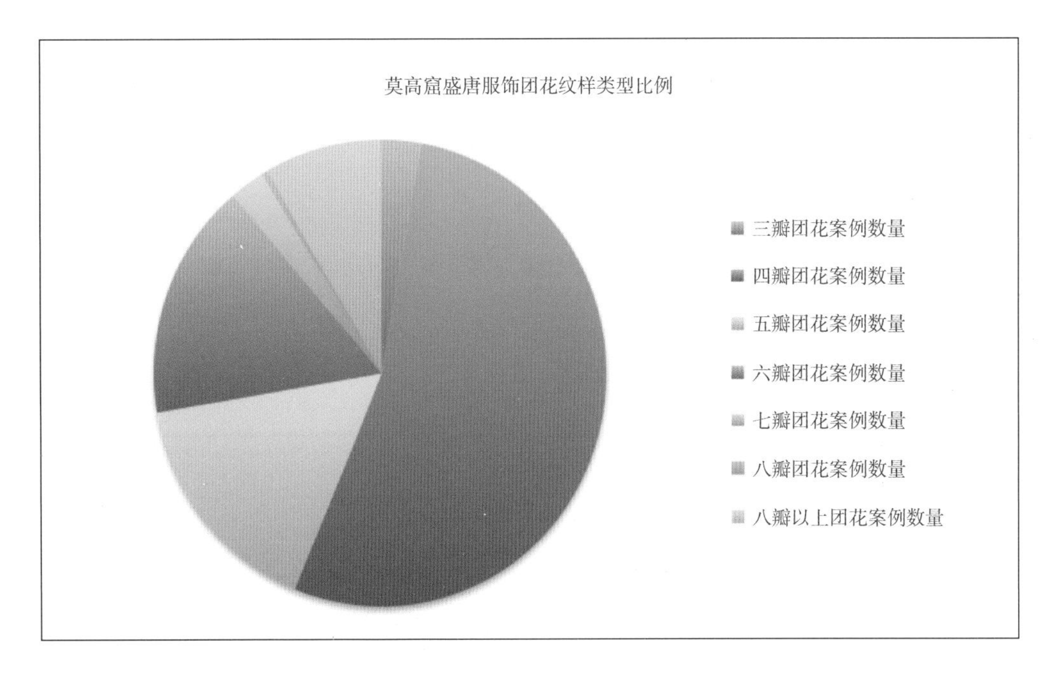

（2）中、晚唐服饰团花纹样结构特征

到了中唐时期，本研究收集的案例中（图13～图16），四瓣团花的比例开始下降，为20%，五瓣和六瓣团花的比例上升到最大，分别为30%和32%。晚唐时期，相比于中唐，变化不是非常大，仍然是五瓣团花和六瓣团花占最大比例，这与壁画的团花类型变化有很强的关联性。

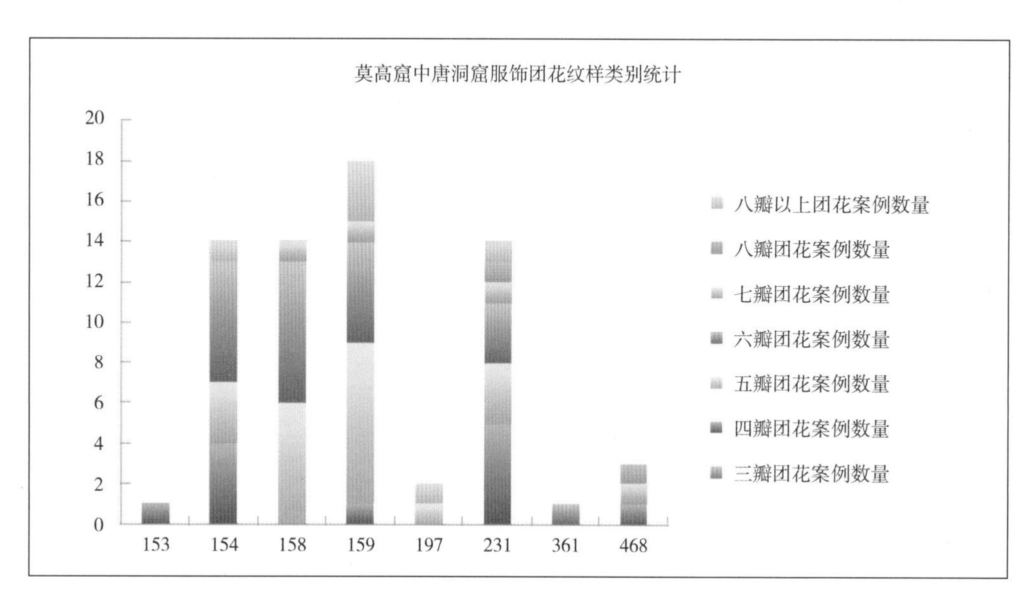

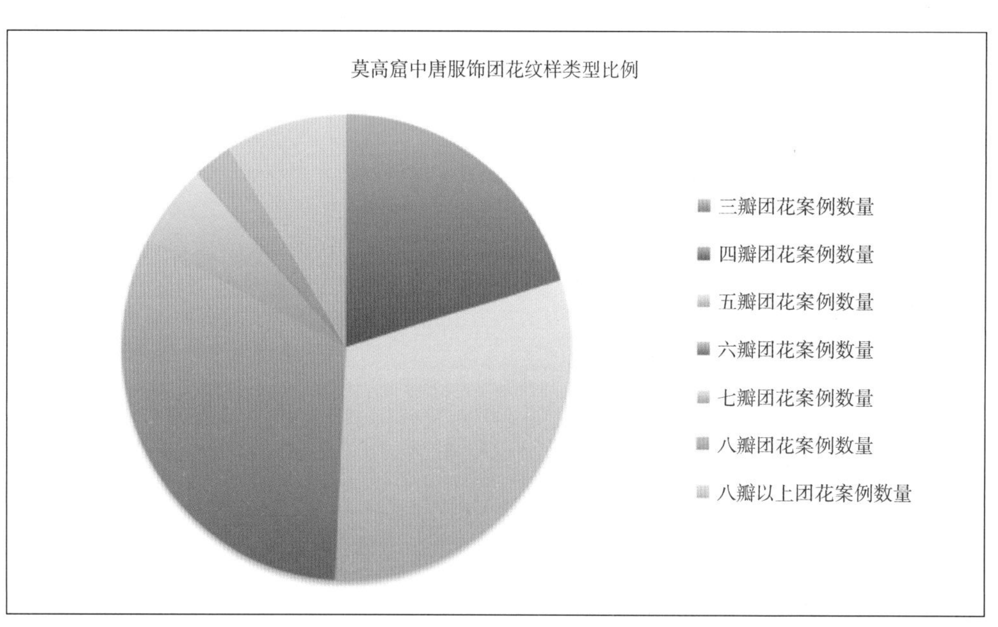

图13　本研究采集莫高窟中唐各洞窟服饰团花案例类别比例分布

图14　本研究采集莫高窟中唐服饰团花案例类型比例图

图13
图14

三、唐代壁画类团花纹样与服饰团花纹样代际变化比对

除了从初唐到晚唐的团花类型比例变化比较之外，通过对单层和多层花瓣团花比例的比较，可以从另外的角度观察到团花纹样在壁画装饰和服饰纹样上发展的差同之处。唐朝前期的莫高窟壁画装饰纹样中，团花纹样的复杂程度是中晚唐时期所无法比拟的。从窟顶藻井到壁画边饰，各类复杂的团花纹样进行着自身的“进化”演变。初唐的团花纹样与底色之间的空间关系比较舒朗，没有特别的饱满填充，而且其中部分纹样的造型还没有完全从隋朝的偏自然主义的状态脱离出来；盛唐时期的团花纹样的造型规整，所用花朵元素繁多，花瓣的造型已经到了非常成熟的装饰化阶段了，洞窟装饰全面呈现出富丽繁盛的面貌；中唐吐蕃阶段到晚唐，装饰的成熟造型开始由兴盛的顶点下降，装饰语言过于成熟的另一种表现就是装饰元素开始单一化，从装饰元素

图 15　本研究采集莫高窟晚唐各洞窟服饰团花案例类别比例分布

图 16　本研究采集莫高窟晚唐各洞窟服饰团花案例类别比例分布

图 15
图 16

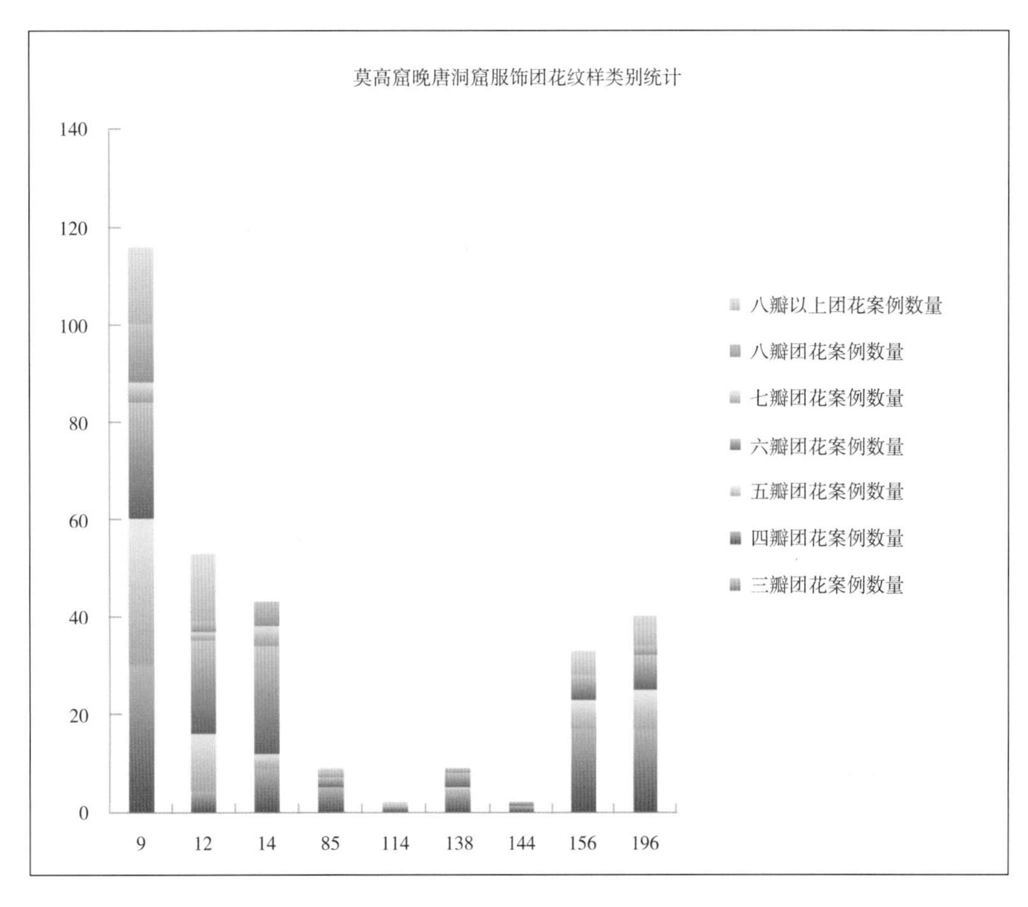

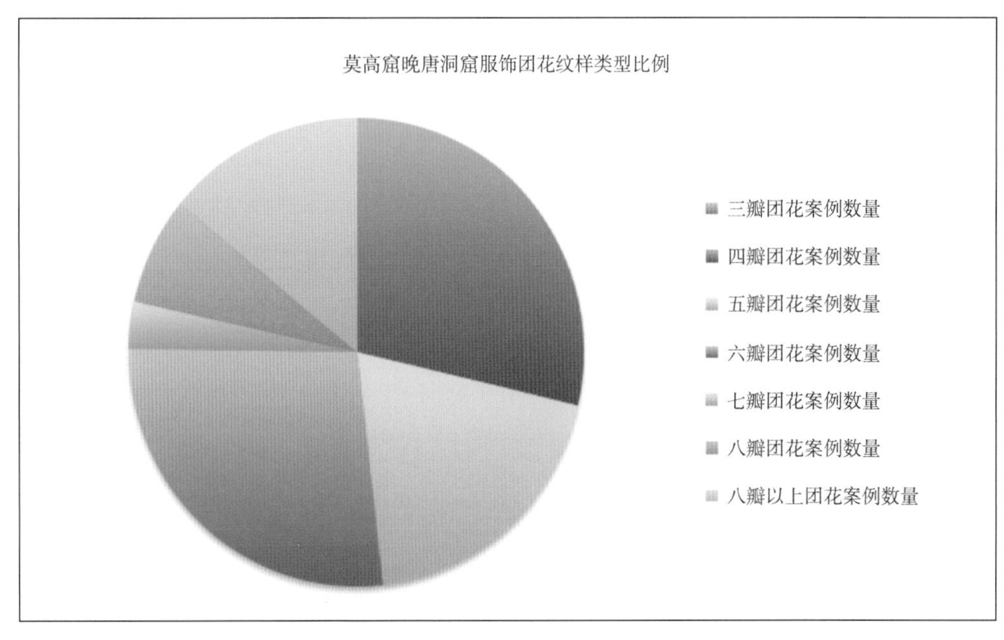

上来讲，其种类开始减少，从方法变化上也可以称为“多样化变通”——利用更少的元素组合创造出丰富的视觉效果，这在某种意义上而言也是一种进步。与此同时，单层的花朵开始增加比例，对于洞窟的装饰绘画的重点开始出现偏移。

服饰团花纹样从曲线表现上来看，多层花瓣团花和单层花瓣团花呈现出相对稳定的比例关系，与壁画的单、多层团花比例曲线差异较大的是，服饰团花并没有出现非常陡的曲线跳跃。而且，从整体上来看，两个图（图17、图18）中的曲线呈现相反的变化倾向——服饰表中从前期到后期单层花瓣团花的比例在减少，多层花瓣团花的比例在增加；而壁画表中单层花瓣团花的比例总体呈上升趋势，多层花瓣团花的比例总体在减少。其中需要说明的一点是在采样的过程中发现，从初唐到晚唐的壁画服饰团花纹样由于众多壁画人物服饰是源自对同时期的织物和服饰的模拟性描绘，因此，在工艺没有经过大幅改革的情况下，散花的织物会相对恒定地出现在整个唐朝的壁画服饰中。也就是类似于目前所见的新疆阿斯塔那墓出土的各类小型团花印花织物，这类织物的纹样较为接近目前所见的壁画服饰纹样绘画效果。另外，唐朝前期的洞窟中，壁画中群组人物尤其是供养人的比例都较小，出现在洞窟中的形象保存完好得较少；这种情况到了唐朝后期就逐渐改变了，壁画的细节保存完好得更多，供养人的尺寸越来越大，涉及的服饰纹样细节描绘必然越加清晰细腻，而团花纹样作为唐代时期非常重要的服装装饰图案，也以更加细致丰富的形象高频次地出现在唐朝晚期洞窟中。

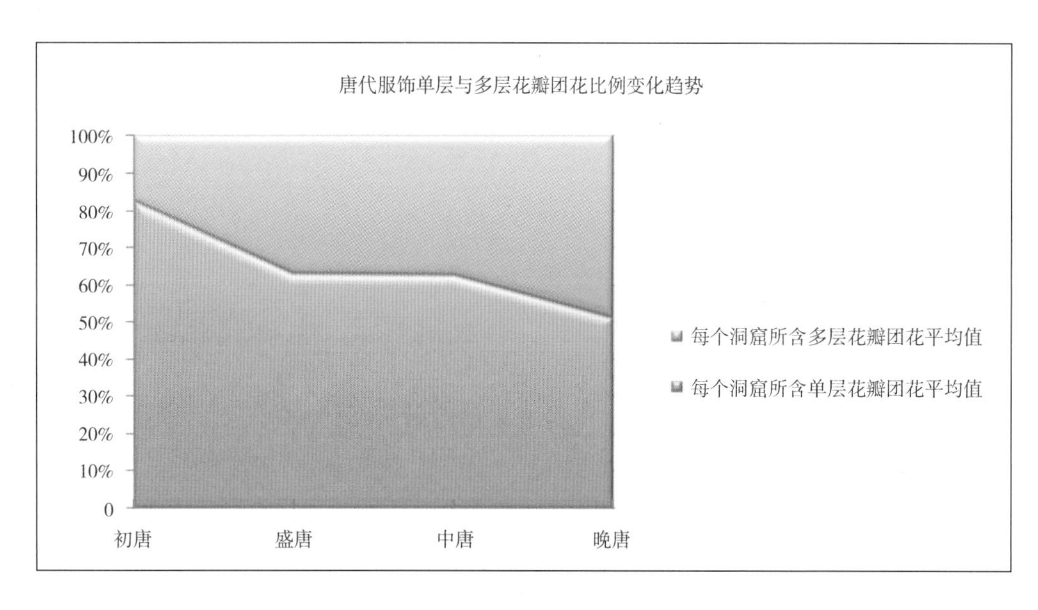

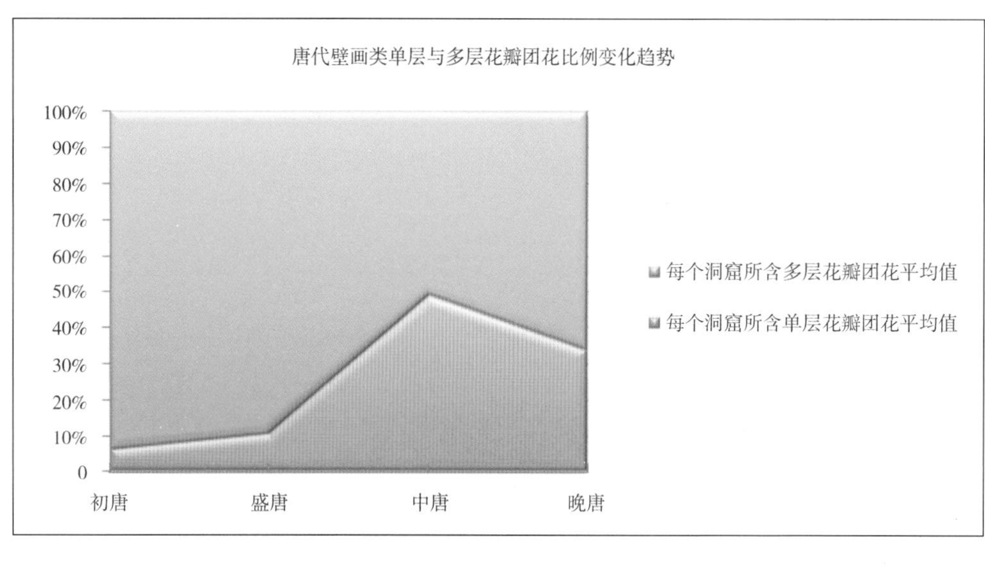

图17
图18

图17　本研究采集唐代服饰单层与多层花瓣团花比例变化趋势

图18　本研究采集唐代壁画类单层与多层花瓣团花比例变化趋势

四、服饰团花纹样与壁画类团花纹样的关联性

团花纹样作为洞窟壁画整体的一部分而言，无法将其与壁画其他部分割开来看待。如果以敦煌莫高窟的唐代前后不同时期的洞窟采样为例，莫高窟第220窟、第445窟（图19）、第45窟（图20）、第159窟（图21）、第196窟（图22、图23）、第9窟（图24）、第14窟（图25）分别是从初唐到盛唐再到中唐、晚唐的线路延续下来，从这里面分别提取服饰上的团花纹样，可以较为完整地看到莫高窟唐代服饰团花纹样在绘制表现上的总体特点。

即使这些纹样表现的对象是纺织品，但毕竟属于壁画或者彩塑表现范围，它们仍然要根据绘制的材质和区域面积进行调整。相对独立的绘制区域将这些团花纹样的绘制进行限定。在服装的边饰部分、服装的主体区域等不同面积中要受到各种因素的干扰，譬如垂下的帔帛，服装上的结构分区，前后的遮挡关系等，服饰的纹样要保留其独立性之外还要考虑与周边内容的关系，以保证画面的连续性。而细节和整体关系的把控也是画面处理的要点，在表现面料纹样的同时，连带周围的色彩的纹样疏密、花型大小的节奏变化都需要较为全面的控制，这与面料的纹样呈现依赖于工艺手法的路线完全不同。

然而有一点需要注意的是，服饰上绘制的团花纹样与同时期洞窟壁画的团花纹样

图19-1 | 图20
图19-2

图19-1　莫高窟第220窟东壁—初唐—服饰团花纹样

图19-2　莫高窟第445窟西龛壁—盛唐—服饰团花纹样

图20　莫高窟第45窟—盛唐—主尊佛、天王服饰团花纹样

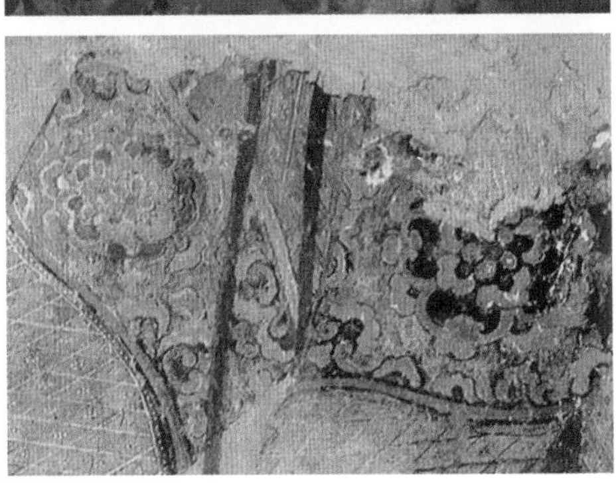

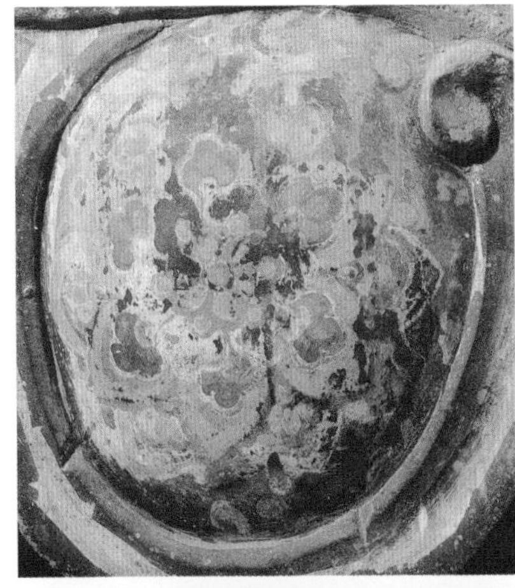

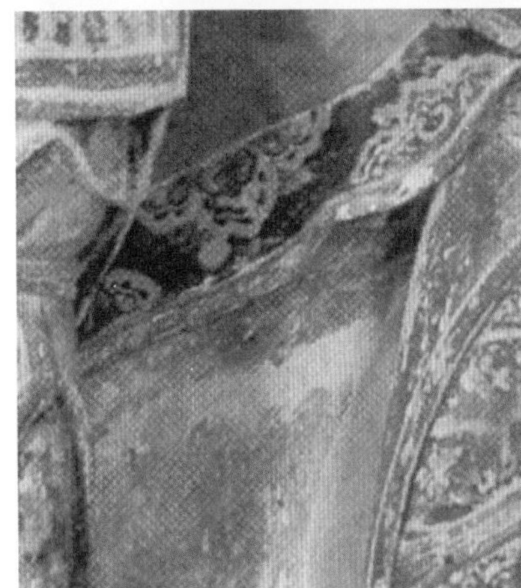

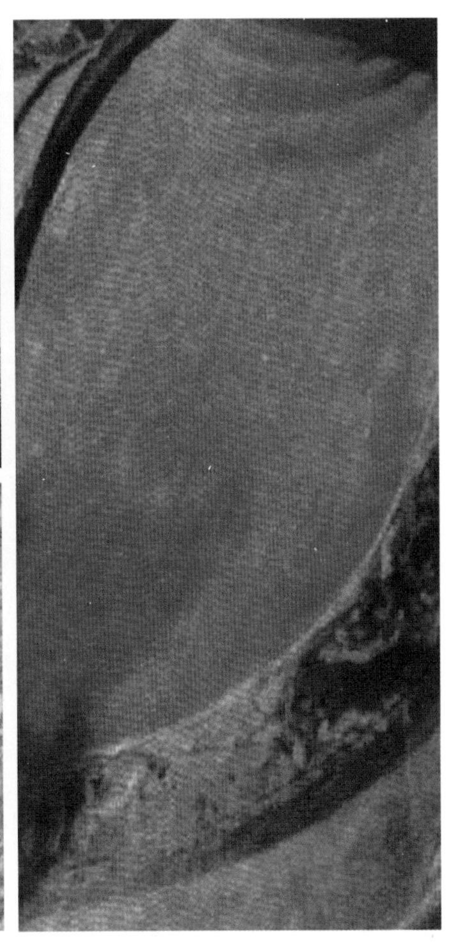

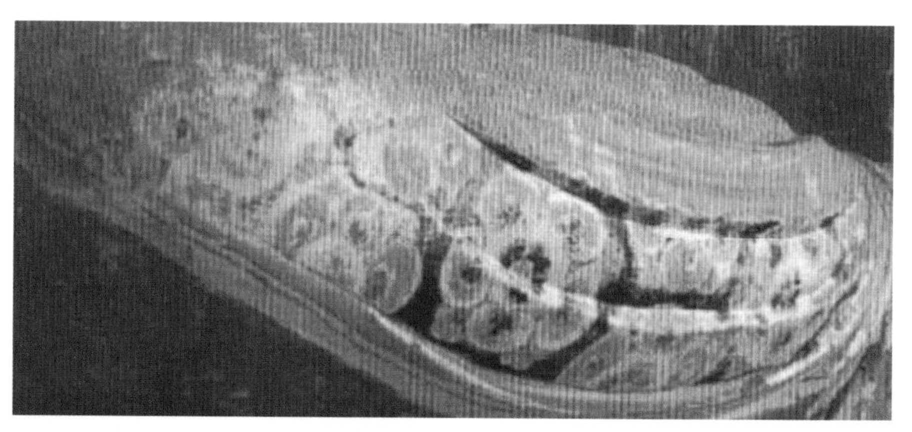

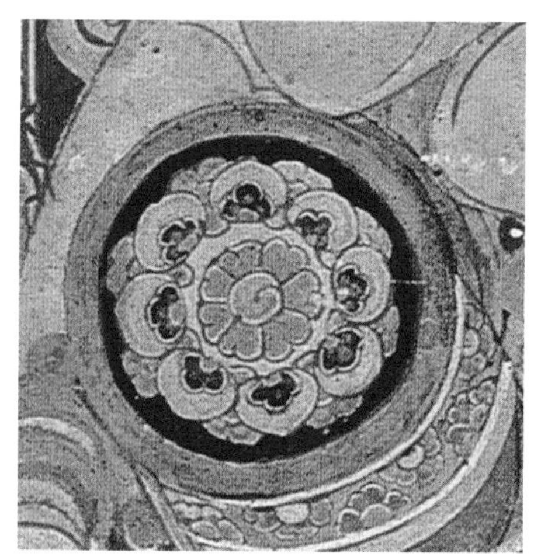

图21	图22	
	图23	图24
图25		

图21 莫高窟第159窟—中唐—塑像服饰团花纹样

图22 莫高窟第196窟—晚唐—塑像服饰团花纹样

图23 莫高窟第196窟—晚唐—天王塑像

图24 莫高窟第9窟—晚唐—壁画服饰团花纹样

图25 莫高窟第74窟—晚唐—壁画服饰团花纹样

在形制方面有非常强的关联性。初唐或盛唐的服饰团花纹样或半团花纹样与同时期的藻井、壁画边饰等一样具有复杂的结构，都喜爱用莲花和忍冬对叶来塑造尖瓣的花朵形态，内部所使用的花朵元素繁杂，将牡丹、忍冬、莲花、茶花等不同花型糅合在一起形成复合性的团花或半团花纹样。这样的纹样表现在壁画上具有很强的建筑装饰效果，表现在彩塑或壁画服饰的装饰上，同样可以展现出富丽华贵的风貌。到了中晚唐时期，或前期洞窟经过后代的修复，就可以见到更多的六瓣团花出现，其花瓣的造型多为圆形，然后每两个交错分布，与千佛或平棋格分布规律一致。花朵中所采用的花卉元素较少，造型朝着单一化的趋势发展。唐朝前期的服饰团花纹样基本为十字结构的四瓣团花，有部分六瓣或八瓣团花，但四瓣花占有绝对的优势地位，这与洞窟主体装饰纹样的风格几乎一致。

本文通过对莫高窟服饰团花纹样案例的统计分析，比对壁画团花纹样，将这两条线路从初唐到晚唐不同的变化曲线并置，分析其中的成因。服饰团花纹样与壁画团花纹样都是莫高窟团花纹样的组成部分，二者的发展会有细节上的不同，但是正是由于这样的曲线差异才能从中体察到宗教艺术的纹样与世俗艺术中的工艺美术如何息息相关，共荣共生。服饰纹样从一个侧面展示了唐代团花纹样发展的网络是立体的，不是平面上的直线格局。服饰团花纹样作为整体团花纹样的有机组成部分，反映着不同于壁画主要团花纹样内容的发展脉络，这也从一个侧面说明团花纹样或装饰纹样的形式语言构成与工艺相关，但更多的是受当时的思想观念引导，因为其表现形式的丰富性和自由度要远远超过纺织品团花纹样，变化形式极为多样。因为莫高窟艺术的创作毕竟是相对独立的佛教美术形式，与世俗工艺相关，但不受制于技术，这种“艺术意志”的独立性是具有极强的生命力和一定范围的普适意义的，对于纹样形式语言的发展起着至关重要的指导作用。

五、团花结构分析

（1）十字结构与六等分结构

本文所展示出来的量化是基于花瓣数量变化来进行的代际差异表述，但是除了可以看到从初唐到晚唐的花瓣数量的整体变化态势以外，还可以由此进行更多的引申意义上的分析尝试。图26中左侧的十字结构的团花纹样，无论四瓣或者八瓣，主体都是呈直角交叉的两条线，呈直角的结构从视觉上带给人方正平直的心理暗示，其对称性也较为直接。从属于其中的图案无论花瓣的层次如何填充，线条如何卷曲，都会暗示方正平稳的感觉，但会含有略显强硬的成分。而右侧图中的六瓣结构的团花纹样，将圆心分割成六等份后，每一份呈60°的锐角，从视觉传达的效果上偏柔和，而且锐角给人的心理感觉没有直角那样的稳定性，会显得偏向随和自然。由于中晚唐团花纹样大多采用茶花和如意卷云纹的组合，其组成结构绝大多数都是六瓣形式的中心对称格局，因而，相对于十字结构占优的初唐和盛唐团花而言，整体装饰朝向自然亲和的方向演变。从四等分的原始结构到六等分为主的自然结构是团花纹样在莫高窟唐代洞窟中的一种变化趋势，其宗教性被逐渐消解，直到与世俗生活中出现的工艺品六等分结构团花纹样基本一致。同时，考虑到初唐和盛唐时期的藻井大团花的格局，都是单独的团

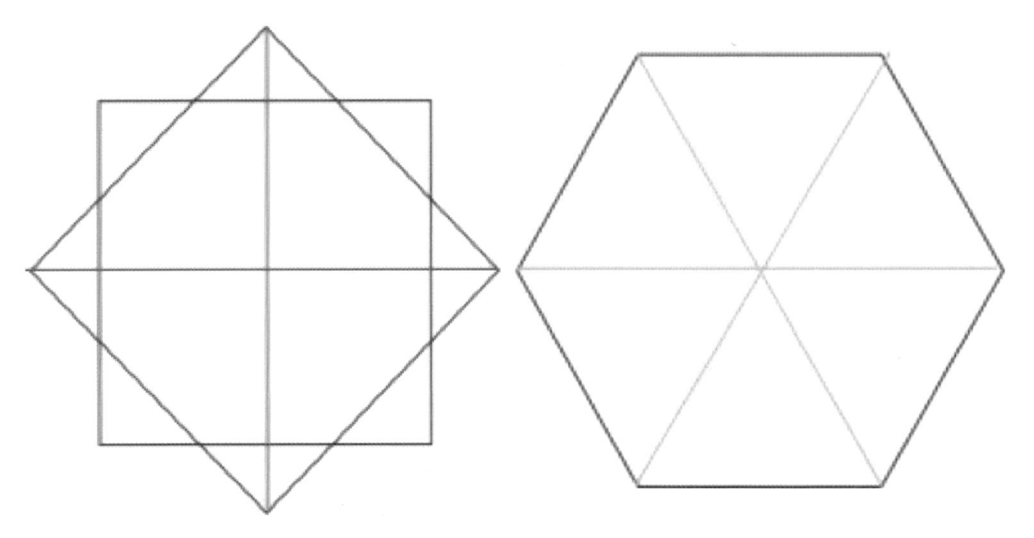

图26 唐代团花纹样十字结构与六等分结构示意图（作者绘制）

花纹样构成整个窟顶的中心，其丰富性和体量感需要达到一定的程度，才能够支撑得住一个建筑体完整的一面。但是中唐以后，尤其是晚唐洞窟的团花往往以平棋格局出现，一个装饰面是以多个单独的团花纹样构成的，所以就单体图案来讲，体量感和视觉冲击力有很大程度上的减弱。

（2）唐代团花纹样的原始十字结构

莫高窟团花纹样在隋代形成之初是有着简单的四瓣结构的，于圆形区域内简单的一分为四，于上下左右各绘制一个花瓣，隋末唐初之时的藻井团花，也基本上都是四瓣结构。从图案的简单结构向复杂结构转化，这是一个自然的发展过程，四瓣结构也可以视作是唐代团花纹样的原始结构。四瓣的划分法可以最直接的填充整个团花的圆形布局，起到平衡稳重的和谐表达目的，无需过多的计算和设计，对于起步的基础要求并不高。初唐和盛唐团花纹样大多为四瓣的十字结构，尤其是初唐，虽然绝大多数都是复合纹样，具有第二层或第三层花瓣穿插在四瓣十字结构之后或空隙部位，但是由于计数是以第一层主体花瓣的数量为基准，因而并不影响对主体造型骨架的分析。八瓣的结构可以视作四瓣的复合版，两个同心十字间隔45°角，形成米字结构的八瓣骨架，它终究没有完全脱离四瓣原始结构。盛唐洞窟的窟顶藻井团花是莫高窟唐代团花纹样的典范和顶峰，复杂的层次穿插在八瓣的骨架结构之间，米字结构庄重而华丽，与八卦的结构有异曲同工之处。总观莫高窟唐代前期的团花纹样，是以最原始的十字结构为标志特征，慢慢发展成十字结构与米字结构并存的状态。

中国古代的种种传统思想都对“四”和“八”进行了解读，《易经》中出现的“四”，有四象之说，阴阳两仪生四象；以四象把事物的发展规律表述成八个卦象的组合形式就有了八卦。天圆地方的地属方，有东、西、南、北四个方向，而四个方位又与四象相关，形成了方位的复合解读。数字“四”和“八”，尤其是“四”，在中国传统文化中具有很广泛的民间基础和认可度。对于中国传统文化中约定俗成的四方概念，与纹样建构之初对于四瓣的崇尚和大量使用，二者之间的关联并不能完全确定，但是建构这样一种联系又似乎具有一定的文化逻辑的合理性。团花纹样不同于卷草或火焰纹，其成型的年代是中原汉文化入主敦煌艺术创作之时，其创作主体极有可能是植根于中原文化环境中的，其对于四方的认可态度是可以肯定的，加之纹样形成之初的由简单向复杂的自然路径变化，整体由最稳妥单纯的四方向八分演变，也符合中国传统审美中对于平和稳定状态的欣赏。

（3）唐代四个时期团花纹样单体结构演变

经过上文对团花纹样的细节和层次的代际梳理，可以就案例纹样的组成结构进行分析比对，研究唐朝四个时期的团花纹样的结构变化脉络。首先，从外轮廓来讲，四个时期的线稿呈现出来的状态是：从初唐到盛唐都是有较大起伏关系的轮廓，由于莲花瓣的尖角与牡丹花瓣的弧角交替出现，构成较有节奏变化的轮廓形态；中唐与晚唐团花的外轮廓总体结构上来讲没有差异较大的起伏变化，都是在平缓的弧线中过渡到下一造型，因此总体来讲呈现出相对流畅的圆弧形外轮廓。

其次，从对称形式上来讲，四个时期的线稿案例均呈中心对称的造型。但是，如图27所示初唐第334窟藻井团花为圆周均分的八瓣团花，从团花外沿到中心，均为八等分结构。中心部分的四瓣团花的不同层次交错穿插，也呈现十字结构的均等划分。盛唐第320窟藻井团花外层如图所示为八瓣造型的中心对称，这种造型结构在整个团花图案的外层部分均适用。中心小团花部分的外缘两层均为六瓣团花中心对称结构，但是内层花瓣为五瓣中心对称结构。因而第320窟团花的基本构架类似于初唐八瓣中心对称，但是内层花瓣数量减少（图28）。中唐第201窟藻井团花纹样的外层为小团花组（图29），共同缠绕于中心圆环部分，中心为莲花纹样，从内向外均为六等分中心对称结构（由于此时外层的石榴纹小团花为小型花瓣和叶片围绕中心成小团组结构，因此以组划分更能明确整体结构，故统称“六等分”）。晚唐第232窟平棋团花的两种团花纹样中（图30），第一种为小团花组共同围绕而成团花外层结构，内层为莲花俯视，从内至外均为六等分中心对称结构。第二种团花纹样从内到外均为六瓣中心对称结构。从团花图案整体结构穿插来看，初唐时期的团花纹样整体结构较为松动，花瓣在造型多

图27　莫高窟初唐第334窟与盛唐第320窟藻井团花纹样结构示意图（作者绘制）

图28 莫高窟第320窟藻井团花纹样中心小团花内外结构等分示意图（作者绘制）

图29 莫高窟中唐第201窟藻井团花纹样结构等分示意图（作者绘制）

图30 莫高窟晚唐第232窟藻井两种团花纹样结构等分示意图（作者绘制）

图28

图29

图30

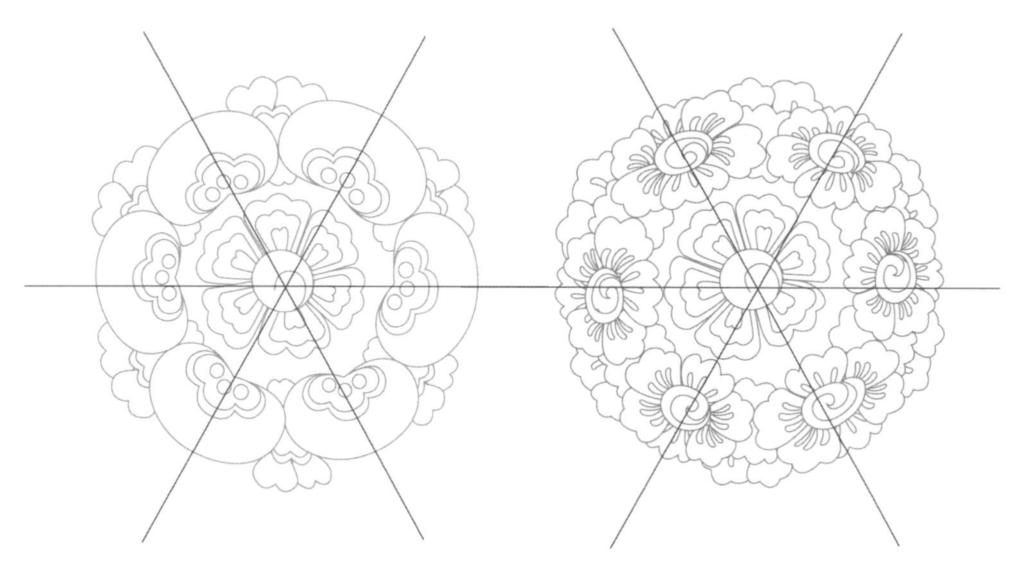

变的基础上各部分分配较为平均，尽管以第334窟为例看初唐团花纹样自外而内也会大致以如意纹为界限而区分两个大层次——外层花瓣和中心小团花，但是两个大层次之间有诸多装饰元素进行衔接，也导致从外至内并没有特别明确的空白面积。花瓣到花瓣之间的间隙较为平均，但是整个图案中有明确的主导造型元素——莲花瓣，它可以控制整个纹样的风格走向，牡丹花瓣为辅助元素，补充在相邻的莲花瓣之间或者莲花瓣内部空白处等位置。

盛唐团花以第320窟藻井为例（图28），其整体结构也是划分为两个大层次，即外围花瓣组合和中心小团花。外围结构中的节奏感非常明确，也是以尖瓣莲花为主导元素，穿插其他，而且莲花瓣的造型比初唐更为复杂多变。如意纹是外围层次的终点，但是单体如意纹造型更为饱满，向圆形进一步演化，更趋向于后朝的形态特征。牡丹花瓣的形态在盛唐团花中占有非常重要的地位，花瓣的复杂程度也是初唐和中唐所不及的。团花图案核心的莲花瓣小团花的构成格局不同于初唐和盛唐时期的八瓣结构，更类似于中唐以后多采用的六瓣结构。盛唐团花纹样中有一部分已经能够比较明确地分离不同区域层次的空间关系，团花图案中已经有非常明确的空间面积，以防止从外缘到中心的装饰元素互相混淆。整个团花纹样节奏感非常明确，主体元素和辅助元素的大小比例也区分清晰。

以第201窟藻井团花为例的中唐团花纹样有一种明确的倾向，就是团花图案的整体性大大加强。各个部分元素组成小群落，然后由小群落组成大群落，层级递进的花卉生长攀附在一起，从中心部分生长而出，形成一个非常致密的视觉面，将图案的空间关系构造成有机的生长状态。图中略呈右旋的石榴花茎扭动缠绕于中心圆形外周，复杂的外围图案与中心部分简洁的莲花纹样形成鲜明对比。虽然图形的种类减少了，重复利用增多，但是从图案的线稿来看整体布局时会发现，这一团花图案浑然一体，不同于之前比对分析的莲花牡丹花瓣构成的松散结构的团花。然而第201窟藻井团花从线稿来看外层部分的内在节奏不够清晰，基本可以视作一个整体——因而抛开色彩，只审视造型的时候，团花图案会呈现出与有色状态相差迥异的样貌。

（4）唐代团花层次演变

本文所取得的团花纹样的样本中，可以看到唐代初、盛、中、晚四个时期的花朵层次相对的比例关系是有比较明显的代际差异的。初唐与盛唐的单层花瓣团花与多层花瓣团花的比例关系非常悬殊，单层团花只占总数的很少一部分；但是中唐的这一比例极为接近，也就是洞窟团花纹样装饰中对于单层团花和复合团花的使用相对均衡；到了晚唐时期，单层虽然呈现出减少的态势，然而其比例关系并没有回到唐代前半期。这种趋势的局部数据显现可以说是从纹样的绘制角度来印证了，唐代对于莫高窟洞窟建设投入水准的变化。从初唐年间到盛唐时期，莫高窟的开凿建设得益于汉族中原统治阶层的崇佛倾向，敦煌在这样的整体趋势影响下，接纳大量来自中原和西域的画师、塑师等艺术和技术人才，使莫高窟的洞窟绘制水平得到极大提升。这样的水准除了从抽象的“量化”角度来审视，还可以与团花纹样等一系列装饰纹样的独立化意义和描绘的丰富性关联起来。首先，纹样的宗教功能在慢慢减少的同时，其装饰功能逐渐占据主要地位，如此一来，其所展现出来的形象可以融入更多的世俗性元素，并且朝着更加多元、复杂的方向发展。从北朝脱胎而来的团花纹样在吐蕃统治时期之前展现出复杂华丽的多层结构，除了规范化的十字结构或者八瓣团花的米字结构之外，由于手绘的偏差性出现了部分不甚标准的层叠团花和半团花，例如第45窟主尊佛背光。

无论是壁画团花或服饰团花，唐代的此类纹样从上文的发展趋势中可以发现一些总体的变化规律。如果简单归纳莫高窟唐代四个时期团花结构特点相对位置关系的话（图31），可以用各个时期较为典型的团花案例来说明唐代四个时期团花纹样结构的复杂程度和紧密程度的变化。初唐时期的团花，其内部结构较为疏松，团花内部各个元素之间的关系是在一种松动的状态下较为随意的排布，但是纹样内部的元素的多样性还是保持在一定水准上的。盛唐时期的团花纹样所处位置最为明确，无论是内部元素结构的紧密性还是组成元素的复杂性都相对较高。中唐时期的团花纹样开始向简单元素复杂化方向发展——组成元素变得相对单一，但是内部结构紧密结合程度较高。晚唐时期的团花纹样整体构成元素越加简单，同时，由于元素简单，其结合程度也没有特别的紧密饱满。四个时期的洞窟中虽然各有不同的案例，但是会呈现出一个时代总体的特点，这也会与下一个时期的变化密切相关，如果将其放入发展演变的过程来观察，会得到较为整体的认识。

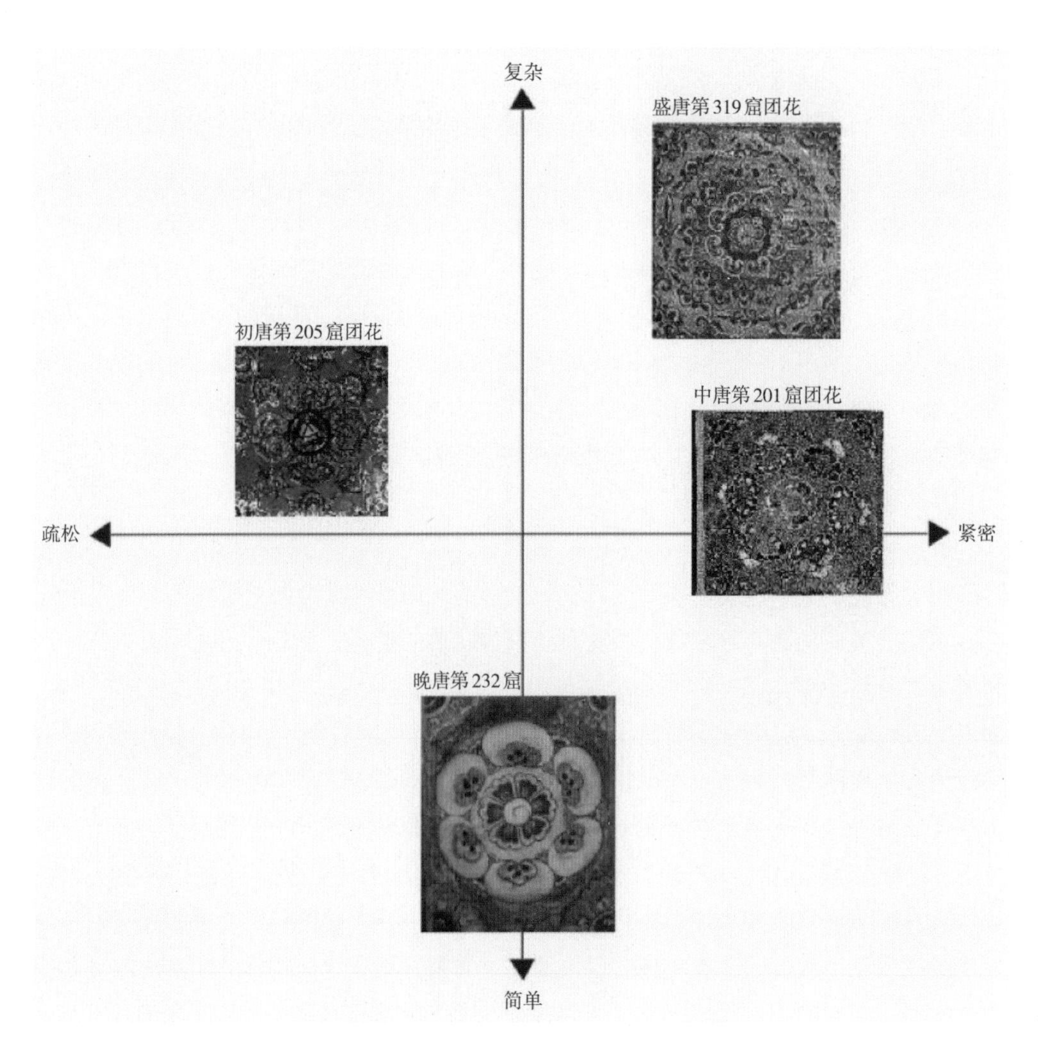

图31　莫高窟唐代四个时期团花结构特点相对关系示意（作者绘制）

小结

团花纹样表现形式背后是主流思想的变迁。犍陀罗佛教艺术与中原本土哲学思想结合、与本土的传统的人文精神和文化表现特征结合，幻化出来的具体的视觉形象中，结合了各地的审美元素和造型特点，这些造型语言在唐代内部的四个时期也出现了较为明确的分割。由于统治政权的变化，宗教具体派系的信仰出现偏移，体现在洞窟绘画和装饰纹样特点上都出现了多重变化。但不可否认的是，这其中又有相当一部分审美的技艺性元素保留了下来，并且朝着工艺化的方向发展，弱化了多变的绘画性的同时，强化了完满的简单的技艺效果展现。针对这些建筑团花纹样，本文收集了80余个唐代洞窟中的900余个团花案例，并将这些案例进行分期统计，总结每个阶段不同瓣数团花的数量比值，希望能够将唐代团花以花瓣数量和层次为划分标准，将结构变化状态简明地呈现出来。另外，也单提出卷草纹与侧卷瓣莲花的演变关系，以此为例进行尝试性解析，试图通过多个角度综合解析从唐代初年到末期团花纹样在莫高窟墙体壁画装饰中的典型特征的演变。

第一，单一特征语言的演变。初唐的团花纹样，其主体特征的形成是基于北朝的忍冬和莲花的形式语言特征。莫高窟北朝洞窟大量出现的忍冬纹样装饰在隋代之后便慢慢消失，但是这并不是真正意义上的消失，而是取其关键的三裂或四裂的造型，重新与曲线花瓣相结合，而成为初唐的石榴纹，或石榴、莲花纹相结合，而后逐渐成为盛唐时期的侧卷瓣莲花。

第二，特征性构成元素的演变。初唐、盛唐时期的团花纹样的造型最主要特点为尖瓣莲花是核心元素，这在唐代后期的中晚唐不具有识别优势，中晚唐时期的团花纹样从尖瓣莲花的尖角状态向更为圆润饱满的简单造型方向发展，以茶花和如意云头纹为主要构成元素。

第三，团花纹样构成和元素的简化趋势。从唐代前期的莲花、如意纹、牡丹纹、卷草等多种元素的组合，到唐代后期单一化为茶花和如意纹为主的组合，团花纹样从细节组成和层次来讲逐渐简化。

第四，团花纹样结构变化。团花纹样的对称结构在唐代初期，多呈现十字结构，初唐后期和盛唐较多出现八等分中心对称结构，中晚唐时期偏爱六等分中心对称。

第五，注重单体团花视觉效果向注重集合效果的演变。唐代前期的团花纹样其单体效果丰富，创作者注重其单体纹样之间的差异性和变化，但是到了唐代后期，这一特点转向注重集合的整体视觉效果，例如整体的平棋格的满铺效果，个体团花的复杂性和个性逐渐减弱并趋同。

总体而言，莫高窟的唐代团花纹样，从初唐、盛唐到中晚唐的形式语言流变的艺术特征的有这样的生命周期表现（图32）：其形成期是于北朝到隋代完成的，这段时间的团花纹样从造型和细节方面受到多种支撑，譬如来自三裂的忍冬花瓣细节特征、造型简单的平棋俯视莲花，以及形成于隋的十字结构；其发展期为初唐时期，经过初唐早期的演化，团花纹样已经具有了较为完善的形态，因而初唐后期已经具有饱满的造型和丰富多变的细节了；其成熟期——盛唐时期，团花纹样的造型、构成元素、结构的丰富性以及纹样之间的差异化等多方面都达到了唐代的峰值；盛唐晚期到吐蕃时期，

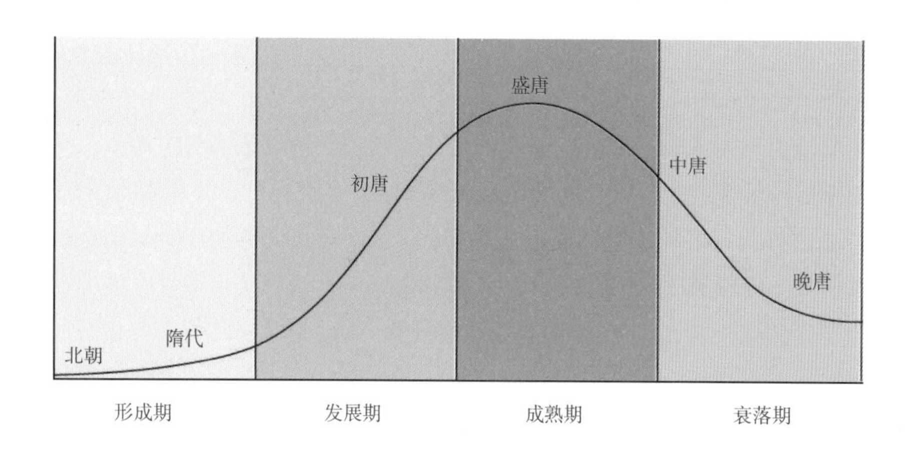

图32 莫高窟壁画类团花纹样形式语言特征生命周期曲线（作者绘制）

团花纹样的丰富性开始下降，从结构的复杂性到组成元素和层次的数量都开始萎缩，至晚唐时期，团花纹样基本上为大面积装饰中重复使用的一种装饰元素，单一而乏味，全无茂盛之态。

参考文献：

[1]岑仲勉．隋唐史[M]．北京：商务印书馆，2015.

[2]赵声良．敦煌石窟艺术总论[M]．兰州：甘肃教育出版社，2013.

[3]欧阳琳．敦煌图案解析[M]．兰州：甘肃文化出版社，2007.

[4]段文杰．中国敦煌壁画全集5：敦煌初唐[M]．沈阳：辽宁美术出版社，天津：天津人民美术出版社，2006.

[5]段文杰．中国敦煌壁画全集7：敦煌中唐[M]．天津：天津人民美术出版社，2006.

[6]宫治昭．犍陀罗美术寻踪[M]．李萍，译．北京：人民美术出版社，2006.

[7]敦煌研究院．常书鸿文集[M]．兰州：甘肃民族出版社，2004.

[8]田自秉，吴淑生，田青．中国纹样史[M]．北京：高等教育出版社，2003.

[9]关友惠．敦煌石窟全集：图案卷（上、下）[M]．香港：商务印书馆（香港）有限公司，2003.

[10]杨曾文，方广锠．佛教与历史文化[M]．北京：宗教文化出版社，2001.

[11]关友惠．中国敦煌壁画全集8：晚唐[M]．天津：天津人民美术出版社，2001.

[12]季羡林．敦煌学大辞典[M]．上海：上海辞书出版社，1998.

[13]敦煌研究院．敦煌石窟内容总录[M]．北京：文物出版社，1996.

[14]马德．敦煌莫高窟史研究[M]．兰州：甘肃教育出版社，1996.

[15]姜伯勤．敦煌艺术宗教与礼乐文明[M]．北京：中国社会科学出版社，1996.

[16]敦煌研究院．敦煌石窟艺术：莫高窟第二五四窟附第二六零窟（北魏）[M]．南京：江苏美术出版社，1995.

[17]敦煌研究院．敦煌石窟艺术：莫高窟第九窟、第十二窟（晚唐）[M]．南京：江苏美术出版社，1994.

[18]段文杰．中国壁画全集：敦煌5初唐[M]．沈阳：辽宁美术出版社，1989.

[19]段文杰．中国壁画全集：敦煌6盛唐[M]．天津：天津人民美术出版社，1989.

[20]敦煌文物研究所．中国石窟：敦煌莫高窟（第三卷）[M]. 北京：文物出版社，1987.
[21]敦煌文物研究所．中国石窟：敦煌莫高窟（第四卷）[M]. 东京：株式会社平凡社，1987.
[22]段文杰．中国美术全集：绘画编 16. 敦煌壁画（下）[M]. 上海：上海人民美术出版社，1985.
[23]关友惠．莫高窟隋代图案初探 [J]. 敦煌研究，1983.

崔　岩 / 楚　艳 / Cui Yan　Chu Yan

崔岩，女，1982年出生，博士，敦煌服饰文化研究暨创新设计中心成员，北京服装学院副研究员。研究方向为中国传统服饰设计创新研究。曾出版专著《敦煌五代时期供养人像服饰图案及应用研究》，编著《常沙娜文集》（合著）、《红花染料与红花染工艺研究》（合著）、《日本草木染——染四季自然之色》（合译）、文字统筹《敦煌莫高窟——常沙娜摹绘集》《黄沙与蓝天——常沙娜人生回忆》。曾在《敦煌研究》《艺术设计研究》《香港志莲文化集刊》等刊物上发表多篇论文。设计作品曾在国内多地以及日本参加展览。主持在研国家艺术基金青年艺术创作人才项目、教育部人文社会科学研究青年基金项目《敦煌唐代供养人像服饰图案研究》。

楚艳，女，1975年出生，博士，北京服装学院教授，北京服装学院敦煌服饰文化研究及创新设计中心副主任，中国设计业十大杰出青年、中国十佳服装设计师、中国最佳女装设计师。作为骨干成员多次参加国家级、省部级重大项目。近年来从事中国传统服饰文化传承与创新设计的研究，主要研究方向为中国传统服饰色彩复原研究及创新设计，博士论文为《基于唐代服饰的红色研究及设计创新》，发表相关论文有《中国服饰文化基因初探——为APEC会议领导人设计服装的思考》等；设计作品多次参加国际国内展览、展演和博览会，并曾多次获得国际国内设计艺术类大奖。

敦煌莫高窟第61窟女供养人像服饰图案飞鸟衔枝纹研究

崔　岩/楚　艳

摘要：本文以敦煌莫高窟第61窟女供养人像服饰图案中的飞鸟衔枝纹为研究对象，在对整体服饰图案概况进行研究的基础上，重点分析飞鸟衔枝纹的造型特点，对比现存同时期纺织品实物，探索典型人物的服饰艺术再现。研究指出，飞鸟衔枝纹的大量出现是唐代服饰制度的遗留产物，同时也出现了新的变化，尤其是与五代花鸟画和“花间词”相互影响，成为唐宋之际装饰风格变革的例证。

关键词：莫高窟第61窟；五代时期；女供养人像；服饰图案；飞鸟衔枝纹

引言

敦煌莫高窟第61窟建于五代时期后汉天福十二年至后周广顺元年（947~951年）之间，因窟室中心筑有以文殊师利菩萨为主尊的彩塑（残），又被称为“文殊堂”。据南壁第三身供养人画像榜题“施主敕授浔阳郡夫人翟氏一心供养”可知，此窟为当时归义军政权核心人物曹元忠的妻子翟氏所建功德窟。此外，窟内东壁北侧第四身女供养人画像榜题曰“大朝大于阗国天册皇帝第三女天公主李氏为新授太傅曹延禄姬供养”，说明在曹延禄当政时期曾补画供养人像。元代也曾重修此窟甬道壁画，但是洞窟主室内的主体壁画还是属于五代时期的。

此窟内除了背屏后东壁所绘宏伟巨制的《五台山化现图》壁画，在其主室东壁、南壁和北壁还绘制了52身身着华丽服饰的供养人像，浩浩汤汤，引人注目（图1）。她们多为曹氏归义军眷属以及曹氏与敦煌世家大族、甘州回鹘、于阗国的姻亲，其中49身为世俗贵族女供养人像 。结合这些画像和榜题，依据人物不同身份和地位，本文将探讨汉式礼服和回鹘装中飞鸟衔枝图案的类别及影响。

一、莫高窟第61窟女供养人像服饰图案概况

莫高窟第61窟女供养人像的服饰图案丰富多样，从头饰到服装，均由画师进行细致刻画和表现。按照壁画中出现的服饰图案类型进行分类，共有八大类：飞鸟衔枝纹、凤鸟祥云纹、团花纹、折枝花纹、四瓣花晕纹、三株纹、五瓣花印纹、白点四簇纹，囊括了动物纹、植物纹和几何纹等几大类型。按照各类图案在供养人像服饰装饰部位（图2）

图1 莫高窟第61窟东壁南侧——女供养人像

图2 女供养人像服饰装饰部位示意图（左：汉式礼服；右：回鹘装）

图1

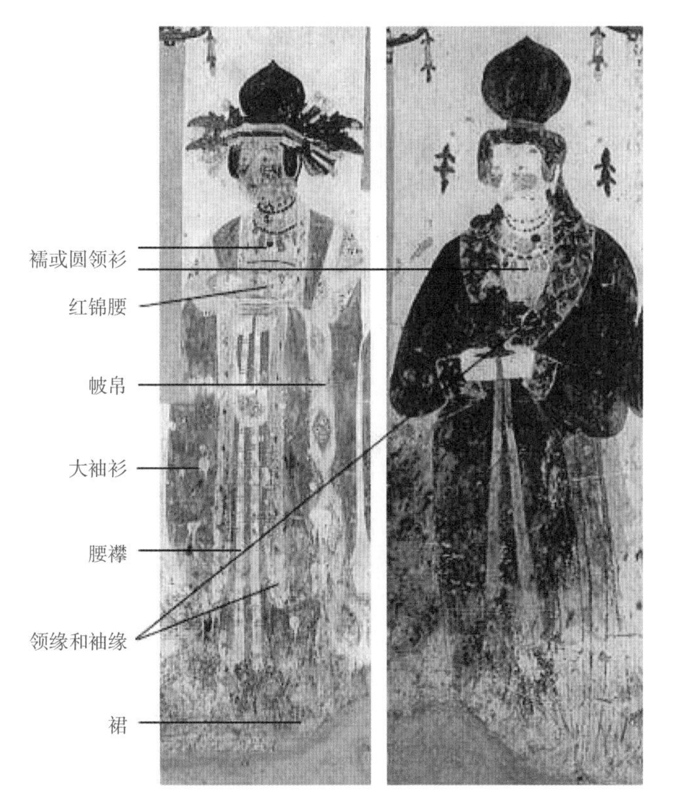

图2

出现的次数进行统计，可以得知飞鸟衔枝纹在其中24位着汉式礼服的女供养人帔帛中被使用，在5位着回鹘装的女供养人领缘和袖缘中被使用。

除了服饰图案的丰富性，第61窟所绘女供养人像均配有题记，说明其身份和地位，不但证明了这些人物在历史上存在的真实性，而且结合女供养人在洞窟中所绘制的位置，可以明确她们的身份搭配穿着了何种图案装饰的服装，因此更加明确服饰图案飞鸟衔枝纹与人物身份的关联（表1）。

二、飞鸟衔枝纹的造型研究

莫高窟第61窟女供养人服饰图案中反复出现的飞鸟衔枝纹，按照鸟类和枝（条）等组成元素的造型特点，可以分为三种类型。

第一种为凤衔花枝纹。这类图案中的雏凤为云尾、短翅、长喙、有头冠，身躯饱满，有的展翅飞翔，有的站立在莲花座上，所衔花枝吸收了多种植物花叶和云纹的特点，翻转卷曲。此类折枝花鸟纹在敦煌晚唐时期壁画的供养人服饰图案中已经出现，如晚唐第138窟东壁所绘郡君太夫人及家眷们的服饰图案，便是以凤衔花枝纹为主。这也是第61窟曹氏贵妇所着花钗礼服之大袖衫上的主体纹样，但是凤纹相对较小，形似剪影，而花枝变得更加硕大，代表着汉式礼服中纹样属性的等级之高（图3）。此外，回鹘女供养人所着翻领大袍上的领子和袖口均装饰有凤衔花枝纹，表现出回鹘与唐朝及中原汉文化的密切联系。

表1 着飞鸟衔枝纹服饰图案的女供养人题记与壁画位置统计表

壁画位置	着飞鸟衔枝纹服饰图案的女供养人题记
主室东壁（7身）	大朝大于阗国天册皇帝第三女天公主李氏为新授太傅曹延禄姬、甘州圣天可汗的子天公主、甘州圣天可汗的子天公主、甘州圣天可汗的子天公主、北方大迴鹘国圣天的子勅授秦国天公主陇西李、甘州圣天可汗天公主、大朝大于阗国大政大明天册全封至孝皇帝天皇后
主室南壁（14身）	小娘子延□（隆）、小娘子延荫、小娘子延□（在）、小娘子、小娘子延□、小娘子延应、小娘子延友、小娘子长喜、小娘子长胜、新妇小娘子阴氏、新妇小娘子阴氏、新妇小娘子翟氏、新妇小娘子邓氏、新妇小娘子曹氏
主室北壁（8身）	小娘子长泰、小娘子长应、小娘子任祐、小娘子任□、小娘子阴氏、小娘子索氏、小娘子李氏、小娘子索氏

第二种为鹘衔花枝纹。这类纹样主要出现在回鹘女供养人像的服饰中，反映了回鹘特有的民族历史和文化（图4）。根据杨圣敏的研究，回鹘的前身回纥源于北狄，是中国最古老的几个古代民族之一，在商周时期，被称为“翟”或“狄”。这个称呼除了与回鹘语言发音相近之外，还因为其图腾崇拜为翟，也就是一种草原上轻捷善飞的猎鹰。所以唐德宗贞元四年（788年），合·骨咄禄·毗伽可汗遣使，奏请改“回纥”为“回鹘”，原因就是取回旋轻捷如鹘之意。同时，此现象符合《新唐书·卷二四·车服志》记载唐文宗即位时（826年）对官服图案所作的规定：“三品以上服绫，以鹘衔瑞草、雁衔绶带及双孔雀”，其中鹘衔瑞草应属于折枝花鸟纹饰，说明唐代官服图案对飞鸟衔枝纹的吸收和重视。

图3 莫高窟第61窟北壁—女供养人像服饰图案

图4 莫高窟第61窟回鹘公主供养像之领缘与袖缘（常沙娜临摹）

图3 | 图4

图5　河北曲阳县五代王处直墓后室北壁壁画

第三种为长尾鸟衔枝纹。在第61窟于阗皇后和天公主曹延禄姬供养像中所绘帔帛纹样，以及曹氏贵妇大袖衫上的纹样中均有所体现，通过对比推测这种鸟为山鹧，又名山鹊，是五代花鸟画中常见的题材。例如河北曲阳县五代王处直墓室内北壁墙壁的壁画上方也出现了这种长尾分叉的鸟（图5），通过对比推测这种鸟也为山鹧，辽国画家萧融的画中也出现过这种长尾鸟，这些现象反映出于阗与中原汉族政权以及辽国纺织品和绘画艺术之间的相互交流。

三、与现存纺织品实物的对比研究

现存同时期纺织品实物的图案，特别是从敦煌藏经洞出土的纺织品中，就有许多与第61窟供养人像服饰图案类似的例子。例如，法国吉美博物馆藏菱格纹绮地刺绣鸟衔花枝（图6）和大英博物馆藏墨绿色罗地彩绘花鸟鹿纹，虽然只是纺织品残片，但是可以看出其题材和表现内容都与壁画中女供养人的服饰图案十分相像。

此外，日本正仓院藏时代相对较早的传世纺织品中也有类似题材和造型，如紫地花鸟纹夹缬罗（图7）、屏风袋等。还有藏于瑞士ABEGG基金会的辽代短襦中的飞鸟衔枝纹（图8），其飞鸟的动态与壁画中的服饰图案极为类似。鉴于归义军政权与辽朝在政治、外交和军事方面的密切交往，这些服饰图案与敦煌壁画所绘以及藏经洞出土纺织品实物类似也就不足为奇了。

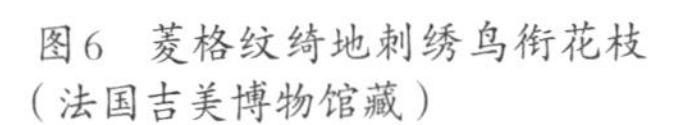

图6　菱格纹绮地刺绣鸟衔花枝（法国吉美博物馆藏）

图7　紫地花鸟纹夹缬罗（日本正仓院藏）

图8　鸟纹刺绣短襦（瑞士BEGG基金会藏）

图6｜图7｜图8

四、飞鸟衔枝纹与五代花鸟画和“花间词”的关系

五代时期在历史上处于唐宋之间，其艺术风尚和服饰流行也必然具有承前启后的转折期特点。这时的绘画艺术在继承唐代绘画传统的基础上，又有新的发展。尤其在偏安一隅的西蜀和南唐，上层社会对富足生活的享乐思想和建筑装饰的需要，促使画坛上的花鸟画蓬勃兴起，逐渐形成了以徐熙、黄筌为代表的两大流派。而敦煌艺术与西蜀关系密切，在敦煌文书中留下了许多两地进行宗教、文学、科技交流的例证。自后唐同光二年（924年）平前蜀王衍至孟知祥再度割据，有些书于四川的经卷还保存于敦煌藏经洞中，如P.2292维摩诘经变长卷便是广政十年（948年）书于四川静真禅院的。因此，敦煌莫高窟第61窟壁画中女供养人服饰图案中大量出现的飞鸟衔枝纹，不仅反映了当时的服饰图案流行风尚，也与兴起于西蜀的花鸟画有着必然联系。

除了受到画坛风尚的影响，莫高窟第61窟女供养人服饰图案的特点与当时流行的花间词也有密切关系。花间派词人常常以写实性辞藻形容女子的服饰体态，从侧面表现人物的心境，如温庭筠在《菩萨蛮》中所写“新贴绣罗襦，双双金鹧鸪”“金雁一双飞，泪痕沾绣衣”等词句，明显受到当时物情奢侈、追求靡丽的社会风尚影响，而用浓艳的辞藻对密集的装饰、色彩和意象的雕镂刻画，正是当时女子服饰图案使用和流行的体现。

五、于阗皇后与回鹘公主服饰艺术再现

基于以上研究，北京服装学院敦煌服饰文化研究暨创新设计中心团队对莫高窟第61窟壁画中所绘回鹘公主供养像服饰进行整体服饰的艺术再现（图9、图10），分别在服装结构解析、纹样整理、面料织造、色彩染制、配饰加工、妆容复原六个方面进行深入挖掘，特别是对人物服饰中的典型图案飞鸟衔枝纹进行重新整理绘制和刺绣表现，探索从壁画平面绘制到现实立体再现的接续和跨越，努力在现有条件下多方求证和适当解读，以期达到源于壁画、符合史实的目的，最终呈现出丰富而交融的艺术效果。

结论

通过以上分析，首先可以获知敦煌莫高窟第61窟女供养人像服饰图案中飞鸟衔枝纹的大量出现与归义军政权的历史密切相关，一方面割据瓜沙地区的归义军政权奉中原王朝为正朔的一贯传统，尊崇唐制；同时与于阗国、甘州回鹘的联姻，也反映了敦煌在五代时期政治、经济和文化上的地域性特色，在服饰图案上也有相互借鉴和影响的趋向。其次，飞鸟衔枝纹的流行延续了晚唐风貌，但是可以看出飞鸟衔枝向折枝方向发展的趋势，这是从唐代的繁密到宋代简约的图案风格转变的关键点。再次，五代时期敦煌服饰图案与西蜀文化相互影响，特别是飞鸟衔枝纹与五代时期兴起的花鸟画风潮和花间派文学风尚密切相关。通过以上研究，为进行典型人物形象的服饰艺术再现实践探索奠定了坚实的基础。

项目支持：国家社科基金艺术学重大项目“中华民族服饰文化研究”（18ZD20）；教育

图9 莫高窟第61窟—回鹘公主供养像

图10 敦煌石窟回鹘公主供养像服饰艺术再现

图9 | 图10

部人文社会科学研究青年基金项目“敦煌唐代供养人像服饰图案研究”（19YJC760014）；北京服装学院高水平教师队伍建设专项资金支持项目（BIFTXJ201923）。

参考文献：

[1]沈从文．中国古代服饰研究［M］．上海：上海书店出版社，2011.

[2]季羡林．敦煌学大辞典［M］．上海：上海辞书出版社，1998.

[3]孙机．中国古舆服论丛［M］．上海：上海古籍出版社，2013.

[4]金维诺．中国美术全集·绘画编·2·隋唐五代绘画［M］．北京：人民美术出版社，1984.

[5]常沙娜．中国敦煌历代服饰图案［M］．北京：轻工业出版社，2001.

[6]赵丰．中国丝绸艺术史［M］．北京：文物出版社，2005.

[7]尚刚．隋唐五代工艺美术史［M］．北京：人民美术出版社，2005.

[8]张广达，荣新江．于阗史丛考［M］．上海：上海书店，1993.

[9]荣新江．归义军史研究：唐宋时代敦煌历史考索［M］．上海：上海古籍出版社，2015.

[10]敦煌研究院．敦煌石窟全集·服饰画卷［M］．香港：商务印书馆，2005.

[11]叶娇．敦煌文献服饰词研究［M］．北京：中国社会科学院出版社，2012.

[12]冯培红．敦煌的归义军时代［M］．兰州：甘肃教育出版社，2010.